U0196062

住房和城乡建设部"十四五"规划教材

房屋查验与检测
（第二版）

主　审：陆建民
主　编：梁　慷　范　婷
副主编：高　宇　吴元昌

中国建筑工业出版社

图书在版编目（CIP）数据

房屋查验与检测／梁慷，范婷主编；高宇，吴元昌
副主编. -- 2版. -- 北京：中国建筑工业出版社，
2024. 6. --（住房和城乡建设部"十四五"规划教材）.
ISBN 978-7-112-29924-9

Ⅰ．TU712

中国国家版本馆 CIP 数据核字第 2024HQ9385 号

　　《房屋查验与检测》（第二版）是在《房屋查验与检测》基础上，适应当前以精装修房交付为主和人们对室内环境、健康住宅日益关注的现状，结合我国验房企业、室内环境检测和治理企业的实践经验编写而成的。全书根据最新验房行业动态、最新房屋查验与检测知识，系统安排了房屋查验内容、查验程序、房屋质量评价标准、房屋状况评价标准、房屋装修材料评价标准、房屋规划评价标准、房屋环境评价标准、房屋查验规范、房屋实地查验方法及验房工具使用、验房报告及其规范格式、室内环境概述、室内环境检测、室内环境治理和室内环境检测场景模拟及治理案例等十四个方面内容，理论性和实战性强。

　　本书不仅可作为房地产检测与估计、建设工程管理、房地产开发与经营、物业管理、建筑工程技术、装饰工程等相关专业的实战教材，亦可作为验房企业、室内环境检测和治理企业以及工作职责须兼具验房技能与基础的相关专业公司（如监理公司、装潢公司、房地产营销公司、房地产经纪公司等）的从业人员必备的工具型实践参考图书和职业提升的实用读本。还可作为省级以上技能大赛培训资料。

　　本课程及其配套实训课程为国家级教学资源库课程，课程网站：https://www.icve.com.cn/njfdcjy。为了便于本课程教学，作者自制免费课件资源，索取方式为：1. 邮箱：47364196@qq.com；2. 电话：（010）58337170。

责任编辑：田立平　毕凤鸣
责任校对：赵　力

住房和城乡建设部"十四五"规划教材
房屋查验与检测（第二版）
主　审：陆建民
主　编：梁　慷　范　婷
副主编：高　宇　吴元昌

＊

中国建筑工业出版社出版、发行（北京海淀三里河路9号）
各地新华书店、建筑书店经销
北京科地亚盟排版公司制版
河北鹏润印刷有限公司印刷

＊

开本：787毫米×1092毫米　1/16　印张：15½　字数：374千字
2024年8月第二版　2024年8月第一次印刷
定价：**49.00**元（赠教师课件）
ISBN 978-7-112-29924-9
（43094）

出 版 说 明

党和国家高度重视教材建设。2016 年，中办国办印发了《关于加强和改进新形势下大中小学教材建设的意见》，提出要健全国家教材制度。2019 年 12 月，教育部牵头制定了《普通高等学校教材管理办法》和《职业院校教材管理办法》，旨在全面加强党的领导，切实提高教材建设的科学化水平，打造精品教材。住房和城乡建设部历来重视土建类学科专业教材建设，从"九五"开始组织部级规划教材立项工作，经过近 30 年的不断建设，规划教材提升了住房和城乡建设行业教材质量和认可度，出版了一系列精品教材，有效促进了行业部门引导专业教育，推动了行业高质量发展。

为进一步加强高等教育、职业教育住房和城乡建设领域学科专业教材建设工作，提高住房和城乡建设行业人才培养质量，2020 年 12 月，住房和城乡建设部办公厅印发《关于申报高等教育职业教育住房和城乡建设领域学科专业"十四五"规划教材的通知》（建办人函〔2020〕656 号），开展了住房和城乡建设部"十四五"规划教材选题的申报工作。经过专家评审和部人事司审核，512 项选题列入住房和城乡建设领域学科专业"十四五"规划教材（简称规划教材）。2021 年 9 月，住房和城乡建设部印发了《高等教育职业教育住房和城乡建设领域学科专业"十四五"规划教材选题的通知》（建人函〔2021〕36 号）。为做好"十四五"规划教材的编写、审核、出版等工作，《通知》要求：（1）规划教材的编著者应依据《住房和城乡建设领域学科专业"十四五"规划教材申请书》（简称《申请书》）中的立项目标、申报依据、工作安排及进度，按时编写出高质量的教材；（2）规划教材编著者所在单位应履行《申请书》中的学校保证计划实施的主要条件，支持编著者按计划完成书稿编写工作；（3）高等学校土建类专业课程教材与教学资源专家委员会、全国住房和城乡建设职业教育教学指导委员会、住房和城乡建设部中等职业教育专业指导委员会应做好规划教材的指导、协调和审稿等工作，保证编写质量；（4）规划教材出版单位应积极配合，做好编辑、出版、发行等工作；（5）规划教材封面和书脊应标注"住房和城乡建设部'十四五'规划教材"字样和统一标识；（6）规划教材应在"十四五"期间完成出版，逾期不能完成的，不再作为《住房和城乡建设领域学科专业"十四五"规划教材》。

住房和城乡建设领域学科专业"十四五"规划教材的特点：一是重点以修订教育部、住房和城乡建设部"十二五""十三五"规划教材为主；二是严格按照专业标准规范要求编写，体现新发展理念；三是系列教材具有明显特点，满足不同层次和类型的学校专业教学要求；四是配备了数字资源，适应现代化教学的要求。规划教材的出版凝聚了作者、主审及编辑的心血，得到了有关院校、出版单位的大力支持，教材建设管理过程有严格保障。希望广大院校及各专业师生在选用、使用过程中，对规划教材的编写、出版质量进行反馈，以促进规划教材建设质量不断提高。

住房和城乡建设部"十四五"规划教材办公室

2021 年 11 月

前　言（第二版）

《房屋查验与检测》自 2014 年 9 月出版至今近 10 年，已经 9 次印刷，在使用过程得到高校和企业的广泛认可。但随着我国房地产市场的交付已以"精装修"房为主，人们对室内环境质量的关注度越来越高，房屋查验过程中对室内环境检测的需求也激增。无论是学校教学内容更新还是从业人员都急需增加室内环境检测与治理方面的知识和培训相关技能。本书基于这一现状在第一版的基础上增加了"第三篇 室内环境检测与治理"，其中包含室内环境概述、室内环境检测、室内环境治理和室内环境检测场景模拟及治理案例等四部分。

本书 2021 年 9 月被列入住房和城乡建设部"十四五"规划教材。本课程及其配套实训课程也是国家级教学资源库课程，在 2022 年 12 月通过教育部组织的验收，课程网站：https：//www.icve.com.cn/njfdcjy。

本书新增部分还在江苏省人力资源和社会保障厅举办的大赛上作为培训内容。江苏省室内环境净化行业协会自 2021 年起与江苏省人力资源和社会保障厅及江苏省总工会联合举行江苏省室内环境检测与治理技能大赛，至今已经成功举办四届，目前该赛项为江苏省一类赛，江苏省人力资源和社会保障厅对比赛总成绩前 6 名选手颁发"江苏省技术能手"称号，江苏省总工会颁发"江苏省五一创新能手"称号。

在编写过程中，江苏省室内环境净化行业协会、江苏智然检测有限公司、江苏宁而净环保科技有限公司等检测和治理公司对本书提出了大量建议和案例。

由于我们水平有限和技术的不断进步，书中难免有不少缺点和不妥之处，恳请各校师生及读者指正。

编者

2023 年 12 月

前　言（第一版）

随着我国房地产市场的发展和住房交易向"品质化"转型，房屋验收需求激增，验房专业人才在数量、质量上已经不能满足市场需要，迫切需要培训大量专业化的验房职业技术人才。为充分发挥中国建筑学会建筑经济分会在专项领域、专家人才、科教组织等方面的优势，更好服务我国房地产行业的发展，我会由房地产经营与估价专业委员会牵头，组织编写了验房师培训教材《房屋查验与检测》，正式启动了验房师培训工作。参与编写的人员有行业企业专家，高职院校教师。主要参与编写的院校与教师如下：

南京工业职业技术学院　陈林杰、梁　慷、樊　群、王兴吉、丁以喜

重庆房地产职业学院　周正辉、赵本宇、李本里、费文美

四川建筑职业技术学院　李　涛、牛东霞、向小玲

湖南交通职业技术学院　曾健如、王安华、夏　睿、左根林、朱小艳、舒菁英、雷云梅

杭州科技职业技术学院　田明刚、刘永胜、黄健德、吕正辉

重庆建筑工程职业学院　李科成、康媛媛、全　利

重庆工商职业学院　冯　力、李　娇、刘　波

山东城市建设职业学院　王园园、吴莉莉、吴　涛

福建船政交通职业学院　李海燕、周　莉、任颖卿

包头职业技术学院　王晓辉、高为民、靳晶晶

江苏食品药品职业技术学院　罗　冲、郑洪成、朱晓庆

重庆能源职业学院　许欢欢

扬州职业大学　蒋　丽、易　飞

江苏城乡建设职业学院　蒋　英、裴国忠

江苏建筑职业技术学院　于永建

无锡城市职业技术学院　蔡　倩、郭　晟

南通职业大学　王志磊

徐州工业职业技术学院　戎晓红

苏州工业园区服务外包职业学院　刘雅婧

连云港职业技术学院　仝彩霞

宁夏建设职业技术学院　王永洁

乐山职业技术学院　武会玲

乌海职业技术学院　薛文婷

大连职业技术学院　栗　建

大连海洋大学应用技术学院　佟世炜

义乌工商职业技术学院　徐燕君

北海职业学院　黄国全

河北政法职业学院　武小欣

陕西工业职业技术学院　田　颖

陕西工商职业学院　王明霞

安徽财贸职业学院　何　衡

山西省财贸职业技术学院　闫　晶

厦门南洋职业学院　谭心燕

湖北科技职业学院　袁伟伟

贵州省电子工业学校　何兴军

房地产行业是快速发展的行业，验房行业又是一个新兴行业，编出一部指导实践的培训教材是很困难的。虽然编者已经作了许多努力，并采用了最新的规范和标准，力图使《房屋查验与检测》做得更好，但限于编者的能力和水平，教材中的缺点和错误在所难免，敬请各位同行、专家和广大读者批评指正，以使培训教材日臻完善。在本书即将出版之际，感谢各位编写人员，感谢丁渤验房公司、驰正验房公司等知名验房企业的大力支持，感谢国家住宅与居住环境工程技术研究中心领导以及中国建筑工业出版社领导和编辑的大力支持。

中国建筑经济网 http://www.coneco.com.cn

中国建筑学会建筑经济分会全国房地产经营与估价专业委员会 QQ 群 282379766

中国建筑学会建筑经济分会

全国房地产经营与估价专业委员会

2014 年 8 月于北京

目　　录

第一篇 验房师基本理论知识

1 房屋查验内容

1.1 房屋查验的范围

房屋性状，又称房屋状况或房屋情况，是指在房屋查验时点上，房屋的质量及功能状况。而房屋性状查验．就是对房屋当前的状况进行检查，看哪些部分或设备已经损坏，降低了质量水平，全部或部分丧失了原设计功能。因此，在房屋性状查验过程中，验房师首先要明确原有住房的设计标准、质量达到的水平和各房屋组件功能的设置情况。然后，将标准和现实情况进行比较，确认房屋的当前状况，对需要维修或维护的房屋构件提出相应建议。应该说，不同的房屋查验内容对应着不同的质量规范、评价标准和整体判断。所以，明确验房业务及主要内容，既有助于提高验房业务本身的规范性和统一性，也有助于顾客明晰验房师能够发现及解决的问题，从而给予足够的配合。

验房师验房的内容是指在验房师专业知识、技术工具和可达范围之内对房屋性状及质量进行检测与判断。在发达国家，验房师的常规行为，并非只在新房交付或二手房交易的时候才会发生。普通消费者会定期或房子住久了，感觉上需要维护一下的时候，都会找专业验房师对房屋性状进行查验。因为房子使用久了就会老化，某些设备及零部件就容易出问题。

所以，在发达国家请验房师验房几乎都是出于保养房屋的需要，而并非如我国的老百姓，请验房师大部分作为和开发商理论的证据。因此，我国和发达国家验房业的很大区别在于，发达国家验房师出具的验房报告大多不具法律效力，不是能够作为证据的查验材料；而在我国，大多数消费者都将验房报告视为消费者自己请人出具的第三方房屋质量鉴定书，凭此文件是可以作为判定开发商建筑房屋质量不合格的依据。

验房业务是验房的主要工作，也就是房屋查验过程中查什么，怎么查，以及如何评定房屋性状的过程和环节。在发达国家，由于有行业协会的指导，因此对于房屋查验的内容是有明确界定的；对于查验的方式、标准和评价准则也有固定的要求和规范。目前，在我国，由于验房业务还处于起步阶段，验房行为主要取决于顾客需求，因此对于房屋查验的内容并不统一，有的是对房屋从里到外地仔细检查，有的只是对看得见的部位进行查验，还有的查验内容还包括了某些隐蔽工程。

因此，我国房屋查验的主要部位及业务范围的确定要符合发达国家在验房工作中积累的实际经验，符合我国房屋建筑的主要特色，符合我国目前居民的居住习惯以及与房屋质量、施工工艺、使用功能有关的法律法规和技术规程。

验房手段是通过视觉上的观察和一般性的操作，并借助于一些仪器设备，对房屋各主要系统及其构件（主要指可接近、可操作的部分）的当前状况进行评估。也就是说，验房师主要凭借经验和所受的专业训练，并借助于一些仪器设备，通过表面现象来判断其本质。

房屋查验的主要原则有：

（1）可视性。即房屋查验的主要部位都是视力能够达到的范围或暴露在整个框架结构之外的房屋组成部分。

（2）可达性。即验房师自己或借助其他工具（如梯子、板凳等）后身体能够触及的房屋部分。

（3）可辨别性。即在验房师查验的内容中，主要包括那些可以辨别优劣、好坏及性能高低的房屋组成部位。

（4）可维护性。即验房师查验的房屋组成部分，一般都是如存在问题，经过维护就可以恢复原状或达到原有使用功能的。

（5）安全性。即房屋查验要保证验房师及客户的人身安全。

1.2 房屋查验的部位

不同的房屋查验内容对应着不同的质量规范、评价标准和整体判断。

通过广泛借鉴与综合归纳，确定了我国验房师房屋查验的主要部位及业务范围，顾客与验房人员可在这些内容范围内，结合房屋实地查验的范围与标准进行确认具体的查验项目。

依据此内容及标准，验房人员的验房工作也被置于一个明确的、可控制的作业范围之内。验房人员必须无遗漏地对所列内容进行查验。而且，依据此内容及标准，顾客的需求也应被置于一个明确的、可控制的范围之内。顾客可以据此检查验房人员的验房作业；在明确查验内容的基础上，顾客不应当提出本规定之外的验房要求，对验房的标准也不应超越本规定。

适合我国房屋结构的查验部位有 11 个，包括室外、地面、墙面、顶棚、结构、门窗、电气、给水排水、暖通、附属间和其他。

其中，室外主要包括围护结构、地面、墙面、屋顶和细部五个部分；地面包括装饰和防水两个部分；墙面包括装饰和细部两个部分；顶棚包括直接式和悬吊式两种类型；结构包括柱、梁、板三个部位；门窗主要按材料和围护结构进行划分；电气主要指用电设备；给水排水包括供水、排水和盥洗设备；暖通包括供暖、通风和空气调节这三个方面；附属间主要指储藏室、地下室、车库、夹层和阁楼；其他部位包括厨房设备、室内围护、室内楼梯、阳台、走廊和壁炉。

1.2.1 室外

室外主要指位于整个房屋房间之外的部分，含楼宇建筑外墙之外的房屋有效组成部分，包括围护结构、地面、墙面、屋顶和细部五个部分（表 1-1）。

房屋查验内容之一：室外 表 1-1

大类标记	名称	属类	名称	小类	名称	内容及评价标准
SW	室外	SW-1	围护结构	SW-1-1	围栏围护	围栏围护是否完好无损
				SW-1-2	防盗网	防盗网是否完好
				SW-1-3	墙围护	砖墙围护是否完好，墙面平整

大类标记	名称	属类	名称	小类	名称	内容及评价标准
SW	室外	SW-2	地面	SW-2-1	路面	路面是否无明显坑洼，有足够承载力，路面平整
				SW-2-2	草坪	草坪完整
				SW-2-3	管线	管线有无渗漏、生锈、破裂等现象，管线铺设是否安全、可靠
				SW-2-4	台阶	台阶表面是否平整、无缺角、塌陷等现象
		SW-3	墙面	SW-3-1	清水砖墙	横竖缝接槎是否不平；门窗框周围塞灰是否不严；灰缝深浅是否一致；勒脚、腰檐、过梁上第一皮砖及门窗旁砖墙侧面等部位勾缝是否均匀
				SW-3-2	外墙饰面砖	外墙饰面砖的拼装、规格、颜色、图案是否美观、一致，无变色、泛碱和明显的光泽受损；外墙饰面砖是否粘贴牢固，不能出现空鼓现象；外墙饰面砖墙面是否平整、洁净、无歪斜、缺角和明显裂缝
				SW-3-3	外墙涂料	颜色是否连续、一致；有无特殊气味
				SW-3-4	玻璃幕墙	幕墙是否干净、整洁；颜色是否连续、一致；有无裂缝、歪斜、缺角、透风、污浊等现象
		SW-4	屋顶	SW-4-1	防水	屋顶防水铺设是否合理、全面；有无明显缺少、厚度不均等现象
				SW-4-2	屋檐	屋檐是否整齐美观；没有缺瓦、褪色和檐口参差不齐等现象
				SW-4-3	烟囱	烟囱外表有无明显裂缝；烟囱与房屋接口处有无跑烟现象；烟囱口是否有阻塞物等
				SW-4-4	通风	通风管道是否有效；无阻塞物，安装位置尺寸正确
				SW-4-5	女儿墙	墙面是否平整；无明显断裂、裂缝等
		SW5	细部	SW-5-1	水管	水管铺设是否安全可靠；无渗漏、生锈、裂缝等
				SW-5-2	散水	散水是否平整；无裂缝、断裂等（人工伸缩缝除外）
				SW-5-3	明沟	明沟有无阻塞，排水是否通畅
				SW-5-4	勒脚	勒脚有无裂缝、错位；勒脚表面是否平整、色调一致
				SW-5-5	外窗台	外窗台有无裂缝、缺角，散水方向是否正确等
				SW-5-6	雨篷	雨篷有无漏水现象
				SW-5-7	门斗	门斗有无缺角、开裂等

　　围护结构指建筑及房间各面的围挡物，例如，围栏围护、防盗网、墙围护等，能够有效地抵御不利环境的影响。

　　地面指建筑物周围地表的铺筑层，包括路面、草坪、管线和台阶。

　　墙面是指室外装饰性墙体表面，按照材料的不同有许多分类，常见的有清水砖墙、外墙饰面砖、外墙涂料和玻璃幕墙等。

屋顶是房屋或构筑物外部的顶盖，包括屋面以及在墙或其他支撑物以上用以支撑屋面的一切必要材料和构造，主要包括防水、屋檐、烟囱、通风和女儿墙。

细部是房屋室外除上述主要组成构件以外的零星部件，包括水管、散水、明沟、勒脚、外窗台、雨篷和门斗。

1.2.2 地面

地面主要指房屋内部的地面和楼面，地面是指建筑物底层的地坪，主要作用是承受人、家具等荷载，并把这些荷载均匀地传给地基。常见的地面由面层、垫层和基层构成。对有特殊要求的地坪，通常在面层与垫层之间增设一些附加层。

地面的名称通常以面层使用的材料来命名。例如，面层为水泥砂浆地面的，称为水泥砂浆地面，简称水泥地面；面层为水磨石的，称为水磨石地面。按照面层使用的材料和施工方式，地面分为以下几类：①整体类地面，包括水泥砂浆地面、细石混凝土地面和水磨石地面等。②块材类地面，包括烧结普通砖、大阶砖、水泥花砖、缸砖、陶瓷地砖、陶瓷马赛克、人造石板、天然石板以及木地面等。③卷材类地面，常见的有塑料地面、橡胶毡地面以及无纺织地毡地面等。④涂料类地面。

因此，参考国内大多数房屋建筑及装修内容，可将地面查验分成两个部分，即按照装饰成分分为水泥地面、地砖地面和地板地面；按照防水性能主要检查地面防水情况（表1-2）。

房屋查验内容之二：地面　　　　　　　　　　　　　表1-2

大类标记	名称	属类	名称	小类	名称	内容及评价标准
DM	地面	DM-1	装饰	DM-1-1	水泥地面	地面的标高、坡度、厚度必须符合设计要求，表面平整、坚硬、高度一致、密实、干净、干燥，不得有麻面、起砂、裂缝等缺陷
				DM-1-2	地砖地面	地砖之间的缝隙是否均匀平整；地砖高低是否一致，有无空鼓、裂缝现象；地砖色泽是否均匀一致
				DM-1-3	地板地面	地面是否平整、牢固、干燥、清洁，无污染；铺设地板基层所用木龙骨、毛地板、垫木安装是否牢固、平直；查看房屋边角处地板是否无褶皱、凸起等；地板是否不透水
		DM-2	防水	DM-2-1	地面防水	地面防水是否有效

1.2.3 墙面

墙面主要指室内墙体的维护与装修。现代室内墙面运用色彩、质感的变化来美化室内环境、调节照度，选择各种具有易清洁和良好物理性能的材料，以满足多方面的使用功能。墙体主要有下列四个作用：①承重作用。承受屋顶、楼板传下来的荷载。②维护作用。抵御自然界风、雨、雪等的侵袭，防止太阳辐射和噪声的干扰等。③分隔作用。把建筑物的内部分隔成若干个小空间。④装饰作用。墙面装修对整个建筑物的装修效果作用很大，是建筑装修的重要部分。

墙体应满足下列基本要求：①具有足够的强度和稳定性。②满足热工方面（保温、隔热、防止产生凝结水）的性能。③具有一定的隔声性能。④具有一定的防火性能。

墙面按照装修不同和细部构造分成两块内容，其中，墙面装饰是按照不同装修材料对墙面进行的维护和美化，包括抹灰墙面、涂料墙面、裱糊墙面和块材墙面。细部构造指除主要墙面装饰外零星部位的装饰，包括踢脚线、墙裙和功能孔（表 1-3）。

房屋查验内容之三：墙面

表 1-3

大类标记	名称	属类	名称	小类	名称	内容及评价标准
QM	墙面	QM-1	装饰	QM-1-1	抹灰墙面	抹灰工程的面层，是否有爆灰和裂缝；各抹灰层之间及抹灰层和基体之间粘结是否牢固，是否有脱层、空鼓；抹灰层是否表面光滑、洁净，接槎平整，立面垂直，阴阳角垂直方正，灰线清晰顺直。墙面线盒、插座、检修口等的位置是否按照设计要求布置，墙饰面与电气、检修口周围是否交接严密、吻合、无缝隙；电气面板是否与墙面顺色
				QM-1-2	涂料墙面	是否出现涂料流坠、起皮、霉斑、涂层脱落、泛黄等现象
				QM-1-3	裱糊墙面	壁纸连接处是否有明显缝隙；壁纸表面是否光滑平整、无褶皱；墙纸是否裱糊牢固，是否整幅裱糊，各幅拼接横平竖直，花纹图案拼接吻合，色泽一致；壁纸表面是否无气泡、空鼓、裂缝、翘边和斑污
				QM-1-4	块材墙面	块材表面是否光泽亮丽，有无划痕、色斑、漏抛、漏磨、缺边、缺脚等缺陷；试手感：同一规格产品，质量好，密度高的砖手感都比较沉，反之，质次的产品手感较轻；敲击瓷砖，若声音浑厚且回音绵长，如敲击发出铜钟之声，则瓷化程度高，耐磨性强，抗折强度高，吸水率低，不易受污染；若声音混哑，则瓷化程度低（甚至存在裂纹），耐磨性差，抗折强度低，吸水率高，极易受污染
		QM-2	细部	QM-2-1	踢脚线	踢脚线与墙壁连接处是否有明显缝隙、表面光滑平整、无褶皱；颜色是否均匀一致，无明显色彩上的差异；高度一致
				QM-2-2	墙裙	墙裙与墙壁连接处是否有明显缝隙、表面光滑平整、无褶皱；颜色是否均匀一致，无明显色彩上的差异；高度一致
				QM-2-3	功能孔	通风孔、换气孔、预留孔等是否通透有效；内墙洞口处涂抹均匀，无明显缺角、掉渣现象

1.2.4 顶棚

顶棚又称天棚、天花板等。在室内是占有人们较大视域的一个空间界面。其装饰处理对于整个室内装饰效果有较大影响，同时对改善室内物理环境也有显著作用。通常的做法包括喷浆、抹灰、涂料和吊顶等。具体采用要根据房屋功能、要求的外观形式和饰面材料确定。

因此，顶棚按照装饰装修的不同，可以分为直接式和悬吊式两类，直接式是指不在顶棚下面再吊装装饰物，直接通过抹灰等方式进行美化，包括喷刷、抹灰和贴面三种常见类型。而悬吊式则指在顶棚下安装一层饰面层，用以美化顶棚、遮挡线路、灯具接头等，包括吊顶饰面、吊顶龙骨和灯具风扇安装等（表 1-4）。

大类标记	名称	属类	名称	小类	名称	内容及评价标准
TP	顶棚	TP-1	直接式	TP-1-1	喷刷	喷刷是否均匀、平整，无明显凸起、褶皱、颜色失衡等
				TP-1-2	抹灰	抹灰工程的面层，是否有爆灰和裂缝；各抹灰层之间及抹灰层和基体之间是否黏接牢固，不得有脱层、空鼓；抹灰层是否表面光滑、洁净，接槎平整，立面垂直，阴阳角垂直方正，灰线清晰顺直。墙面线盒、插座、检修门等位置是否按照设计要求布置，墙饰面与电气、检修口周围是否交接严密、吻合、无缝隙；电气面板宜与墙面顺色
				TP-1-3	贴面	是否用沉头螺钉与龙骨固定，钉帽沉入板面；非防锈螺钉的钉帽应作防锈处理，板缝应进行防裂嵌缝，安装双层板时，上下板缝应错开；罩面板与墙面、窗帘盒、灯槽交接处接缝是否严密、压条顺直、宽窄一致
		TP-2	悬吊式	TP-2-1	吊顶饰面	饰面板表面是否平整、边缘整齐、颜色一致；是否存在污染、缺棱、掉角、锤印等缺陷
				TP-2-2	吊顶龙骨	吊顶龙骨是否扭曲、变形，木质龙骨是否无树皮及虫眼，并按规定进行防火和防腐处理；吊杆布置是否合理、顺直，金属吊杆和挂件是否进行防锈处理，龙骨安装是否牢固可靠，四周平顺；吊顶罩面板与龙骨连接紧是否密牢固，阴阳角收边方正，起拱正确
				TP-2-3	灯具风扇安装	安装是否牢固，重量大于3kg的灯具或电扇以及其他重量较大的设备，不能安装在龙骨上，应另设吊挂件与结构连接

1.2.5 结构

结构主要指组成房屋框架的各种构件，一般分为柱、梁和板。其中，柱是承担竖向荷载的构件，将屋顶及各楼板所受的力传递给地基。梁是辅助楼板承受水平荷载的，根据梁的位置不同，又分为主梁、次梁、圈梁和门窗过梁。板主要指楼板，是承受人及家具、设备等外加荷载的构件。

按照我国住房的建筑构造形式，将房屋结构分为柱、梁和板三部分。柱按照组成，分为柱面、柱帽和柱基。梁按照类型，分为普通梁、过梁、圈梁和挑梁。板又分为楼板和屋面板（表 1-5）。

大类标记	名称	属类	名称	小类	名称	内容及评价标准
JG	结构	JG-1	柱	JG-1-1	柱面	外露柱面是否光滑整洁，无明显断裂、错位、开裂等
				JG-1-2	柱帽	外露柱帽与柱体连接处有无明显开裂等现象
				JG-1-3	柱基	外露柱基与基础连接处有无明显开裂等现象

大类标记	名称	属类	名称	小类	名称	内容及评价标准
JG	结构	JG-2	梁	JG-2-1	普通梁	外露梁面是否平整，无明显开裂现象；外露梁与柱、楼板的搭接处是否完好，无明显裂缝；外露梁上设备安装是否牢固
				JG-2-2	过梁	过梁与门窗洞口接合处是否有明显裂缝；外露过梁表面是否平整
				JG-2-3	圈梁	圈梁与墙面接合处是否无明显裂缝；外露圈梁表面是否平整
				JG-2-4	挑梁	外露挑梁是否有明显开裂或裂缝；外露挑梁表面是否平整
		JG-3	板	JG-3-1	楼板	外露楼板是否有明显开裂或裂缝
				JG-3-2	屋面板	外露屋面板是否有明显开裂或裂缝；外露屋面板是否有渗漏现象

1.2.6 门窗

门的主要作用是交通出入，分隔和联系建筑空间。窗的主要作用是采光、通风及观望。门和窗对建筑物外观及室内装修造型也起着很大作用。门和窗都应造型美观大方、构造坚固耐久、开启灵活、关闭严实、隔声、隔热。

门一般由门框、门扇、五金等部分组成。按照门使用的材料，分为木门、钢门、铝合金门、塑钢门。按照门开启的方式，分为平开门（又可分为内开门和外开门）、弹簧门、推拉门、转门、折叠门、卷帘门、上翻门和升降门等。按照门的功能，分为防火门、安全门和防盗门等。按照门在建筑物中的位置，分为围墙门、入户门、内门（房间门、厨房门、卫生间门）等。

窗一般由窗框、窗扇、玻璃、五金等组成。按照窗所使用的材料，分为木窗、钢窗、铝合金窗、塑钢窗。按照窗开启的方式，分为平开窗（又可分为内开窗和外开窗）、推拉窗、旋转窗（又可分为横式旋转窗和立式旋转窗。横式旋转窗按转动铰链或转轴位置的不同，又可分为上悬窗、中悬窗和下悬窗）、固定窗（仅供采光及眺望，不能通风）。按照窗在建筑物中的位置，分为侧窗和天窗。

按照我国住房建筑的基本样式，将门窗按照材料和围护进行分类。按照材料可以分为木门窗、金属门窗、电动门窗和玻璃；按照围护可以分为纱窗、窗帘盒和内窗台（表1-6）。

房屋查验内容之六：门窗   表1-6

大类标记	名称	属类	名称	小类	名称	内容及评价标准
MC	门窗	MC-1	材料	MC-1-1	木门窗	木材品种、材质等级、规格、尺寸、框扇的线型是否符合设计要求；木门窗扇是否安装牢固、开关灵活、关闭严密，无走扇、翘曲现象；木门窗表面是否洁净，有刨痕、锤印；木门窗的割角拼缝严密平整，框扇裁口顺直，刨面平整；木门窗排水、盖压条、压缝条、密封条的安装应顺直，与门窗结合应牢固、严密；门窗把手、插销、五金等是否能够有效使用，各种锁具是否安全、可靠

大类标记	名称	属类	名称	小类	名称	内容及评价标准
MC	门窗	MC-1	材料	MC-1-2	金属门窗	门窗的型材、壁厚是否符合设计要求,所用配件是否选用不锈钢或镀锌材质;门窗安装是否横平竖直,与洞口墙体留有一定缝隙,缝隙内不得使用水泥砂浆填塞,是否使用具有弹性材料填嵌密实,表面是否用密封胶密闭;安装是否牢固,预埋件的数量、位置、埋设方式与框连接方法是否符合设计要求,在砌体上安装门窗严禁用射钉固定,门窗的开启方向、安装位置、连接方式是否符合设计要求;门窗表面是否洁净、平整、光滑、色泽一致,无锈蚀、无划痕、无碰伤;窗扇的橡胶密封条是否安装完好,不得卷边;门窗各把手、插销等是否能够有效使用,各种锁具是否安全、可靠
				MC-1-3	电动门窗	电动门窗的型材、附件、玻璃以及感应设备的品种、规格、质量是否符合设计要求和国家规范、标准;自动门的安装位置、使用功能是否符合设计要求;自动门框安装是否牢固,门扇安装是否稳定、开闭灵敏、滑动自如;感应设备是否灵敏、安全、可靠
				MC-1-4	玻璃	玻璃是否安装牢固,不得有裂纹、损伤和松动。门窗玻璃压条镶嵌、镶钉是否严密、牢固,与框扇接触处顺直、平齐。带密封条的玻璃压条,其密封条必须与玻璃全部贴紧,压条与型材之间是否无明显缝隙,压条接缝不大于0.3mm;玻璃表面是否洁净,不得有腻子、密封胶、涂料等污渍。中空玻璃内外表面是否清洁,中空层内不得有灰尘和水蒸气;门窗玻璃是否直接接触型材;玻璃密封胶粘结是否牢固,表面是否光滑、顺直、无裂纹;腻子是否填抹饱满、粘结牢固;腻子边缘与裁口是否平齐
		MC-2	围护	MC-2-1	纱窗	纱窗有无破损、开裂等;纱窗开启与关闭是否顺畅、无噪声
				MC-2-2	窗帘盒	窗帘盒、窗台板与基体是否连接严密、棱角方正,同一房屋内的位置标高及两侧伸出窗洞口外的长度应一致
				MC-2-3	内窗台	内窗台是否有明显缺角、开裂等;窗台外表是否平整、颜色协调

1.2.7 电气

房屋电气装置主要是通电及电力供应的各类设备,包括电线、开关及插头、电表、楼宇自动化、自动报警器和照明灯具(表1-7)。

大类标记	名称	属类	名称	小类	名称	内容及评价标准
DQ	电气	DQ-1	电设备	DQ-1-1	电线	塑料电线保护管及接线盒是否使用阻燃型产品；金属电线保护管的管壁、管口及接线盒穿线孔平滑无毛刺，外形是否有折扁、裂缝；电源配线时所用导线截面积是否满足用电设备的最大输出功率；暗线敷设是否配护套管，严禁将导线直接埋入抹灰层内，导线在管内不得有接头和扭结，吊顶内不允许有明露导线；电源线与通信线不应穿入同一根线管内，电源线及插座与电视线及插座的水平间距不应小于 500mm
				DQ-1-2	开关及插头	安装的电源插座是否符合"左零右相，保护地线在上"的要求，有接地孔插座的接地线应单独敷设，不得与工作零线混同；连接开关的螺口灯具导线，是否先接开关，开关引出的相线应接在灯中心的端子上，零线应接在螺纹的端子上；导线间和导线对地间电阻是否大于 0.5MΩ；厕浴间是否安装防水插座，开关宜安装在门外开启侧的墙体上；灯具、开关、插座安装是否牢固，位置是否正确，上沿标高是否一致，是否面板端正，紧贴墙面、无缝隙、表面洁净
				DQ-1-3	电表	总电表标志是否浅显易懂；计数器是否工作正常；注意记录底数
				DQ-1-4	楼宇自动化	系统是否灵敏、有效
				DQ-1-5	自动报警器	系统是否灵敏、有效
				DQ-1-6	照明灯具	照明灯具安装是否安全、可靠；照明设备是否有效；有无安全隐患

电线、开关和插头是主要电气供应设备。其中，电线是供配电系统中的一个重要组成部分，包括导线型号与导线截面的选择。供电线路中导线型号的选择，是根据使用的环境、敷设方式和供货的情况而定的。导线截面的选择，应根据机械强度、导线电流的大小、电压损失等因素确定。开关包括刀开关和自动空气开关。前者适用于小电流配电系统中，可作为一般电灯、电器等回路的开关来接通或切断电路；后者主要用来接通或切断负荷电流，因此又称为电压断路器。开关系统中一般还应设置熔断器，主要用来保护电气设备免受过负荷电流和短路电流的损害。

电表是用来计算用户的用电量，并根据用电量来计算应缴电费数额，交流电度表可分为单相和三相两种。选用电表时要求额定电流大于最大负荷电流，并适当留有余地，考虑今后发展的可能。

楼宇自动化是以综合布线系统【注 1.1】为基础，综合利用现代 4C 技术（现代计算机技术、现代通信技术、现代控制技术、现代图形显示技术），在建筑物内建立一个由计算机系统统一管理的一元化集成系统，全面实现对通信系统、办公自动化系统和各种建筑设备（空调、供热、给水排水、变配电、照明、电梯、消防、公共安全）等的综合管理。

自动报警器具有如下几个功能：

（1）保安监视控制功能，包括保安闭路电视设备、巡更对讲通信设备、与外界连接的开门部位的警戒设备和人员出入识别装置紧急报警、出警和通信联络设施。

（2）消防灭火报警监控功能，包括烟火探测传感装置和自动报警控制系统，联动控制启闭消火栓、自动喷淋及灭火装置，自动排烟、防烟、保证疏散人员通道通畅和事故照明电源正常工作等的监控设施。

（3）公用设施监视控制功能，包括对高低变压、配电设备和各种照明电源等设施的切换监视，对给水排水系统和卫生设施等运行状态进行自动切换、启闭运行和故障报警等监视控制，对冷热源、锅炉以及公用贮水等设施的运行状态显示、监视告警、电梯、其他机电设备以及停车场出入自动管理系统等进行监视控制。

1.2.8 给水排水

给水排水是房屋供水和排水工程的简称。给水系统的作用是供应建筑物用水，满足建筑物对水量、水质、水压和水温的要求。给水系统按供水用途，可分为生活给水系统、生产给水系统和消防给水系统三种。给水系统通常包括水箱、管道、水泵、日常给水设施等。

房屋排水系统按其排放的性质，一般可分为生活污水、生产废水和雨水三类排水系统。排水系统力求简短，安装正确、牢固，不渗不漏，使管道运行正常，它通常由下列部分组成：

（1）卫生器具：包括洗脸盆、洗手盆、洗涤盆、洗衣盆（机）、洗菜盆、浴盆、拖布池、大便器、小便池、地漏等。

（2）排水管道：包括器具排放管、横支管、立管、埋设地下总干管、室外排出管、通气管及其连接部件（表1-8）。

房屋查验内容之八：给水排水 表1-8

大类标记	名称	属类	名称	小类	名称	内容及评价标准
JPS	给水排水	JPS-1	给水	JPS-1-1	给水管道	管道安装是否横平竖直，铺设牢固，无松动，坡度符合规定要求。嵌入墙体和地面的暗管道是否进行防腐处理并用水泥砂浆抹砌保护；给水管道与附件、器具连接是否严密，通水无渗漏
				JPS-1-2	五金配件	五金配件制品的材质、光泽度、规格尺寸是否符合设计要求；配件安装位置是否正确、对称、牢固，横平竖直、无变形，镀膜光洁、无损伤、无污染，护口遮盖严密与墙面靠实、无缝隙，外露螺栓卧平，整体美观
				JPS-1-3	水表	所有出水设备都关闭的情况下，水表是否走动；打开一处水龙头，观察水表灵敏度；注意记录底数
		JPS-2	排水	JPS-2-1	排水管道	管道安装是否横平竖直，铺设牢固，无松动，坡度符合规定要求。嵌入墙体和地面的暗管道是否进行防腐处理并用水泥砂浆抹砌保护；排水管道是否畅通，无倒坡、无堵塞、无渗漏
				JPS-2-2	地漏与散水	地漏箅子是否略低于地面，走水顺畅。地漏与散水设施是否达到不倒泛水要求，结合处严密平顺、无渗漏

大类标记	名称	属类	名称	小类	名称	内容及评价标准
JPS	给水排水	JPS-3	卫浴	JPS-3-1	洗浴设备	洗浴器具的品种、规格、外形、颜色是否符合设计要求；冷热水安装是否左热右冷，安装冷热水管平行间距不小于20mm，当冷热水供水系统采用分水器是否采用半柔性管材连接；龙头、阀门安装是否平整，出水顺畅；浴缸排水口对准落水管口是否做好密封，不宜使用塑料软管连接；洗浴器具安装位置是否正确、牢固、端正、上沿水平、表面光滑、无损伤
				JPS-3-2	卫生设备	各种卫生器具与石面，墙面、地面等接触部位是否均使用硅酮胶或防水密封条密封，各种陶瓷类器具不得使用水泥砂浆镶嵌；卫生器具安装位置是否正确、牢固、端正、上沿水平、表面光滑、无损伤；各龙头、阀门、按钮等安装是否平整，出水顺畅；各种瓷质卫生设备表面是否有光泽，无划痕、磕碰、缺损等
				JPS-3-3	排风扇	卫生间吊顶下是否留有通风口；烟道、通风口中用手电查看是否存有建筑垃圾；电动排风扇是否有效
				JPS-3-4	太阳能热水器	太阳能热水器安装是否安全、可靠

1.2.9　暖通

暖通在房屋中的全称为供热、通风及空调工程，包括供暖、通风和空气调节这三个方面，从功能上说是房屋设备的一个组成部分（表1-9）。

房屋查验内容之九：暖通　　　　　　　　　　表1-9

大类标记	名称	属类	名称	小类	名称	内容及评价标准
NT	暖通	NT-1	供暖	NT-1-1	散热器	散热器上方是否有排气孔，使用时是否能够拧动将气体排掉；散热器安装时进水管和回水管的坡度是否符合要求，否则影响供暖；散热器安装是否牢固可靠；散热器表面是否有光泽、润滑，无划痕、变形等
				NT-1-2	散热器罩	散热器罩表面是否平整、光滑、洁净、色泽一致，不露钉帽、无锤印、线脚直顺；无弯曲变形、裂缝及损坏现象；装饰线刻纹是否清晰、直顺、棱线凹凸、层次分明；与墙面、窗框的衔接应严密，密封胶缝应顺直、光滑
				NT-1-3	供暖管线	供暖管线安装是否安全、可靠，有无安全隐患
		NT-2	空调	NT-2-1	通风管道	通风管道是否有效
				NT-2-2	空调设备	空调设备安装是否安全可靠；外机、内机连接是否安全；外机噪声是否在合理范围之内

供热系统的作用是通过散热设备不断地向房间供给热量，以补偿房间内的热耗失量，

维持室内一定的环境温度。目前，我国主要供热系统分为热水供热和蒸汽供热两种。其中，热水供暖系统一般由锅炉、输热管道、散热器、循环水泵、膨胀水箱等组成。蒸汽供暖系统以蒸汽锅炉产生的饱和水蒸气作为热媒，经管道进入散热器内，将饱和水蒸气的汽化潜热散发到房间周围的空气中，水蒸气冷凝成同温度的凝结水，凝结水再经管道及凝结水泵返回锅炉重新加热。与热水供暖相比，蒸汽供暖热得快，冷得也快，多适用于间歇性的供暖房屋。

通风系统是为了维持室内合适的空气环境湿度与温度，需要排出其中的余热余湿、有害气体、水蒸气和灰尘，同时送入一定质量的新鲜空气，以满足人体卫生或生产车间工艺的要求。通风系统按动力分为自然通风和机械通风，按作用范围分为全面通风和局部通风，按特征分为进气式通风和排气式通风。

空气调节是使室内的空气温度、相对湿度、气流速度、洁净度等参数保持在一定范围内的技术，是建筑通风的发展和继续。空调系统对送入室内的空气进行过滤、加热或冷却、干燥或加湿等各种处理，使空气环境满足不同的使用要求。空气调节工程一般可由空气处理设备（例如，制冷机、冷却塔、水泵、风机、空气冷却器、加热器、加湿器、过滤器、空调器、消声器）和空气输送管道以及空气分配装置的各种风口和散流器，还由调节阀门、防火阀等附件所组成。

按空气处理的设置情况分类，空调系统可以分为集中式系统（空气处理设备大多设置在集中的空调机房内，空气经处理后由风道送入各房间）、分布式系统（将冷、热源和空气处理与输送设备整个组装的空调机组，按需要直接放置在空调房内或附近的房间内，每台机组只供一个或几个小房间，或者一个大房间内放置几台机组）、半集中式系统（集中处理部分或全部风量，然后送往各个房间或各区进行再处理）。

1.2.10 附属间

附属间是房屋的有效组成部分，主要功能是辅助人们的日常工作、学习以及生活的需要。

按照功能不同，附属间可以分为储藏室、地下室、车库、夹层和阁楼（表1-10）。其中，储藏室一般有房屋内储藏室和房屋外储藏室之分。

地下室则处于房屋基础（部分），是箱形基础的一种设计方式。车库也分整体车库和区域车库，整体车库一般指有围护结构的密闭性车库，区域车库则是在公共停车区域划出可供个人及单位停车的位置。

夹层一般包括设备层和管道井，设备层是指将建筑物某层的全部或大部分作为安装空调、给水排水、电梯机房等设备的楼层，它在高层建筑中是保证建筑设备正常运行所不可缺少的。在设备层中，各种水泵，如生活水泵、消防水泵、集中供热水的加热水泵等，应浇筑设备基础，与大楼连成整体，楼板采用现浇。为防止水泵间运行渗漏水，在水泵间应设排水沟和集水井。为不扩大建筑规模，设备层的层高一般在2.2m以下。但设备层的层高也不能过低，因为板下的钢筋混凝土梁截面尺寸较大，层高过低，会影响人们对设备的操作和维修。管道井又称设备管道井，是指在高层建筑中专门集中垂直安放给水排水、供暖、供热水等管道的竖向钢筋混凝土井。在高层建筑中，管道井以及排烟道、排气道等竖向管道，应分别独立设置。

阁楼在发达国家的建筑中较为常见，在我国则是建筑楼宇顶部才有的房屋构件。它指在较高的房间内上部架起的一层矮小的楼（表1-10）。

房屋查验内容之十：附属间　　　　　　　　　　　　　　表1-10

大类标记	名称	属类	名称	小类	名称	内容及评价标准
FS	附属间	FS-1	功能房	FS-1-1	储藏室	储藏室是否具有防水、隔热功效
				FS-1-2	地下室	地下室是否简单装修，具有防水、防潮以及隔热功效
				FS-1-3	车库	车库内是否有良好的通风、防水功效
		FS-2	结构房	FS-2-1	夹层	夹层是否存在安全隐患
				FS-2-2	阁楼	阁楼楼板是否坚固，有足够的承载力

1.2.11　其他

其他是除上述部位以外的房屋其他组成部位和设备，主要包括厨房设备、室内围护、室内楼梯、阳台、走廊和壁炉。

其中，厨房设备又分为燃气管道和燃气表。室内围护又分为隔墙和软包。室内楼梯按照组成构件分为楼梯面板和扶手栏杆。阳台按照组成部位和样式不同分为阳台、平台和露台。（表1-11）。

房屋查验内容之十一：其他　　　　　　　　　　　　　　表1-11

大类标记	名称	属类	名称	小类	名称	内容及评价标准
QT	其他	QT-1	厨房设备	QT-1-1	燃气管道	燃气管道安装是否安全、可靠，有无安全隐患
				QT-1-2	燃气表	燃气表标识是否浅显易懂；计数器是否工作正常；注意记录底数
		QT-2	室内围护	QT-2-1	隔墙	隔墙工程所用材料的品种、级别、规格和隔声、隔热、阻燃等性能是否符合设计要求和国家有关规范、标准的规定；墙板的隔声效果是否良好；墙板是否抹灰均匀、没有缝隙；墙板与其他墙体的接缝处是否严密整齐；隔墙内填充材料是否干燥、铺设厚度均匀、平整、填充饱满，是否有防下坠措施
				QT-2-2	软包	软包织物、皮革、人造革等面料和填充材料的品种、规格、质量是否符合设计要求和防火、防腐要求；软包工程的衬板、木框的构造是否符合设计要求，包钉是否牢固，不得松动；软包制作尺寸是否正确，棱角方正，周边平顺，表面平整，填充饱满，松紧适度；软包安装是否平整，紧贴墙面，色泽一致，接缝严密，无翘边；软包表面是否清洁、无污染，拼缝处是否花纹吻合、无波纹起伏和皱折；软包饰面与压条、盖板、踢脚线、电器盒面板等交接处是否交接紧密、无毛边。电器盒开洞处套割尺寸是否正确，边缘整齐，盖板安装与饰面压实，毛边不外露，周边无缝隙

大类标记	名称	属类	名称	小类	名称	内容及评价标准
QT	其他	QT-3	室内维护	QT-3-1	楼梯面板	室内楼梯面板是否安全可靠，有无明显开裂现象
				QT-3-2	扶手栏杆	护栏高度、栏杆间距是否符合设计要求，其中，护栏、扶手材质和安装方法是否能承受规范允许的水平荷载、扶手高度是否不小于0.9m，栏杆高度是否不小于1.05m，栏杆间距是否不大于0.11m
		QT-4		QT-4-1	阳台	阳台安全围护设施是否合理、有效；无渗水、漏雨等现象
				QT-4-2	平台	平台是否安全
				QT-4-3	露台	露台是否安全
		QT-5		QT-5-1	走廊	走廊是否安全、无渗水、漏雨等现象
		QT-6		QT-6-1	壁炉	壁炉安装与搭设是否安全，无明显裂缝、错位、断裂等

【注1.1】综合布线系统是由线缆和相关连接件组成的信息传输通道或导体网络。综合布线技术是将所有电话、数据、图文、图像及多媒体设备的布线组合在一套标准的布线系统上，从而实现了多种信息系统的兼容、共用和互换，它既能使建筑物内部的语言、数据、图像设备、交换设备与其他信息管理系统彼此相连，同时也能使这些设备与外部通信相连。

2 房屋查验程序

验房行业在我国还是一个新兴行业，人们对它的工作性质、内容和方式还很不了解。特别是验房程序和规则，在全国范围内还没有一个统一的标准。一般情况下，房屋实地查验的基本程序，可分为 3 大部分、10 个阶段和 22 个步骤（表 2-1）。

2.1 房屋实地查验预约与准备

实际查看房屋前，验房人员要跟业主进行事先联系，以确定好实地查验时间。同时，验房也应通过电话等方式对房屋性状进行大致了解，以决定查验时所需的各种资料、工具及其他所带物品。

在正式实地验房之前，验房人员主要需要做好预约与必要的准备。

第一步：接待业主与接受业主委托

预约阶段的首要任务是接受业主委托。此时，业主可以通过电话或其他方式，与验房人员取得联系，约定验房时间，提供初步信息，做好验房准备。

第二步：业主准备

一旦与验房人员确定了房屋查验的时间，业主就可以根据验房人员建议，做好如下准备：

第一，提前准备好小区、房屋的通行证件、各类房屋钥匙，以避免房屋查验时有房间打不开或不能顺利进入而耽误时间。

第二，通知必要的物业管理人员。有些房屋查验需要打开一些公共物业管理部位，如管道井、设备层等，遇到这种情况，业主最好事先与物业管理人员和验房人员沟通好，在力所能及的范围内解决问题，促进验房顺利进行。

第三，业主自行准备或通知房屋销售人员、物业人员准备好相应文本资料：《住宅质量保证书》《住宅使用说明书》《建筑工程质量认定书》《房地产开发建设项目竣工综合验收合格证》《房产证》《土地证》《竣工验收备案表》《房屋销售合同》以及其他有效有用文本等。这几项文件是确定房屋性状的重要依据，特别是涉及一些保修期之类的内容，都应在该类文件中予以查得。另外，必要的身份证件、房屋权属证件也是更好地协助验房的必备文件。特别是房屋权属证书中，有记载面积、范围等房屋具体内容的事项，这些材料业主都需要根据房屋实地查验的需要提前准备好。

第四，如房屋涉及出售、出租、抵押等交易活动，业主还需准备好相应合同、协议书、评估证明等。由于房屋查验必然是出于某种目的，或是为了交易，或是为了更好地居住等。若是为了交易，请业主提前做好准备，比如说出租房屋的查验最好要待租赁双方都在的时候进行等。

第三步：验房人员准备

在业主准备的同时，验房人员也应当根据业主要求，相应做好下列准备：

第一，验房人员在房屋实地查验之前，要对项目情况及各种细节一一掌握，如熟悉所验房屋的区位、周边情况、房地产情况及交通、医疗、教育、体育等设施分布情况。同时，在去房屋进行查验的路线安排上，应事先探明所用时间，避免迟到、久等不来现象的发生。所以，尽量要提前熟悉看房路线，避免走冤枉路。

第二，熟悉所验房屋的户型、结构、格式、特点等。这样，房屋实地查验就更有针对性。

第三，熟悉各种房屋交易流程、文本填写及注意事项。验房人员应当是通才，一旦业主问到与房屋有关的各种内容时，验房人员都应该予以回答并作出适当解释。

第四，准备好相应验房工具。

第五，准备好各类文本，如《房屋实地查验报告》等。房屋查验后，提交给业主一份完整、客观的房屋查验报告是房屋查验成果的集中展示。因此，验房人员要事先对报告内容有所了解，并有针对性地对房屋进行查验。

第六，准备好通勤工具，做好线路和时间安排。

第七，做好与业主验房前的各种交流、沟通和互动。作为验房来说，事先与业主的沟通与互动很重要。因为业主委托验房，一定是出于某种目的，这时候，验房人员应当及时了解客户的目的、要求，提供更有针对性的服务。

第八，准备好各种公司印章或个人印鉴，以备签署验房报告时所用。

2.2 房屋实地查验实施

做好了各种准备工作，与业主约定好验房时间，按时到达验房地点，房屋实地查验就可以正式开始了。

第四步：与业主见面

验房人员与业主在指定地点见面，验房开始。

第五步：简要说明

由于并不是所有的业主都了解验房，并不是所有的消费者都清楚验房的局限性。因此，在正式验房开始之前，验房人员有必要向业主简单介绍验房工作及房屋查验的局限性，要求业主协助完成各种验房任务，并向业主说明可能发生的各种情况，解答业主关于验房有关事情的疑问。一般来说，这一过程可以通过和业主签署验房委托协议及确认业主已经认真阅读了《验房师声明》【注2.1】来实现。

第六步：资料查验

验房人员在实地验房开始前，最好先逐一检查业主携带的各种与房屋有关的文本、资料和证明文件，以确保验房活动的合法、合理性。一般来说，出于保护隐私及尊重个人住房权利的需要，委托验房的被委托人都应该是与房屋有权利关系的人，包括业主、物业使用人、租赁者等。因此，事先验明好相关证件，有助于验房本身的合法与合理化。

第七步：小区大环境查验

房屋实地查验开始后，验房人员首先要对房屋外部环境进行查验，包括：

第一，房屋所在社区的容积率、建筑密度、楼间距等规划指标是否符合房屋建筑要求；

第二，房屋所在社区、楼宇是否存在安全隐患；

第三，房屋所在社区、楼宇的物业服务情况；

第四，房屋所在社区公共服务设施、健身设施的安排与布置情况；

第五，房屋所在社区的噪声、空气及其他影响生活质量等因素。

第八步：房屋室外环境查验

在大致了解了房屋所处的室外大环境之后，验房人员开始对房屋的直接关联外部内容进行查验，包括：

第一，房屋外在观感情况；

第二，房屋外墙外表面装饰情况；

第三，房屋车位情况；

第四，房屋采光情况；

第五，房屋距小区主要公共场所通勤情况；

第六，房屋周边绿化情况。

第九步：单元门洞查验

在进行完室外查验之后，如果是楼房，进入房屋前，验房人员还应对房屋单元门洞进行查验，包括：

第一，防盗门安装及使用情况；

第二，电梯安装运行情况；

第三，物业值班室情况；

第四，垃圾回收情况；

第五，邮政信箱设置情况。

第十步：其他公用部分查验

除室内查验之外，验房人员也应对与房屋有直接联系的房屋其他公用部分进行在验，包括：

第一，楼梯分布及使用情况；

第二，电梯分布及使用情况；

第三，楼层平台使用情况；

第四，管道井位置；

第五，电表、水表位置；

第六，消防设施分布情况。

第十一步：附属空间设备查验

在检查完公用部位之后，验房人员要继续对房屋附属空间设备进行查验，包括：

第一，查验地下室；

第二，查验夹层工作间；

第三，查验车棚；

第四，查验储藏室。

第十二步：室内基础数据测量

为更好地了解房屋性状，在条件允许的情况下，特别在新房验房时，验房人员应对房屋基础数据进行测量，包括：

第一，测量建筑面积、使用面积、套内面积、阳台面积、公摊面积、地下室面积、阁楼面积等；

第二，层高与净高；

第三，室内高差。

第十三步：室内装修情况查验

在对室内进行基础数据测量之后，验房人员对照查验标准，对房屋室内装修情况进行查验，包括：

第一，顶棚、吊顶的安装与材料；

第二，灯具、风扇的安装与安全；

第三，墙面装饰；

第四，地面铺设；

第五，隔墙安装；

第六，涂料涂饰；

第七，软包制品；

第八，室内楼梯与楼板；

第九，室内空气质量；

第十，阳台设施。

第十四步：室内设备安装查验

除建筑构造，装饰情况外，建筑设备也是房屋查验的主要内容之一，验房人员应对室内设备安装情况进行查验，包括：

第一，检查各类门窗的安装与运行情况；

第二，查验零星制品的安装及使用，例如，木护墙、踢脚板、顶角线、散热器、散热器罩、栏杆扶手等；

第三，检测厨房设备，包括烟道、燃气管道、热水器等；

第四，检测卫生间设备，包括盥洗设备、洗浴设备、卫生设备、水管及管道、防水工程、排风扇、各类五金配件、水表、地漏与散水等；

第五，检测各种电气设备，包括总电表、开关、插座、警报系统、电线、电闸、视频对讲机、自动防火报警器、电视、电话、网络等；

第六，检查壁橱和地柜等处。

第十五步：其他部位查验

验房人员在遵守基本查验范围的情况下，酌情对业主要求的除上述列表外的其他部位、设施进行查验。

第十六步：简要总结查验

验房人员向业主简单总结查验过程，对具体问题提出解决方案和措施。

第十七步：确认实地查验

验房人员与业主协商，结束实地查验，业主需在房屋查验表上签字确认查验结果。验房人员收拾好各种检测工具。

2.3　房屋实地查验后续工作

在房屋实地查验之后，要进行房屋查验报告的撰写及费用的核算等。

第十八步：准备房屋查验报告资料

验房人员搜集和整理实地验房的相关资料。

第十九步：撰写报告

验房人员填写房屋查验报告。

第二十步：报告交付业主

验房人员将房屋查验报告交付业主，业主签字确认。

第二十一步：结算费用

业主与验房人员结算有关费用，并支付报酬。

第二十二步：整理存档

验房人员将房屋查验的资料整理、存档。

房屋实地查验流程表　　　　　　　　　　　　　　　　　　表 2-1

阶段	序号	名称	内容	备注
预约阶段	1	接待业主与接受业主委托	业主通过电话或其他方式，与验房人员取得联系，约定验房时间，提供初步信息，做好验房准备	
准备阶段	1	业主准备	业主根据验房人员建议，做好如下准备： ① 小区、房屋的通行证件、各类房屋钥匙； ② 通知必要的物业管理人员； ③ 业主自行准备或通知房屋销售人员、物业人员准备好相应文本资料：《住宅质量保证书》《住宅使用说明书》《建筑工程质量认定书》《房地产开发建设项目竣工综合验收合格证》《房产证》《土地证》《竣工验收备案表》《房屋销售合同》以及其他有效有用文本等； ④ 如房屋涉及出售，出租、抵押等交易活动，业主还需准备好相应合同、协议书、评估证明等	
	2	验房人员准备	验房人员根据业主要求，相应做好下列准备： ① 熟悉所验房屋的区位、周边情况、房地产情况及交通、医疗、教育、体育等设施分布情况； ② 熟悉所验房屋的户型、结构、特点等； ③ 熟悉各种房屋交易流程、文本填写及注意事项； ④ 准备好相应验房工具（详见《房屋实地查验所需工具表》）； ⑤ 准备各类文本，如《房屋实地查验报告》等； ⑥ 准备好通勤工具，做好线路和时间安排； ⑦ 做好与业主验房前的各种交流、沟通与互动； ⑧ 准备各种公司印章或个人印鉴	
实地验房开始阶段	1	与业主见面	验房人员与业主在指定地点见面，验房开始	
	2	简要说明	验房人员向业主简要介绍工作职责及验房范围，要求业主协助完成各种验房任务，并向业主说明可能发生的各种情况	
	3	资料查验	验房人员在实地验房开始前，先逐一检查业主携带的各种与房屋有关的文本、资料和证明文件，以确保验房活动的合法、合理	

阶段	序号	名称	内容	备注
室外查验阶段	1	小区大环境查验	验房人员对小区大环境进行查验，包括小区区位、通勤、楼间距、绿地率、容积率和建筑密度等	
	2	房屋室外环境查验	验房人员对房屋外部环境进行查验，包括： ① 房屋外在观感情况； ② 房屋外墙外表面装饰情况； ③ 房屋车位情况； ④ 房屋采光情况； ⑤ 房屋距小区主要公共场所通勤情况； ⑥ 房屋周边绿化情况	
楼内查验阶段	1	单元门洞查验	验房人员对房屋单元门洞进行查验，包括： ① 防盗门安装及使用情况； ② 电梯安装运行情况； ③ 物业值班室情况； ④ 垃圾回收情况； ⑤ 邮政信箱设置情况	
	2	其他公用部分查验	验房人员对房屋其他公用部分进行查验，包括： ① 楼梯分布及使用情况； ② 电梯分布及使用情况； ③ 楼层平台使用情况； ④ 管道井位置； ⑤ 电表、水表位置； ⑥ 消防设施分布情况	
	3	附属空间设备查验	验房人员对房屋附属空间设备进行查验，包括： ① 查验地下室； ② 查验夹层工作间； ③ 查验车棚； ④ 查验储藏室	
室内查验阶段	1	室内基础数据测量	验房人员对房屋基础数据进行测量，包括： ① 测量建筑面积、使用面积、套内面积、阳台面积、公摊面积、地下室面积、阁楼面积等； ② 层高与净高； ③ 室内高差	
	2	室内装修情况查验	验房人员对房屋室内装修情况进行查验，包括： ① 顶棚、吊顶的安装与材料； ② 灯具、风扇的安装与安全； ③ 墙面装饰； ④ 地面装饰； ⑤ 隔墙安装； ⑥ 涂料涂饰； ⑦ 软包制品； ⑧ 室内楼梯与楼板； ⑨ 室内空气质量； ⑩ 阳台设施	
	3	室内设备安装查验	验房人员对室内设备安装情况进行查验，包括： ① 检查各类门窗的安装与运行情况； ② 检验零星制品，例如，木护墙、踢脚线、顶角线、散热器、散热器罩、栏杆扶手等； ③ 检测厨房设备，包括烟道、燃气管道、热水器等； ④ 检测卫生间设备，包括盥洗设备、洗浴设备、卫生设备、水管及管道、防水工程、排风扇、各类五金配件、水表、地漏与散水等； ⑤ 检测各类电气设备，包括总电表、开关、插座、警报系统、电线、电闸、视频对讲机、自动防火报警器、电视、电话、网络等； ⑥ 检查壁柜及地柜等	

阶段	序号	名称	内容	备注
个别查验阶段	1	其他部位查验	验房人员应在遵循基本查验范围的情况下，酌情对业主要求的除上述列表外的其他部位、设施进行查验	
实地验房结束阶段	1	简要总结查验	验房人员向业主简单总结查验过程，对具体问题提出处理方案和措施	
	2	确认实地查验	验房人员与业主协商，结束实地查验，业主需要在房屋查验表上签字确认查验结果。验房人员收拾好各种检测工具	
撰写房屋查验报告阶段	1	准备房屋查验报告资料	验房人员搜集和整理实地验房的相关资料	
	2	撰写报告	验房人员填写房屋查验报告	
	3	报告交付业主	验房人员将房屋查验报告交付业主，业主签字确认	
房屋查验结束阶段	1	结算费用	业主与验房人员结算有关费用，并支付报酬	
	2	整理存档	验房人员将房屋查验的资料整理、存档	

【注 2.1】《验房师声明》是验房之前业主需要仔细阅读并确认了解，主要是针对那些验房师无法查验的部位及无法达到的要求向业主予以说明。

3　房屋质量评价标准

3.1　基本概念

房屋是一种建筑物，指有基础、墙、顶、门、窗，能够遮风避雨，供人在内居住、工作、学习、娱乐、储藏物品或进行其他活动的空间场所。

而建筑一词有两层含义：一是作为动词，指建造建筑物的活动；二是作为名词，指这种建造活动的成果，即建筑物。建筑物有广义和狭义两种含义。广义的建筑物是指人工建筑而成的所有东西，包括房屋和构筑物。狭义的建筑物主要是指房屋，不包括构筑物。构筑物是指房屋以外的建筑物，人们一般不直接在内进行生产和生活活动，例如，烟囱、水塔、水井、道路、桥梁、隧道、水坝等。

3.1.1　房屋的分类

1. **按照房屋使用性质划分**

按照房屋的使用性质，建筑物分为民用建筑、工业建筑和农业建筑三大类。其中，民用建筑按照使用功能，分为居住建筑和公共建筑两类。居住建筑是指供家庭或个人居住使用的建筑，又可分为住宅、集体宿舍等。住宅是指供家庭居住使用的建筑。按照套型设计，每套住宅设有卧室、起居室（厅）、厨房和卫生间等基本空间。住宅可分为独立式（独院式）住宅、双联式（联立式）住宅、联排式住宅、单元式（梯间式）住宅、外廊式住宅、内廊式住宅、跃廊式住宅、跃层式住宅、点式（集中式）住宅、塔式住宅等。习惯上按照档次，还不很严格地把住宅分为普通住宅、高档公寓和别墅。公共建筑是指供人们购物、办公、学习、旅行、体育、医疗等使用的非生产性建筑，例如，商业建筑、办公建筑、文教建筑、旅馆建筑、观演建筑、体育建筑、展览建筑、医疗建筑等。工业建筑是指供工业生产使用或直接为工业生产服务的建筑：工业建筑按照用途，分为主要生产厂房、辅助生产厂房、动力用厂房、储存用房屋、运输用房屋等。农业建筑是指供农业生产使用或直接为农业生产服务的建筑，例如，料仓、水产品养殖场、饲养畜禽用房等。

2. **按照房屋层数或高度划分**

按照房屋层数或高度的分类，可以将房屋分为低层住宅、多层住宅、中高层住宅和高层住宅。房屋层数是指房屋的自然层数，一般按室内地坪±0.000m以上计算；采光窗在室外地坪以上的半地下室，其室内层高在2.2m以上（不含2.2m）的，计算自然层数。假层、附层（夹层）、插层、阁楼（暗楼）、装饰性塔楼，以及突出屋面的楼梯间、水箱间不计层数。房屋总层数为房屋地上层数与地下层数之和。建筑高度是指建筑物室外地面到其檐口或屋面面层的高度。屋顶上的水箱间、电梯机房、排烟机房和楼梯出口小间等不计入建筑高度。其中，1~3层的住宅为低层住宅；4~6层的住宅为多层住宅；7~9层的住宅为中高层住宅，10层及以上的住宅为高层住宅。根据《民用建筑设计统一标准》GB 50352-2019，建筑高度不大于27.0m的住宅建筑、建筑高度不大于24.0m的公共建筑及建筑高度大于24.0m的单层公共建筑为低层或多层民用建筑；建筑高度大于27.0m的住宅建筑和建筑高度大于24.0m的非单层公共建筑，且高度不大于100.0m的，为高层民用建筑；建筑高度大于100.0m为超高层建筑。

3. 按照房屋建筑结构划分

按照房屋建筑结构，房屋分为以下四种类型：

砖木结构房屋。砖木结构房屋的主要承重构件是用砖、木做成。其中，竖向承重构件的墙体和柱采用砖砌，水平承重构件的楼板、屋架采用木材。这类建筑物的层数一般较低，通常在3层以下。古代建筑，1949年以前建造的城镇居民住宅，20世纪五六十年代建造的民用房屋和简易房屋，大多为这种结构。

砖混结构房屋。砖混结构房屋的竖向承重构件采用砖墙或砖柱，水平承重构件采用钢筋混凝土楼板、屋面板，其中也包括少量的屋顶采用木屋架。这类建筑物的层数一般在6层以下，造价较低，但抗震性能较差，开间和进深的尺寸及层高都受到一定的限制。因此，这类建筑物正逐步被钢筋混凝土结构的建筑物所替代。

钢筋混凝土结构房屋。钢筋混凝土结构房屋的承重构件如梁、板、柱、墙（剪力墙）、屋架等，是由钢筋和混凝土两大材料构成。其围护构件如外墙、隔墙等，是由轻质砖或其他砌体做成。它的特点是结构的适应性强，抗震性能好，耐久年限较长。从多层到高层，甚至超高层建筑都可以采用此类结构。钢筋混凝土结构房屋的种类主要有：框架结构、框架-剪力墙结构、剪力墙结构、筒体结构、框架筒体结构和筒中筒等。

钢结构房屋。钢结构房屋的主要承重构件均用钢材制成。其建造成本较高，多用于高层公共建筑和跨度大的建筑，例如，体育馆、影剧院、跨度大的工业厂房等。

4. 按照房屋施工方法划分

施工方法是指建造建筑物时所采用的方法。按照施工方法的不同，建筑物分为下列三种：

现浇现砌式建筑。这种建筑物的主要承重构件均是在施工现场浇筑和砌筑而成。

预制装配式建筑。这种建筑物的主要承重构件均是在加工厂制成预制构件，在施工现场进行装配而成。

部分现浇现砌部分装配式建筑。这种建筑物的一部分构件（如墙体）是在施工现场浇筑或砌筑而成，一部分构件（如楼板、楼梯）则采用在加工厂制成的预制构件。

5. 按照房屋设计年限划分

建筑设计标准要求建筑物应达到的设计使用年限，是由建筑物的性质决定的。例如，《民用建筑设计统一标准》GB 50352-2019将以主体结构确定的建筑设计使用年限分为四级，并规定了其适用范围。影响建筑物实际使用年限的因素，除了建筑设计标准的要求，还有工程业主的要求、实际建筑设计水平、施工质量及房屋使用维修等（表3-1）。

房屋设计使用年限   表3-1

类别	设计使用年限（年）	示例
1	5	临时性建筑
2	25	易于替换结构构件的建筑

类别	设计使用年限（年）	示例
3	50	普通建筑和构筑物
4	100	纪念性建筑和特别重要的建筑

6. 按照房屋耐火等级划分

房屋的耐火等级是由组成建筑物的构件的燃烧性能和耐火极限决定的。根据材料的燃烧性能，将材料分为非燃烧材料、难燃烧材料和燃烧材料。用这些材料制成的建筑构件分别被称为非燃烧体、难燃烧体和燃烧体。耐火极限的单位为小时（h），是指从受到火的作用时起，到失去支持能力或发生穿透裂缝或背火一面的温度升高到 220℃时止的时间。

《建筑设计防火规范（2018 年版）》GB 50016-2014 把建筑物的耐火等级分为一级、二级、三级、四级，其中一级的耐火性能最好，四级的耐火性能最差。

3.1.2　房屋的构成

房屋建筑通常是由若干个大小不等的室内空间组合而成的。这些室内空间的形成，往往又要借助于一片片实体的围合。这一片片实体，被称为建筑构件。

不同的房屋虽然在使用要求、空间组合、外形处理、结构形式、构造方式及规模大小等方面各有特点，但一幢房屋一般是由竖向建筑构件（如基础、墙体、柱等）、水平建筑构件（如地面、楼板、梁、屋顶等）及解决上下层交通联系的楼梯等组成。此外，有些建筑物还有台阶、坡道、散水、雨篷、阳台、烟囱、垃圾道、通风道等。

1. 基础和地基

基础是建筑物的组成部分，是建筑物地面以下的承重构件，它支撑着其上部建筑物的全部荷载，并将这些荷载及自重传给下面的地基。基础必须坚固、稳定而可靠。

按照基础使用的材料，基础分为灰土基础、三合土基础、砖基础、石基础、混凝土基础、毛石混凝土基础、钢筋混凝土基础等。

按照基础的埋置深度，基础分为浅基础、深基础和不埋基础。

按照基础的受力性能，基础分为刚性基础和柔性基础。刚性基础是指用砖、灰土、混凝土、三合土等受压强度大，而受拉强度小的刚性材料做成的基础。砖混结构房屋一般采用刚性基础。柔性基础是指用钢筋混凝土制成的受压、受拉均较强的基础。

按照基础的构造形式，基础分为条形基础、独立基础、筏形基础、箱形基础和桩基础。①条形基础是指呈连续状的带形基础，包括墙下条形基础和柱下条形基础。②独立基础是指基础呈独立的块状，形式有台阶形、锥形、杯形等。③筏形基础是一块支承着许多柱子或墙的钢筋混凝土板，板直接作用于地基上，一块整板把所有的单独基础连在一起，使地基土的单位面积压力减小。筏形基础适用于地基土承载力较低的情况。筏形基础还有利于调整地基土的不均匀沉降，或用来跨过溶洞，用筏板基础作为地下室或坑槽的底板有利于防水、防潮。④箱形基础主要是指由底板、顶板、侧板和一定数量的内隔墙构成的整体刚度较好的钢筋混凝土箱形结构。它是能将上部结构荷载较均匀地传至地基的刚性构件。箱形基础由于刚度大、整体性好、底面积较大，所以既能将上部结构的荷载较均匀地传到地基，又能适应地基的局部软硬不均，有效地调整基底的压力。箱形基础上能建造比其他基础形式更高的建筑物，对于承载力较低的软弱地基尤为合适。箱形基础对于抵抗地震作用极为有利，国内外地震震害调查表明，凡是有箱形基础的建筑物，一般破坏和受伤害的情况比无箱形基础的建筑物轻。即使上部结构在地震中遭受破坏，也没有发现箱形基础破坏的现象。在地下水位较高的地段建造高层建筑，由于箱形基础底板为一块整板，因此有利于采取各种防水措施，施工方便，防水效果好。⑤桩基础。当建筑场地的上部土层较弱、承载力较小，不适宜采用在天然地基上做浅基础时宜采用桩基础。桩基础由设置于土中的桩和承接上部结构的承台组成。承台设置于桩顶，把各单桩连成整体，并把建筑物的荷载均匀地传递给各根桩，再由桩端传给深处坚硬的土层，或通过桩侧面与其周围土的摩擦力传给地基。前者称为端承桩，后者称为摩擦桩。

地基不是建筑物的组成部分，是承受由基础传下来的荷载的土体或岩体。建筑物必须建造在坚实可靠的地基上。为保证地基的坚固、稳定和防止发生加速沉降或不均匀沉降，地基应满足下列要求：①有足够的承载力。②有均匀的压缩量，以保证有均匀的下沉。如果地基下沉不均匀时，建筑物上部会产生开裂变形。③有防止产生滑坡、倾斜方面的能力，必要时（特别是较大的高度差时）应加设挡土墙，以防止出现滑坡变形。

地基分为天然地基和人工地基。未经人工加固处理的地基，称为天然地基；经过人工加固处理的地基，称为人工地基。当土层或岩层具有足够的承载力，不需要经过人工加固处理时，可以直接在其上建造建筑物。而当土层或岩层的承载力较小，或者虽然承载力较好，但上部荷载相对过大时，为使地基具有足够的承载力，应对土层或岩层进行加固。

2. 墙体和柱

墙体和柱均是竖向承重构件，它们支撑着屋顶、楼板等，并将这些荷载及自重传给基础。

按照墙体在建筑物中的位置，墙体分为外墙和内墙。外墙位于建筑物四周，是建筑物的围护构件，起着挡风、遮雨、保温、隔热、隔声等作用。内墙位于建筑物内部，主要起分隔内部空间的作用，也可起到一定的隔声、防火等作用。

按照墙体在建筑物中的方向，墙体分为纵墙和横墙。纵墙是沿建筑物长轴方向布置的墙。横墙是沿建筑物短轴方向布置的墙，其中的外横墙通常称为山墙。按照墙体的受力情况，墙体分为承重墙和非承重墙。承重墙是直接承受梁、楼板、屋顶等传下来的荷载的墙。非承重墙是不承受外来荷载的墙。在非承重墙中，仅承受自重并将其传给基础的墙，称为承自重墙；仅起分隔空间作用，自重由楼板或梁来承担的墙，称为隔墙。在框架结构中，墙体不承受外来荷载，其中，填充柱之间的墙，称为填充墙。悬挂在建筑物外部以装饰作用为主的轻质墙板组成的墙，称为幕墙。按照幕墙使用的材料，幕墙分为玻璃幕墙、铝板幕墙、不锈钢板幕墙、花岗石板幕墙等。

按照墙体使用的材料，墙体分为砖墙、石块墙、小型砌块墙、钢筋混凝土墙。

按照墙体的构造方式，墙体分为实体墙、空心墙和复合墙。实体墙是用烧结普通砖和其他实心砌块砌筑而成的墙。空心墙是墙体内部有空腔的墙，这些空腔可以通过砌筑方式形成，也可以用本身带孔的材料组合而成，如空心砌块等。复合墙是指用两种以上材料组合而成的墙，如加气混凝土复合板材墙。

柱是建筑物中直立的起支持作用的构件。它承担、传递梁和楼板两种构件传来的荷载。

3. 门和窗

门的主要作用是交通出入，分隔和联系建筑空间。窗的主要作用是采光、通风及观望。门和窗对建筑物外观及室内装修造型也起着很大作用。门和窗都应造型美观大方，构造坚固耐久，开启灵活，关闭严实、隔声、隔热。

门一般由门框、门扇、五金等组成．按照门使用的材料，门分为木门、钢门、铝合金门、塑钢门。按照门开启的方式，门分为平开门（又可分为内开门和外开门）、弹簧门、推拉门、转门、折叠门、卷帘门、上翻门和升降门等。按照门的功能，门分为防火门、安全门和防盗门等。按照门在建筑物中的位置，门分为围墙门、入户门、内门（房间门、厨房门、卫生间门）等。

窗一般由窗框、窗扇、玻璃、五金等组成。按照窗使用的材料，窗分为木窗、钢窗、铝合金窗、塑钢窗。按照窗开启的方式，窗分为平开窗（又可分为内开窗和外开窗）、推拉窗、旋转窗（又可分为横式旋转窗和立式旋转窗。横式旋转窗按转动铰链或转轴位置的不同，又可分为上悬窗、中悬窗和下悬窗）、固定窗（仅供采光及眺望，不能通风）。按照窗在建筑物中的位置，窗分为侧窗和天窗。

4. 地面、楼板和梁

地面是指建筑物底层的地坪，主要作用是承受人、家具等荷载，并把这些荷载均匀地传给地基。常见的地面由面层、垫层和基层构成。对有特殊要求的地坪，通常在面层与垫层之间增设一些附加层。

地面的名称通常以面层使用的材料来命名。例如，面层为水泥砂浆的，称为水泥砂浆地面，简称水泥地面；面层为水磨石的，称为水磨石地面。

按照面层使用的材料和施工方式，地面分为以下几类：①整体类地面，包括水泥砂浆地面、细石混凝土地面和水磨石地面等。②块材类地面，包括烧结普通砖、大阶砖、水泥花砖、缸砖、陶瓷地砖、陶瓷马赛克、人造石板、天然石板以及木地面等。③卷材类地面，常见的有塑料地面、橡胶毡地面以及无纺织地毡地面等。④涂料类地面。

面层是人们直接接触的表面，要求坚固耐磨、平整、光洁、防滑、易清洁、不起尘。此外，居住和人们长时间停留的房间，要求地面有较好的蓄热性和弹性；浴室、厕所要求地面耐潮湿、不透水；厨房、锅炉房要求地面防水、耐火；实验室要求地面耐酸碱、耐腐蚀等。

楼板是分隔建筑物上下层空间的水平承重构件，主要作用是承受人、家具等荷载，并把这些荷载及自重传给承重墙或梁、柱、基础。楼板应有足够的强度，能够承受使用荷载和自重；应有一定的刚度，在荷载作用下挠度变形不超过规定数值；应满足隔声要求，包括隔绝空气传声和固体传声；应有一定的防潮、防水和防火能力。

楼板的基本构造是面层、结构层和顶棚。楼板面层的做法和要求与地面面层相同。

按照结构层使用的材料，楼板分为木楼板、砖拱楼板、钢筋混凝土楼板等。木楼板的构造简单，自重较轻，但防火性能不好，不耐腐蚀，又由于木材昂贵，现在除等级较高的建筑物外，一般建筑物中应用较少。砖拱楼板自重较大，抗震性能较差，目前也较少应用。钢筋混凝土楼板坚固、耐久、强度高、刚度大、防火性能好，目前应用比较普遍。钢筋混凝土楼板按照施工方式，分为预制、叠合和现浇三种。在抗震设防地区，通常采用现浇钢筋混凝土楼板。

顶棚又称天花，是室内饰面之一，表面应光洁、美观，且能起反射作用，以改善室内的亮度。顶棚还应具有隔声、保温、隔热等方面的功能。顶棚可分为直接式顶棚和吊顶棚两类。直接式顶棚是直接在楼板结构层下喷、刷或粘贴建筑装饰材料的一种构造方式。吊顶棚简称吊顶，一般由龙骨和面层两部分组成。

梁是跨越空间的横向构件，主要起结构水平承重作用，承担其上的楼板传来的荷载，再传到支撑它的柱或承重墙上。圈梁主要是为了提高建筑物整体结构的稳定性，环绕整个建筑物墙体所设置的梁。

按照梁使用的材料，梁分为钢梁、钢筋混凝土梁和木梁；按照力的传递路线，梁分为主梁和次梁；按照梁与支撑的连接状况，梁分为简支梁、连续梁和悬臂梁。

5. 楼梯

楼梯是建筑物的垂直交通设施，供人们上下楼层、疏散人流或运送物品之用。在建筑物中，布置楼梯的房间称为楼梯间。

两层以上的建筑物必须有垂直交通设施。垂直交通设施的主要形式有楼梯、电梯、自动扶梯、台阶和坡道等。低层和多层住宅一般以楼梯为主。多层公共建筑、高层建筑经常需要设置电梯或自动扶梯，同时为了消防和紧急疏散的需要，必须设置楼梯。

楼梯一般由楼梯段、休息平台和栏杆、扶手组成。楼梯段是由若干个踏步组成的供层间上下行走的倾斜构件，是楼梯的主要使用和承重部分。休息平台是指联系两个倾斜楼梯段之间的水平构件．主要作用是供人行走时缓冲疲劳和分配从楼梯到达各楼层的人流。栏杆和扶手是设置在楼梯段和休息平台临空边缘的安全保护构件。

按照楼梯的结构形式，楼梯分为板式楼梯、梁式楼梯和悬挑楼梯；按照楼梯的施工方法，楼梯分为现浇钢筋混凝土楼梯和预制装配式钢筋混凝土楼梯；按照楼梯在建筑物中的位置，楼梯分为室内楼梯和室外楼梯；按照楼梯的使用性质，楼梯分为室内主要楼梯、辅助楼梯、室外安全楼梯和防火楼梯；按照楼梯使用的材料，楼梯分为钢筋混凝土楼梯、木楼梯和钢楼梯等；按照楼层间楼梯的数量和上下楼层方式，楼梯分为直跑式楼梯、双跑式楼梯、多跑式楼梯、折角式楼梯、双分式楼梯、双合式楼梯、剪刀式楼梯和曲线式楼梯等。

按照楼梯间封闭程度不同，楼梯间分为开敞楼梯间、封闭楼梯间和防烟楼梯间。

6. 屋顶

屋顶是建筑物顶部起覆盖作用的围护构件，由屋面、承重结构层、保温隔热层和顶棚组成。常见的屋顶类型有平屋顶、坡屋顶，此外还有球面、曲面、折面等形式的屋顶。

屋顶的主要作用是抵御自然界的风、雨、雪以及太阳辐射、气温变化和其他外界的不利因素，使屋顶覆盖下的空间冬暖、夏凉。屋顶又是建筑物顶部的承重构件，承受积雪、积灰、人等荷载，并将这些荷载传给承重墙或梁、柱。因此，屋顶应满足防水、保温、隔热以及隔声、防火等要求，必须稳固。

3.1.3 房屋的设备

建筑设备指安装在建筑物内为人们居住、生活、工作提供便利、舒适、安全等条件的设备。主要包括建筑给水排水、建筑通风、建筑照明、供暖空调、建筑电气和电梯等。

1. 给水设备

给水系统的作用是供应建筑物用水，满足建筑物对水量、水质、水压和水温的要求。给水系统按供水用途，可分为生活给水系统、生产给水系统、消防给水系统三种。

供水方式应当根据建筑物的性质、高度，用水设备情况，室外配水管网的水压、水量，以及消防要求等因素决定。常用的供水方式有下列四种：

（1）直接供水方式：适用于室外配水管网的水压、水量能终日满足室内供水的情况。这种供水方式简单、经济且安全。

（2）设置水箱的供水方式：适用于室外配水管网的水压在一天之内有定期的高低变化需设置屋顶水箱的情况。水压高时，水箱蓄水；水压低时，水箱放水。这样，可以利用室外配水管网水压的波动，通过水箱蓄水或放水满足建筑物的供水要求。

（3）设置水泵、水箱的供水方式：适用于室外配水管网的水压经常或周期性低于室内所需水压的情况。当用水量较大时，采用水泵提高水压，可减小水箱容积。水泵与水箱连锁自动控制水泵停、开，能够节省能源。

（4）分区、分压供水方式：适用于在多层和高层建筑中．室外配水管网的水压仅能供下面楼层用水，不能供上面楼层用水的情况。为了充分利用室外配水管网的水压，通常将给水系统分为上下两个供水区，下区由室外配水管网水压直接供水，上区由水泵加压后与水箱联合供水。如果消防给水系统与生产或生活给水系统合并使用时，消防水泵需满足上下两区消防用水量的要求。

给水管道布置总的要求是管线尽量简短、经济，便于安装维修。给水管道的敷设有明装和暗装两种。明装是管线沿墙、墙角、梁或地板上及顶棚下等处敷设，其优点是安装、检修方便，缺点是不美观。暗装是将供水管道设置于墙槽内、吊顶内、管井或管沟内。考虑维修方便，管道穿过基础墙、地板处时应预留孔洞，尽量避免穿越梁、柱。目前给水管道的材料主要是塑料管材，其优点是耐腐蚀、耐久性好、易连接、不易渗漏。

在一般建筑物中，根据要求可设置消防与生活或生产结合的联合给水系统。对于消防要求高的建筑物或高层建筑，应设置独立的消防给水系统。

（1）消火栓系统：是最基本的消防给水系统，在多层或高层建筑物中已广泛使用。消火栓箱安装在建筑物中经常有人通过、明显和使用方便之处。消火栓箱中装有消防龙头、水龙带、水枪等器材。

（2）自动喷淋系统：在火灾危险性较大、燃烧较快、无人看管或防火要求较高的建筑物中，需装设自动喷淋消防给水系统，其作用是当火灾发生时，能自动喷水扑灭火灾，同时又能自动报警。该系统由洒水喷头、供水管网、贮水箱、控制信号阀及烟感、温感等各式探测报警器等部分组成。

热水供应系统一般按竖向分区。为保证供水效果，建筑物内通常设置机械循环集中热水供应系统，热水的加热器和水泵均集中于地下的设备间。如果建筑物较高，分区数量较多，为防止加热器负担过大压力，可将各分区的加热器和循环水泵设在该区的设备层中，分别供应本区热水。

在电力供应充足或有燃气供应时，可设置电热水器或燃气热水器的局部供应热水系统。此时只需由冷水管道供水，省去一套集中热水系统，且使用也比较灵活方便。

在人们的日常生活用水中，饮用水仅占很小部分。为了提高饮用水品质，可用两套系统供水，其中一套提供高质量、净化后的直接饮用水。

2. 排水设备

建筑排水系统按其排放的性质，一般可分为生活污水、生产废水和雨水三类排水系统。排水系统力求简短，安装正确牢固，不渗不漏，使管道运行正常。它通常由下列部分组成：

卫生器具：包括洗脸盆、洗手盆、洗涤盆、洗衣盆（机）、洗菜盆、浴盆、拖布池、大便器、小便池、地漏等。

排水管道：包括器具排放管、横支管、立管、埋设地下总干管、室外排出管、通气管及其连接部件。

需要注意的是，当排水不能以重力流排至室外排水管中时，必须设置局部污水抽升设备来排除内部污水、废水。常用的抽升设备有污水泵、潜水泵、喷射泵、手摇泵及气压输水器等。

在有污水处理厂的城市中，生活或有害的工业污水、废水需先经过局部处理才能排放，处理方式有以下几种：

化粪池：化粪池是用钢筋混凝土或砖石砌筑成的地下构筑物。其主要功能是去除污水中含有的油脂，以免堵塞排水管道。

中水系统：中水是为降低市政建设中给水排水工程的投资，改善环境卫生，缓和城市供水紧张而采用废水处理后回用的技术措施。废水处理后回用的水不能饮用，只能供冲洗厕所、道路、汽车或作消防用水和绿化用水。设置中水系统，要按规定配套建设中水设施，如净化池、消毒池、水处理设备等。

3. 供暖设备

在冬季比较寒冷的地区，室外温度低于室内温度，而房间的围护结构不断地向室外散失热量，在风压作用下通过门窗缝隙渗入室内的冷空气也会消耗室内的热量，造成室内温度下降。供暖系统的作用是通过散热设备不断地向房间供给热量，以补偿房间内的热耗失量，维持室内一定的环境温度。

常用的供暖方式主要包括区域供热、集中供暖和局部供暖。

区域供热：大规模的集中供热系统是由一个或多个大型热源产生的热水或蒸汽，通过区域供热管网，供给地区以至整个城市的建筑物，用以供暖、生活或生产用热。如大型区域锅炉房或热电厂供热系统。

集中供暖：由热源（锅炉产生的热水或蒸汽作为热媒）经输热管道送到供暖房间的散热器或地热管中，放出热量后，经回水管道流回热源重新加热，循环使用。

局部供暖：将热源和散热设备合并成一个整体分散设置在各个供暖房间。如火炉、火炕、空气电加热器等。

供暖系统包括热水供暖系统和蒸汽供暖系统两类。

热水供暖系统：该系统一般由锅炉、输热管道、散热器、循环水泵、膨胀水箱等组成。

蒸汽供暖系统：该系统以蒸汽锅炉产生的饱和水蒸气作为热媒，经管道进入散热器内，将饱和水蒸气的汽化潜热散发到房间周围的空气中，水蒸气冷凝成同温度的饱和水，凝结水再经管道及凝结水泵返回锅炉重新加热。与热水供暖相比，蒸汽供暖热得快，冷得也快，多适用于间歇性的供暖建筑（如影剧院、俱乐部）。

4. 通风和空调设备

在人们生产和生活的室内空间，需要维持一定的空气环境，通风与空气调节是创造这种空气环境的一种手段。

为了维持室内合适的空气环境湿度与温度，需要排出其中的余热、余湿、有害气体、水蒸气和灰尘，同时送入一定质量的新鲜空气，以满足人体卫生或生产车间工艺的要求。

通风系统按动力，分为自然通风和机械通风；按作用范围，分为全面通风和局部通风；按特征，分为进气式通风和排气式通风。

空气调节是使室内的空气温度、相对湿度、气流速度、洁净度等参数保持在一定范围内的技术，是建筑通风的发展和继续。空调系统对送入室内的空气进行过滤、加热或冷却、干燥或加湿等各种处理，使空气环境满足不同的使用要求。

空气调节工程一般可由空气处理设备（如制冷机、冷却塔、水泵、风机、空气冷却器、加热器、加湿器、过滤器、空调器、消声器）和空气输送管道以及空气分配装置的各种风口和散流器，还有调节阀门、防火阀等附件所组成。

按空气处理的设置情况分类，空调系统可以分为集中式系统（空气处理设备大多设置在集中的空调机房内，空气经处理后由风道送入各房间）、分布式系统（将冷、热源和空气处理与输送设备整个组装的空调机组，按需要直接放置在空调房内或附近的房间内，每台机组只供一个或几个小房间，或者一个大房间内放置几台机组）、半集中式系统（集中处理部分或全部风量，然后送往各个房间或各区进行再处理）。

5. 电气设备

室内配电用的电压，最普通的为 220V/380V 三相四线制、50Hz 交流电压。220V 单相负载用于电灯照明或其他家用电器设备，380V 三相负载多用于有电动机的设备。

导线是供配电系统中的一个重要组成部分，包括导线型号与导线截面的选择。供电线路中导线型号的选择，是根据使用的环境、敷设方式和供货的情况而定。导线截面的选择，应根据机械强度、导线电流的大小、电压损失等因素确定。

配电箱是接受和分配电能的装置。配电箱按用途，可分为照明和动力配电箱；按安装形式，可分为明装（挂在墙上或柱上）、暗装和落地柜式。用电量小的建筑物可只设一个配电箱；用电量较大的可在每层设分配电箱，在首层设总配电箱；对于用电量大的建筑物，根据各种用途可设置数量较多的各种类型的配电箱。

电开关包括刀开关和自动空气开关。前者适用于小电流配电系统中，可作为一般电灯、电器等回路的开关来接通或切断电路，此种开关有双极和三极两种；后者主要用来接通或切断负荷电流，因此又称为电压断路器。开关系统中一般还应设置熔断器，主要用来保护电气设备免受过负荷电流和短路电流的损害。

电表用来计算用户的用电量，并根据用电量来计算应缴电费数额，交流电度表可分为单相和三相两种。选用电表时要求额定电流大于最大负荷电流，并适当留有余地，考虑今后发展的可能。

我国是受雷电灾害严重危害的国家。雷电是大气中的自然放电现象，它有可能破坏建筑物及电气设备和网络，并危及人的生命。因此，建筑物应有防雷装置，以避免遭受雷击。建筑物的防雷装置一般由接闪器（避雷针、避雷管或避雷网）、引下线和接地装置三个部分组成。避雷针是作防雷用，其功能不在于避雷，而是接受雷电流。一般情况下，优先考虑采用避雷针，也可采用避雷带或避雷网。引下线一般采用圆钢或扁钢制成，沿建筑物外墙敷设，并以最短路径与接地装置连接。接地装置一般由角钢、圆钢、钢管制成，其作用是将雷电流散泄到大地中。

6. 燃气设备

燃气是一种气体燃料，根据其来源，可分为天然气、人工煤气和液化石油气。燃气具有较高的热能利用率，燃烧温度高，火力调节容易，使用方便，燃烧时没有灰渣，清洁卫生。但是，燃气易引起燃烧或爆炸，火灾危险性较大，人工煤气具有较强的毒性，容易引起中毒事故。因此，燃气管道及设备等的设计、敷设或安装，都应有严格的要求。

城市燃气一般采用管道供应，其供应系统由气源、供应管网及储备站、调压站等组成。城市燃气供应管网通常分为街道燃气管网和庭院燃气管网两部分，根据输送压力的不同，又可分为低压管网（$P \leqslant 5kPa$）、中压管网（$5kPa < P \leqslant 150kPa$）、次高压管网（$150kPa < P \leqslant 300kPa$）、高压管网（$300kPa < P \leqslant 800kPa$）。燃气经过净化后通常先输入街道高压管网或次高压管网，经过燃气调压站，进入街道中压管网，然后经过区域燃气调压站，进入街道低压管网，再经过庭院管网接入用户。邻近街道的建筑物也可直接由街道低压管网引入。

室内燃气供应系统由室内燃气管道、燃气表和燃气用具等组成。燃气经过室内燃气管道、燃气表再达到各个用气点。

室内燃气管道由引入管、立管和支管等组成，不得穿过变配电室、地沟、烟道等地方，必须穿过时，需采取相应的措施加以保护。燃气引入管穿越建筑物的基础时应加设套管，应有一定的坡度通向室外，并设有阀门。燃气立管进户应设总阀门，穿越楼板时应加设套管，上下端设活接头，以便于检修。燃气支管从立管上接出，并设有阀门，应有一定的坡度通向各个用气点。

燃气表所在的房间室温应高于 0℃，一般直接挂装在墙上。当燃气表与燃气灶之间的净距大于 300mm 时，表底距地面的净距不小于 1.4m；当燃气表与燃气灶之间的净距小于 300mm 时，表底距地面的净距不小于 1.8m。

常用的燃气用具有燃气灶、燃气热水器、家庭燃气炉、燃气开水炉等。

7. 电梯设备

电梯是沿固定导轨自一个高度运行至另一个高度的升降机，是一种建筑物的竖向交通工具。电梯的类型、数量及电梯厅的位置对高层建筑人群的疏散起着重要作用。

电梯按使用性质，可分为客梯、货梯、消防电梯、观光电梯。客梯主要用于人们在建筑中竖向的联系。货梯主要用于运送货物及设备。消防电梯主要用于发生火灾、爆炸等紧急情况下作安全疏散人员和消防人员紧急救援使用。观光电梯是把竖向交通工具和登高流动观景相结合的电梯。

电梯按行驶速度，可分为高速电梯、中速电梯、低速电梯。消防电梯的常用速度大于 2.5m/s，客梯速度随层数增加而提高。中速电梯的速度为 1.5～2.5m/s，低速电梯的速度在 1.5m/s 之内。

电梯的设置首先应考虑安全可靠，方便用户，其次才是经济。电梯由于运行速度快，可节省交通时间。在商店、写字楼、宾馆等均可设置电梯。一般一部电梯服务人数在 400 人以上，服务面积为 450～650m²。在住宅中，为满足日常使用，设置电梯应符合以下要求：①7层以上（含7层）的住宅或住户入口层楼面距室外设计地面的高度 16m 以上的住宅，必须设置电梯。②12层以上（含12层）的住宅，设置电梯不应少于两台，其中宜配置一台可容纳担架的电梯。③高层住宅电梯宜每层设站，当住宅电梯非每层设站时，不设站的层数不应超过两层。塔式和通廊式高层住宅电梯宜成组集中布置。单元式高层住宅每单元只设一部电梯时，应采用联系廊连通。

电梯及电梯厅应适当集中，位置要适中，以便各层和层间的服务半径均等。电梯在高层建筑中的位置一般可归纳为：在建筑物平面中心；在建筑物平面的一侧；在建筑物平面基本体量以外。在建筑平面布置中，电梯厅与主要通道应分隔开，以免相互干扰。

8. 智能化设备

楼宇智能化是以综合布线系统为基础，综合利用现代 4C 技术（现代计算机技术、现代通信技术、现代控制技术、现代图形显示技术），在建筑物内建立一个由计算机系统统一管理的一元化集成系统，全面实现对通信系统、办公自动化系统和各种建筑设备（空调、供热、给水排水、变配电、照明、电梯、消防、公共安全）等的综合管理。

楼宇智能化系统由下列三部分组成：

通信自动化（CA）。它是指建筑物本身应具备的通信能力，包括建筑物内的局域网和对外联络的广域网及远域网。通信自动化能为建筑物内的用户提供易于连接、方便、快速的各类通信服务，畅通音频电话、数字信号、视频图像、卫星通信等各类传输渠道。

办公自动化（OA）。它是指为最终使用者所具体应用的自动化功能，提供包括各类网络在内的饱含创意的工作场所和富于思维的创造空间，创造出高效有序及安逸舒适的工作环境，为建筑物内用户的信息检索与分析、智能化决策、电子商务等业务工作提供方便。

楼宇自动化（BA）。它主要是对建筑物内的所有机电设施和能源设备实现高度自动化和智能化管理，以中央计算机或中央监控系统为核心，对建筑物内设置的供水、电力照明、空气调节、冷热源、防火防盗、监控显示和门禁系统以及电梯等各种设备的运行情况，进行集中监测控制和科学管理，创造和提供一个人们感到适宜的温度、湿度、照明和空气清新的工作和生活环境，达到高效、节能、舒适、安全、便利和实用的要求。楼宇自动化系统应具备以下基本功能：①保安监视控制功能，包括保安闭路电视设备、巡更对讲通信设备、与外界连接的开口部位的警戒设备和人员出入识别装置紧急报警、出警和通信联络设施。②消防灭火报警监控功能，包括烟火探测传感装置和自动报警控制系统，联动控制启闭消火栓、自动喷淋及灭火装置，自动排烟、防烟、保证疏散人员通道通畅和事故照明电源正常工作等的监控设施。③公用设施监视控制功能，包括高低变压、配电设备和各种照明电源等设施的切换监视，给水、排水系统和卫生设施等运行状态进行自动切换、启闭运行和故障报警等监视控制，冷热源、锅炉以及公用贮水等设施的运行状态显示、监视告警、电梯、其他机电设备以及停车场出入自动管理系统等监视控制。

楼宇智能化系统也可分解为下列子系统：中央计算机及网络系统、办公自动化系统、建筑设备自控系统、智能卡系统、火灾报警系统、内部通信系统、卫星及公用天线系统、停车场管理系统、综合布线系统。

楼宇智能化的主要优点是：提供安全、舒适、高效率的工作环境，节约能耗，提供现代化的通信手段和信息服务，建立科学先进的综合管理机制。

住宅智能化要充分体现"以人为本"的原则，其基本要求有：在卧室、客厅等房间要设置电线插座，在卧室、书房、客厅等房间应设置信息插座，要设置可对讲和住宅出入口门锁控制装置，要在厨房内设置燃气报警装置，宜设置紧急呼叫求救按钮，宜设置水表、电表、燃气表、暖气等的远程自动计量装置。

智能化居住区的基本要求：第一，设置智能化居住区安全防范系统。根据居住区的规模、档次及管理要求，可选设下列安全防范系统：居住区周边防范报警系统、居住区可对讲系统、110报警系统、电视监控系统和门禁及居住区巡更系统。第二，设置智能化居住区信息服务系统。根据居住区服务要求，可选设下列信息服务系统：有线电视系统、卫星接收装置、语音和数据传输网络和网上电子住处服务系统。第三，设置智能化居住区物业管理系统。根据居住区管理要求，可选设下列物业管理系统：水表、电表、燃气表、暖气的远程自动计量系统，停车管理系统，居住区背景音乐系统，电梯运行状态监视系统，居住区公共照明、给水排水等设备的自动控制系统，住户管理、设备管理等物业管理系统。

3.2 测评内容

在我国，通过房屋查验来衡量房屋的性状及质量好坏，需要科学、客观的评价依据。目前，主要的质量依据有如下三个方面：一是国家统一制定的建筑工程质量标准，在《建筑工程施工质量验收统一标准》GB 50300中都有详尽的说明，这主要是针对房地产开发及建设环节。二是开发企业销售房屋给普通消费者时，出具的《住宅质量保证书》和《住宅使用说明书》两个文件，是消费者确认房屋性状及决定未来保修、维护责任的主要凭证。三是各类质量监督检验机构、验房机构及验房师等出具的各类证明材料，这些材料有的具有法律效力，有的只是基本判断和说明。因此，统一房屋查验的质量评价和性状评判标准，将是我国验房业下一步重点聚焦的领域。

目前，房屋质量评价方面的标准主要有：
（1）《建筑工程施工质量验收统一标准》GB 50300-2013
（2）《建筑地基基础工程施工质量验收标准》GB 50202-2018
（3）《砌体结构工程施工质量验收规范》GB 50203-2011
（4）《混凝土结构工程施工质量验收规范》GB 50204-2015
（5）《钢结构工程施工质量验收标准》GB 50205-2020
（6）《木结构工程施工质量验收规范》GB 50206-2012
（7）《屋面工程质量验收规范》GB 50207-2012
（8）《地下防水工程质量验收规范》GB 50208-2011
（9）《建筑地面工程施工质量验收规范》GB 50209-2010
（10）《建筑装饰装修工程质量验收标准》GB 50210-2018
（11）《建筑防腐蚀工程施工规范》GB 50212-2014
（12）《建筑给水排水及采暖工程施工质量验收规范》GB 50242-2002
（13）《通风与空调工程施工质量验收规范》GB 50243-2016
（14）《电梯工程施工质量验收规范》GB 50310-2002
（15）《建筑电气工程施工质量验收规范》GB 50303-2015

3.2.1 一般要求

作为房屋，最基本的测评要求是安全、适用、经济、美观。
（1）安全是对房屋的最重要、最基本的要求。对房屋安全的基本要求，是在选址及建造上使房屋不会倒塌，没有严重污染。不会倒塌包括地基、基础、上部结构等均稳固，能抵抗地震，不会被洪水淹没，不会发生坍方、滑坡，不会遭受泥石流，木结构的房屋还包括没有白蚁危害。没有严重污染包括建筑材料（含建筑装饰材料）和地基不会产生严重污染，例如，不在未经严格处理过的化学污染地、垃圾填埋地上建造房屋。

（2）适用的基本要求主要包括防水、保温、隔热、隔声、通风、采光、日照等方面良好，功能齐全，空间布局合理。防水的基本要求是屋顶或楼板不漏水，外墙不渗雨。保温、隔热的基本要求是冬季能保温，夏季能隔热、防热。隔声的基本要求是为了防止噪声和保护私密性，能阻隔声音在室内与室外之间、上下楼层之间、左右隔壁之间、室内各房间之间传递。通风的基本要求是能够使室内与室外之间空气流通，保持室内空气新鲜。采光、日照的基本要求是白天室内明亮，室内有一定的空间能够获得一定时间的太阳光照射。采光、日照对住宅和办公楼比较重要。功能齐全是针对用途来说的，不是绝对无必要的齐全，因此，其基本要求是具有该种用途所必需的设施、设备，能满足使用要求，如具备道路、给水（上水）、排水（下水）、供电、通信、燃气、热力（供暖）、有线电视、宽带等。空间布局合理也是针对用途来说的，其基本要求是平面布置合理，交通联系方便，有利于使用。

（3）经济的基本要求是不仅一次性的构件价格不高，而且在使用过程中所需支出的费用也不高，即运营费用低，包括节省维修养护费，节约供暖、空调、照明的能耗等。

有些房屋虽然造价、售价高一些，但由于采用了质量好的建筑材料、建筑构配件、建筑设备，能节省维修养护等费用，从而综合来看仍然是经济的。而有些房屋则相反，虽然造价、售价较低，但由于质量差，经常需要维修，综合来看可能是不经济的。当然，也有一些为了不必要的功能、环境而增加了造价、售价，同时使用过程中的维修养护费用也高的现象，如不必要的会所、人造水系、低层带电梯等。

（4）美观的基本要求是房屋造型和色彩使人有好感，特别是在外形方面不会让人产生不好的联想。

3.2.2 房屋开发及施工阶段的质量测评

针对房屋开发及施工阶段，我国出台了许多质量标准和操作规程。目前，涉及房屋质量的验收标准共有18种，包括工程施工、各类设备安装、各类场地及施工安全等多个方面。与此同时，由于近年来我国房地产业发展迅速，住房交易量增长较快，因此围绕房屋质量问题，特别是房屋交易时有关房屋质量的纠纷也越来越多。各级政府部门、行业协会和自律性开发企业组织，也纷纷出台各种法律法规、质量规范和收房标准等，对房屋开发及施工的房屋质量进行规定。这些规定也是该阶段房屋查验的主要标准、依据。

1. 《建筑工程施工质量验收统一标准》

这个标准规定了建筑工程各专业工程施工验收规范编制的统一准则和单位工程验收质量标准、内容和程序等；增加了建筑工程施工现场质量管理和质量控制要求；提出了检验批质量的抽样方案要求；规定了建筑工程施工质量验收中子单位和子分部工程的划分、涉及建筑工程安全和主要使用功能的见证取样及抽样检测。建筑工程各专业工程施工质量验收规范必须与本标准配合使用。

2. 最高法院关于房屋质量问题的司法解释

最高人民法院于2003年出台了《最高人民法院关于审理商品房买卖合同纠纷案件适

用法律若干问题的解释》（法释〔2003〕7号），共28条，其中涉及房屋质量问题的有如下几条：

第十二条：因房屋主体结构质量不合格不能交付使用，或者房屋交付使用后，房屋主体结构质量经核验确属不合格，买受人请求解除合同和赔偿损失的，应予支持。

第十三条：因房屋质量问题严重影响正常居住使用，买受人请求解除合同和赔偿损失的，应予支持。交付使用的房屋存在质量问题，在保修期内，出卖人应当承担修复责任；出卖人拒绝修复或者在合理期限内拖延修复的，买受人可以自行或者委托他人修复。修复费用及修复期间造成的其他损失由出卖人承担。

第十四条：出卖人交付使用的房屋套内建筑面积或者建筑面积与商品房买卖合同约定面积不符，合同有约定的，按照约定处理；合同没有约定或者约定不明确的，按照以下原则处理：

（1）面积误差比绝对值在3%以内（含3%），按照合同约定的价格据实结算，买受人请求解除合同的，不予支持；

（2）面积误差比绝对值超出3%，买受人请求解除合同、返还已付购房款及利息的，应予支持。买受人同意继续履行合同，房屋实际面积大于合同约定面积的，面积误差比在3%以内（含3%）部分的房价款由买受人按照约定的价格补足，面积误差比超出3%部分的房价款由出卖人承担，所有权归买受人；房屋实际面积小于合同约定面积的，面积误差比在3%以内（含3%）部分的房价款及利息由出卖人返还买受人，面积误差比超过3%部分的房价款由出卖人双倍返还买受人。

3. 《住宅工程质量分户验收管理规定》

2006年，原建设部工程质量安全监督与行业发展司向各地主管部门转发了北京市建设委员会《住宅工程质量分户验收管理规定》和《关于实施住宅工程质量分户验收工作的指导意见》，要求各地结合本地区实际以及建筑节能工作要求，逐步建立住宅工程。"一户一验"制度，进一步推动住宅工程质量（包括建筑节能）整体水平的提高。这两个文件的主要内容如下所示。

《住宅工程质量分户验收管理规定》指出，住宅工程建设单位、施工单位和监理单位要强化检验批验收，对于不符合质量要求的检验批，应当严格按照《建筑工程施工质量验收统一标准》的有关规定进行处理。通过返修或者加固处理仍不能满足安全使用要求的分部工程、单位（子单位）工程，严禁验收。住宅工程建设单位必须按照《建设工程质量管理条例》、住房和城乡建设部的有关规定，严格工程竣工验收程序，验收合格后方可交付使用。住宅工程竣工验收时，建设单位应当先组织施工和监理单位有关人员进行质量分户验收。已选定物业公司的，物业公司应当参加住宅工程质量分户验收工作。住宅工程质量分户验收应当依据国家和本市工程质量标准、规范以及经审查合格的施工图设计文件进行。

其中，对于住宅工程质量分户验收的标准和依据，也作了具体规定。规定要求，房屋验收时，在确保工程地基基础和主体结构安全可靠的基础上，以检查工程观感质量和使用功能质量为主，主要包括以下检查内容：

（1）建筑结构外观及尺寸偏差；

（2）门窗安装质量；

（3）地面、墙面和顶棚面层质量；

（4）防水工程质量；

（5）供暖系统安装质量；

（6）给水、排水系统安装质量；

（7）室内电气工程安装质量；

（8）其他规定、标准中要求分户检查的内容。

同时，《住宅工程质量分户验收管理规定》还要求，在分户验收前根据房屋情况确定检查部位和数量，并在施工图纸上注明；分户验收合格后，必须按户出具由建设、施工、监理单位负责人签字或签章确认的《住宅工程质量分户验收表》，并加盖建设、施工、监理单位质量验收专用章。如果住宅工程质量分户验收不合格的，建设单位不得组织单位工程竣工验收。

4.《关于实施住宅工程质量分户验收工作的指导意见》

在上述《住宅工程质量分户验收管理规定》的基础上，为了进一步明确住宅质量验收标准和相应内容，北京市建委在 2006 年又发布了《关于实施住宅工程质量分户验收工作的指导意见》，对相关事宜进行了详细规定：

《关于实施住宅工程质量分户验收工作的指导意见》规定，住宅工程质量分户验收（以下简称《分户验收》）应依据国家和本市工程质量标准、规范，对单位工程每套住宅和规定的公共部位进行验收。分户验收的质量标准主要包括《混凝土结构工程施工质量验收规范》《建筑装饰装修工程质量验收标准》《建筑地面工程施工质量验收规范》《建筑给水排水及采暖工程施工质量验收规范》《建筑电气工程施工质量验收规范》《建筑工程施工质量验收统一标准》等相关规范、标准。

分户验收应以单位工程每套住宅和公共部分的走廊（含楼梯间、电梯间）、地下车库划分为一个子单位工程进行验收。分户验收应以竣工验收时，可观察到的工程观感质量和影响使用功能的质量为主要验收项目，分户验收内容应以检验、检查内容为主。在施工过程中和竣工验收时，应依据质量验收标准以及经审查合格的施工图设计文件，对每套住宅涉及的分户验收项目和验收内容进行验收。初装修住宅工程分户验收内容主要涉及表 3-2 所示的 7 类 20 个项目。

初装修住宅工程分户验收内容　　　　　　　　　　　　表 3-2

类别	项目
1. 建筑结构外观及尺寸偏差	（1）现浇结构外观及尺寸偏差分户质量验收记录表
2. 门窗安装质量	（2）铝合金门窗安装工程分户质量验收记录表
	（3）塑料门窗安装工程分户质量验收记录表
	（4）木门窗安装工程分户质量验收记录表
	（5）特种门安装工程分户质量验收记录表
3. 墙面、地面和顶棚面层质量	（6）一般抹灰工程分户质量验收记录表
	（7）水性涂料涂饰工程分户质量验收记录表
	（8）水泥混凝土面层分户质量验收记录表
	（9）水泥砂浆面层分户质量验收记录表
4. 防水工程质量	（10）隔离层分户质量验收记录表

类别	项目
5. 供暖系统安装质量	(11) 室内供暖辅助设备及散热器及金属辐射板安装工程分户质量验收记录表
	(12) 室内供暖管道及配件安装工程分户质量验收记录表
	(13) 低温热水地板辐射供暖系统安装工程分户质量验收记录表
6. 给水、排水系统安装质量	(14) 室内给水管道及配件安装工程分户质量验收记录表
	(15) 室内排水管道及配件安装工程分户质量验收记录表
	(16) 建筑中的水系统及游泳池的水系统安装工程分户质量验收记录表
7. 室内电气工程安装质量	(17) 普通灯具安装分户质量验收记录表
	(18) 开关、插座、风扇安装分户质量验收记录表
	(19) 成套配电机、控制柜（屏、台）和动力、照明配电箱（盘）安装分户质量验收记录表
	(20) 建筑物等电位联结分户质量验收记录表

3.2.3 房屋销售阶段的质量测评

在我国商品房交易过程中，开发企业在交房时要交给业主《住宅质量保证书》和《住宅使用说明书》两个文件，用以确保房屋质量及功能符合设计要求。

1. 《住宅质量保证书》

《住宅质量保证书》是鉴于房屋的特殊属性，为了维护购房者的合法权益，国家对住宅质量进行的专项规定，要求开发商建造的房屋必须达到一定的标准，并要求开发商承担一定期限的保修责任。通常房屋保修的事项应该由开发商亲自负责维修和处理，如果开发商委托物业管理公司等其他单位负责保修事宜的，必须在《住宅质量保证书》中对所委托的单位予以明示，保证购房者权益获得实际保护。

它的主要内容包括以下四个方面：

（1）房屋经工程质量监督部门验收后确定的质量等级。

（2）注明房屋基础构造的使用期限和保修责任；房屋基础构造指房屋的地基基础和房屋主体结构。

（3）各部位、部件的保修内容和保修时间，国家对部分内容规定的最低保修内容和期限，具体有：根据《建设工程质量管理条例》（2000年1月30日中华人民共和国国务院令第279号发布）规定，在正常使用条件下，建设工程的最低保修期限为：基础设施工程、房屋建筑的地基基础工程和主体结构工程，为设计文件规定的该工程的合理使用年限；屋面防水工程、有防水要求的卫生间、房间和外墙面的防渗漏，为5年；供热与供冷系统，为2个供暖期、供冷期；电气管线、给排水管道、设备安装和装修工程，为2年；其他项目的保修期限由发包方与承包方约定。建设工程的保修期，自竣工验收合格之日起计算。

（4）房屋发生上述情况时，负责处理购房者报修、答复和处理等事项的具体单位。

2. 《住宅使用说明书》

《住宅使用说明书》应当对住宅的结构、性能和各部位（部件）的类型、性能、标准等作出说明，并提出使用注意事项。

一般包括：

（1）开发单位、设计单位、施工单位，有委托监理的应注明监理单位；

（2）结构类型；

（3）装修、装饰注意事项；

（4）给水、排水、电、燃气、热力、通信、消防等设施配置的说明；

（5）有关设备、设施安装预留位置的说明和安装注意事项；

（6）门、窗类型，使用注意事项；

（7）配电负荷；

（8）承重墙、保温墙、防水层、阳台等部位注意事项的说明；

（9）其他需说明的问题。

3.2.4 消费者获得房屋以后的质量测评

消费者对于新购的毛坯房，由于设计、施工、气候等客观原因或多或少产生质量原因，如空鼓、渗漏、裂缝、墙体倾斜、偷工减料等，给以后装修、使用过程中带来极大的不便，这些问题都对发现后才处理带来极大的麻烦；而房屋交房时当场发现了问题就可以当场及时解决，如修理或者赔偿等。根据国家主管部门制定的统一规范和行业协会颁布的操作规程，有关房屋质量验收方面的，或是房屋性状判定方面的标准都可以作为消费者获取房屋时评价房屋性状及质量状况的基本依据。同时．这些规定和标准也可以作为验房师进行房屋查验的判定依据或问题处理对策。

1. 楼地面

1）空鼓

参照标准：《建筑地面工程施工质量验收规范》GB 50209-2010 5.2.6 条规定地面空鼓不应大于 $400cm^2$，且每自然间或标准间不应多于 2 处。

2）踢脚线空鼓

参照标准：《建筑地面工程施工质量验收规范》GB 50209-2010 5.2.9 条规定局部空鼓长度不应大于 300mm，且每自然间或标准间不应多于 2 处。

3）地面找坡

参照标准：《建筑地面工程施工质量验收规范》GB 50209-2010 5.2.8 条规定面层表面的坡度应符合设计要求，不得有倒泛水和积水现象。

4）渗水、水渍

参照标准：《建筑地面工程施工质量验收规范》GB 50209-2010 4.10.13 条规定防水隔离层严禁渗漏，排水的坡向应正确、排水通畅。

5）地面面层观感

参照标准：《建筑地面工程施工质量验收规范》GB 50209-2010 5.2.7 条规定面层表面应洁净，不应有裂纹、脱皮、麻面、起砂等缺陷。

6）楼层地面高差

参照标准：《建筑地面工程施工质量验收规范》GB 50209-2010 3.0.18 条规定有排水（或其他液体）要求的建筑地面面层与相连各类面层的标高差应符合设计要求（一般为

30mm）。

2. 墙体

1）空鼓【注3.1】

参照标准：《建筑装饰装修工程质量验收标准》GB 50210-2018 4.2.4 条规定抹灰层与基层之间及各抹灰层之间应粘结牢固，抹灰层应无脱层和空鼓，面层应无爆灰和裂缝。

2）裂缝

参照标准：《建筑装饰装修工程质量验收标准》GB 50210-2018 4.2.5 条规定抹灰层与基层之间必须粘结牢固，应无空鼓、脱层、爆灰和裂缝。

3）表面平整度

参照标准：《建筑装饰装修工程质量验收标准》GB 50210-2018 4.2.11 条规定允许偏差为4mm（按普通抹灰计）。

4）立面垂直度

参照标准：《建筑装饰装修工程质量验收标准》GB 50210-2018 4.2.11 条规定允许偏差为4mm（按普通抹灰计）。

5）涂料

参照标准：《建筑装饰装修工程质量验收标准》GB 50210-2018 10.2.4 条规定应涂饰均匀、粘结牢固，不得漏涂、透底、起皮和掉粉、起皮。

3. 门窗

1）表面质量

参照标准：《建筑装饰装修工程质量验收标准》GB 50210-2018 5.4.8 条规定塑料门窗表面应洁净、平整、光滑，大面应无划痕、碰伤。

2）门洞最小宽度、高度

参照标准：《住宅设计规范》GB 50096-2011 5.8.7 条规定公用外门 1.2m，户（套）门 1.0m，起居室、卧室门 0.9m，厨房门 0.8m，卫生间、阳台门（单扇）0.7m，洞口高度统一为 2m。

3）玻璃品种

参照标准：《建筑装饰装修工程质量验收标准》GB 50210-2018 5.6.2 条规定品种、规格、尺寸、色彩应符合设计要求，单块玻璃大于 1.5m^2 时应使用安全玻璃（9.2.4 条规定安全玻璃指夹层玻璃和钢化玻璃）。

4）门窗扇安装

参照标准：《建筑装饰装修工程质量验收标准》GB 50210-2018 5.3.4（铝）、5.4.5（塑）条规定必须安装牢固并应开关灵活，关闭严密，无倒翘，推拉门窗必须有防脱落措施。

5）框正、侧面垂直度

参照标准：《建筑装饰装修工程质量验收标准》GB 50210-2018 5.3.12（铝）条规定允许偏差为 2.5mm。5.4.13（塑）条规定允许偏差为 3mm。

6）门窗槽口对角线

参照标准：《建筑装饰装修工程质量验收标准》GB 50210-2018 5.3.12（铝）条规定小于等于 2m，允许偏差 3mm. 大于 2m，允许偏差为 4mm。5.4.13（塑）条规定小于等于 2m，允许偏差 3mm，大于 2m，允许偏差为 5mm。

　　4. 电气

　　1）电源插座数量

　　参照标准：《住宅设计规范》GB 50096-2011 8.7.6 条规定卧室设置一个单相三线和一个单相二线的插座两组，厨房设置防溅水型一个单相三线和一个单相二线的插座两组，卫生间设置防溅水型一个单相三线和一个单相二线的插座一组，起居室设置一个单相三线和一个单相二线的插座三组，布置洗衣机、冰箱、排油烟机、排风机及预留家用空调器处设置专用单相三线插座各一个。

　　2）卫生间插座

　　参照标准：《建筑电气工程施工质量验收规范》GB 50303-2015 22，1.3 条规定潮湿场所采用密封型并带接地线触头的保护型插座，安装高度不低于 1500mm。

　　3）户内箱

　　参照标准：《建筑电气工程施工质量验收规范》GB 50303-2015 6.2.8 条规定接线整齐，回路编号齐全，标志正确。

　　5. 排水

　　1）通气管高度、位置是否合理

　　参照标准：《建筑给水排水及采暖工程施工质量验收规范》GB 50242-2002 5.2.10 条规定通气管不得与风道或烟道连接。应高出屋面 300mm。在通气管出口 4m 以内有门、窗时，通气管应高出门、窗顶 600mm 或引向无门、窗一侧。在经常有人停留的平屋顶上，通气管应高出屋面 2m。

　　2）排水管有无倒坡

　　参照标准：《建筑防腐蚀工程施工规范》GB 50212-2014 5.2.3 条规定生活污水管道坡度必须符合设计要求。

　　6. 楼梯、栏杆

　　1）扶手、栏杆外观

　　参照标准：《建筑装饰装修工程质量验收标准》GB 50210-2018 12.5.8 条规定护栏和扶手表面应光滑，色泽应一致，不得有裂缝、翘曲及损坏。

　　2）公共楼梯平台净宽

　　参照标准：《住宅设计规范》GB 50096-2011 6.3.3 规定楼梯平台净宽不应小于楼梯梯段净宽，且不得小于 1.20m，楼梯平台的结构下缘至人行通道的垂直高度不应低于 2.0m。

　　3）栏杆间距

　　参照标准：《民用建筑设计统一标准》GB 50352-2019 6.6.3 条规定杆件净距不应大于 110mm，必须采用防止少年儿童攀登的构造。

　　4）公共楼梯梯段净宽

　　参照标准：《住宅设计规范》GB 50096-2011 6.3.1 规定七层和七层以上房屋不应小于 1.1m，六层及六层以下不应小于 1.0m。

　　7. 屋面

　　1）卷材收头

　　参照标准：《屋面工程质量验收规范》GB 50207-2012 6.2.14 条、8.2.4 条、8.2.5

条、8.3.4 条、8.4.5 条、8.4.6 条、8.7.5 条、8.8.3 条、8.8.4 条规定天沟、檐沟、檐口、泛水和卷材收头的端部应裁齐，塞入预留凹槽内，用金属压条钉压固定，并用密封材料嵌填封严。

2）露台分格缝

参照标准：《屋面工程质量验收规范》GB 50207-2012 4.4 条和 4.5 条规定水泥砂浆、块材或细石混凝土保护层与卷材防水层应设置隔离层，刚性保护层的分格缝留置应符合设计要求。4.5 条规定细石混凝土防水层的分格缝，应设在屋面板的支承端、屋面转折处、防水层与突出屋面结构的交接处，其纵横间距不宜大于 6m。分格缝内应嵌填密封材料。

8. 烟道

参照标准：《民用建筑设计统一标准》GB 50352-2019 8.2.4 条规定通风系列就符合下列要求：2 废气排放不应设置在有人停留或通行的地带。《建筑给水排水及采暖工程施工质量验收规范》GB 50242-2002 5.2.10 条规定通气管应高出屋面 300mm。在通气管出口 4m 以内有门、窗时，通气管应高出门、窗顶 600mm 或引向无门、窗一侧。在经常有人停留的平屋顶上，通气管应高出屋面 2m。

9. 预留孔

参照标准：《住宅设计规范》GB 50096-2011 6.8 条规定无外窗的卫生间，应设置有防回流可构造的排气通风道，并预留安装排气机械的位置和条件。

【注 3.1】实际检验中墙面空鼓允许的范围为：单面墙体小于 5m²，允许 1 处空鼓，空鼓面积不大于 5cm²；单面墙体大于 5m²；最多允许 2 处空鼓，每处空鼓面积不大于 5cm²；墙面裂缝问题产生原因主要是受温度和材料影响。不同材料组成的墙体因材料膨胀系数不同并受温度影响产生裂缝。

4 房屋状况评价标准

4.1 基本概念

房屋状况是反映房屋最基本性状的内容，包括位置、朝向、格局、面积等。这些房屋状况大多是房屋的初始状态和客观状态，对评价房屋性状很有帮助，包括房屋物理状况、权属状况、完损状况和折旧状况。

房屋的物理状况是指房屋本身所具有的各种特征，包括面积、样式、朝向、空间布局、权属等，这是评价房屋性状的重要参考和对照。房屋的权属状况是房屋权属所有、权属转移及权属待定的状态，是决定房屋归属的重要属性。完损状况是反映房屋新旧程度的评价标准，对了解房屋功能、寿命和作出维修建议很有帮助。折旧状况是衡量房屋使用过程中功能及价值损失的主要因素。

4.1.1 物理状况

1. 面积

房屋面积主要有建筑面积、使用面积，成套房屋还有套内建筑面积、共有建筑面积、分摊的共有建筑面积，此外还有预测面积、实测面积、合同约定面积、产权登记面积。

建筑面积：是指房屋外墙（柱）勒脚以上各层的外围水平投影面积，包括阳台、挑廊、地下室、室外楼梯等，且具备上盖，结构牢固，层高 2.2m 以上（含 2.2m，下同）的永久性建筑。

使用面积：是指房屋户内全部可供使用的空间面积，按房屋的内墙面水平投影计算。

套内建筑面积：是指由套内房屋使用面积、套内墙体面积、套内阳台建筑面积三部分组成的面积。

共有建筑面积：是指各产权人共同占有或共同使用的建筑面积，它应按一定方式在各产权人之间进行分摊。

分摊的共有建筑面积：是指某个产权人在共有建筑面积中所分摊的面积。

预测面积：根据预测方式的不同，预测面积分为按图纸预测的面积和按已完工部分结合图纸预测的面积两种。按图纸预测的面积，是指在商品房预售时按商品房建筑设计图上尺寸计算的房屋面积。按已完工部分结合图纸预测的面积，是指对商品房已完工部分实际测量后，结合商品房建筑设计图，测算出的房屋面积。

实测面积：又称竣工面积，是指房屋竣工后由房产测绘单位实际测量后出具的房屋面积实测数据。实测面积有时与预测面积不一致，原因可能是允许的施工误差、测量误差造成的，也可能是工程变更（包括建筑设计方案变更）、施工错误、施工放样误差过大、房屋竣工后原属于应分摊的共有建筑面积的功能或服务范围改变等造成的。

合同约定面积：简称合同面积，是指商品房出卖人和买受人在商品房预（销）售合同中约定的所买卖商品房的面积。

产权登记面积：是指由房产测绘单位测算，标注在房屋权属证书上、记入房屋权属档案的房屋建筑面积。

2. 空间布局

房屋的空间布局是卧室、客厅、卫生间、厨房等功能区域的数量及相对位置。

住宅的户型按平面组织可分为独幢公寓、二室一厅、二室二厅、三室一厅、三室二厅、四室二厅等。按剖面变化可分为复式、跃层式、错层式等。

查验的时候要注意是否与自己购房合同的规定相符，位置、大小、规格是否正确。

3. 开间与进深

住宅的开间，就是住宅的宽度。在 1987 年颁布的《住宅建筑协调标准》中，规定了砖混结构住宅建筑开间的常用参数：2.1m、2.4m、2.7m、3.0m、3.3m、3.6m、3.9m、4.2m。

住宅的进深，是指住宅的实际长度。在 1987 年颁布的《住宅建筑协调标准》中，规定了砖混结构住宅建筑进深的常用参数：3.0m、3.3m、3.6m、3.9m、4.2m、4.5m、4.8m、5.1m、5.4m、5.7m、6.0m。为了保证住宅有良好的自然采光和通风条件，进深不宜过大。

4. 层高与净高

住宅的层高，是指下层地板面或楼板面到上层楼地板面或楼板面层面的距离，也就是一层房屋的高度。在 1987 年颁布的《住宅建筑协调标准》中，规定了砖混结构住宅建筑的层高参数：2.6m、2.7m、2.8m。

住宅的净高，下层地板面或楼板上表面到上层楼板下表面之间的距离，净高和层高的关系可以用公式来表示：净高＝层高－楼板厚度，即层高和楼板厚度的差叫净高。

房屋的开间、进深和层高，就是住宅的宽度、长度和高度，这三大指标是确定住宅价格的重要因素，这三大因素的尺寸越大，建筑工艺相对就越复杂，建造的难度就越大，同时所消耗的建材就越多，建造的成本也会越高。房屋层数是指房屋的自然层数，一般按室内地坪±0.000m 以上计算；采光窗在室外地坪以上的半地下室，其室内层高在 2.2m 以上（含 2.2m）的，计算自然层数。假层、附层（夹层）、插层、阁楼（暗楼）、装饰性塔楼，以及突出屋面的楼梯间、水箱间不计层数，房屋总层数为房屋地上层数与地下层数之和。

5. 外观与高度

建筑外观就是建筑物的外在形象。

建筑高度是指建筑物室外地面到其檐口或层面面层的高度。屋顶上的水箱间、电梯机房、排烟机房和楼梯出口小间等不计入建筑高度。

住宅按照层数，分为低层住宅、多层住宅、中高层住宅和高层住宅。其中，1～3 层的住宅为低层住宅，4～6 层的住宅为多层住宅，7～9 层的住宅为中高层住宅，10 层及以上的住宅为高层住宅。

公共建筑及综合性建筑，总高度超过 24m 的为高层，但不包括总高度超过 24m 的单层建筑。

建筑总高度超过 100m 的，不论是住宅还是公共建筑、综合性建筑，均称为超高层建筑。

4.1.2 权属状况

房屋的权属状况跟交易情况有关，房屋交易的实质是房屋产权的交易，因此产权清晰是成交的前提条件。在现实生活中，有几类房屋权属问题容易被忽略。

1. 有房屋未必就有产权

单位自建的房屋，农村宅基地上建造的房屋；社区或项目配套用房，未经规划或报建批准的房屋等，都有可能不是完全产权，容易导致成交困难。所以．确认好房屋的权属，是房屋查验的前提条件。

2. 有房地产证未必就有产权

房地产证遗失补办后发生过转让的情形，原房地产证显然没有产权；有房地产证而遭遇查封甚至强制拍卖的情形，原房地产证也就没有了产权；当然还有伪造房地产证的情形。

3. 产权是否登记

预售商品房未登记、抵押商品房未登记是比较常见的情形，仅凭购买合同或抵押合同是不能完全界定产权状态的。

4. 产权是否完整

已抵押的房屋未解除抵押前，业主不得擅自处置；公房上市也需要补交地价或其他款项，符合已购公有住房上市出售条件，才能出售。

5. 产权有无纠纷

在拍卖市场竞得的房屋可能存在纠纷，这是因为债务人有意逃避债务导致的；而涉及婚姻或财产继承的情况也会让产权转移变得复杂；租赁业务中比较多的情形是，依法确定为拆迁范围内的房屋后，产权人将房屋出租。

同时，《中华人民共和国城市房地产管理法》及《城市房地产转让管理规定》都明确规定了房地产转让应当符合的条件，采取排除法规定了下列房地产不得转让：

（1）达不到下列条件的房地产不得转让：以出让方式取得土地使用权用于投资开发的，按照土地使用权出让合同约定进行投资开发，属于房屋建设工程的，应完成开发投资总额的 25％以上；属于成片开发的，形成工业用地或者其他建设用地条件。同时规定应按照出让合同约定已经支付全部土地使用权出让金，并取得土地使用权证书。作出此项规定的目的，就是严格限制炒卖地皮牟取暴利，并切实保障建设项目的实施。

（2）司法机关和行政机关依法裁定、决定查封或以其他形式限制房地产权利的。司法机关和行政机关可以根据合法请求人的申请或社会公共利益的需要，依法裁定、决定查封、决定限制房地产权利，如查封、限制转移等。在权利受到限制期间，房地产权利人不得转让该项房地产。

（3）依法收回土地使用权的。根据国家利益或社会公共利益的需要，国家有权决定收回出让或划拨给他人使用的土地，任何单位和个人应当服从国家的决定，在国家依法作出收回土地使用权决定之后，原土地使用权人不得再行转让土地使用权。

（4）共有房地产，未经其他共有人书面同意的。共有房地产，是指房屋的所有权、国有土地使用权为两个或两个以上权利人所共同拥有。共有房地产权利的行使需经全体共有人同意，不能因部分权利人的请求而转让。

（5）权属有争议的。权属有争议的房地产，是指有关当事人对房屋所有权和土地使用权的归属发生争议，致使该项房地产权属难以确定。转让该类房地产，可能影响交易的合法性，因此在权属争议解决之前，该项房地产不得转让。

（6）未依法登记领取权属证书的。产权登记是国家依法确认房地产权属的法定手续，未履行该项法律手续，房地产权利人的权利不具有法律效力，因此也不得转让该项房地产。

（7）法律和行政法规规定禁止转让的其他情形。法律、行政法规规定禁止转让的其他情形，是指上述情形之外，法律、行政法规规定禁止转让的情形。

《中华人民共和国城市房地产管理法》规定："商品房预售的，商品房预购人将购买的未竣工的预售商品房再行转让的问题，由国务院规定。"为抑制投机性购房，2005 年 5 月 9 日，国务院决定，禁止商品房预购人将购买的未竣工的预售商品房再行转让。

4.1.3 完损状况

为了统一评定各类房屋的完损等级标准，科学地制订房屋维修计划，我国原城乡建设环境保护部（现住房和城乡建设部）在 1985 年曾颁布过《房屋完损等级评定标准（试行）》，时至今日，一直用于评定我国房屋的基本性状和质量等级。在这个《房屋完损等级评定标准（试行）》中，将房屋性状按照质量好坏程度分为"完好房、基本完好房、一般损坏房、严重损坏房和危险房"五类，适用于对房屋进行鉴定、管理时，其完损等级的评定。

在标准中，将房屋结构分为 4 类，分别是钢筋混凝土结构（承重的主要结构是用钢筋混凝土建造的）、混合结构（承重的主要结构是用钢筋混凝土和砖木建造的）、砖木结构（承重的主要结构是用砖木建造的）和其他结构（承重的主要结构是用竹木、砖石、土建造的简易房屋）。将各类房屋的结构组成分为基础、承重构件、非承重墙、屋面、楼地面 5 类；将装修内容成分门窗、外抹灰、内抹灰顶棚、细木装修 4 类；将设备组成分为水卫、电照、暖气及特种设备（如消火栓、避雷装置等）4 类，总共 13 类。

1. 完好房屋

完好房屋是指主体结构完好，不倒、不塌、不漏，庭院不积水，门窗设备完整，给水排水管道通畅，室内地面平整，能保证居住安全和正常使用的房屋，或者虽然有一些漏雨和轻微破损，或缺乏油漆保养，但经过小修能及时修复的房屋。

1）结构部分

（1）地基基础：有足够承载能力，无超过允许范围的不均匀沉降。

（2）承重构件：梁、柱、墙、板、屋架平直牢固，无倾斜变形、裂缝、松动、腐朽、蛀蚀。

（3）非承重墙：预制墙板节点安装牢固，拼缝处不渗漏；砖墙平直完好，无风化破损；石墙无风化弓凸；木、竹、芦帘、苇箔等墙体完整无破损。

（4）屋面：不渗漏（其他结构房屋以不漏雨为标准），基层平整完好，积尘甚少，排水畅通。平屋面防水层、隔热层、保温层完好；平瓦屋面瓦片搭接紧密，无缺角、裂缝瓦

（合理安排利用除外），瓦出线完好；青瓦屋面瓦垄顺直，搭接均匀，瓦头整齐，无碎瓦，节筒俯瓦灰梗牢固；铁皮屋面安装牢固，铁皮完好，无锈蚀；石灰炉渣、青灰屋面光滑平整；油毡屋面牢固无破洞。

（5）楼地面：整体面层平整完好，无空鼓、裂缝、起砂；木楼地面平整坚固，无腐朽、下沉，无较多磨损和稀缝；砖、混凝土块料面层平整，无碎裂；灰土地面平整完好。

2）装修部分

（1）门窗：完整无损，开关灵活，玻璃、五金齐全，纱窗完整，油漆完好（允许有个别钢门、窗轻度锈蚀，其他结构房屋无油漆要求）。

（2）外抹灰：完整牢固，无空鼓、剥落、破损和裂缝（风裂除外），勾缝砂浆密实。其他结构房屋以完整无破损为标准。

（3）内抹灰：完整、牢固，无破损、空鼓和裂缝（风裂除外）；其他结构房屋以完整无破损为标准。

（4）顶棚：完整牢固，无破损、变形、腐朽和下垂脱落，油漆完好。

（5）细木装修：完整牢固，油漆完好。

3）设备部分

（1）水卫：上、下管道畅通，各种卫生器具完好，零件齐全无损。

（2）电照：电气设备、线路、各种照明装置完好牢固，绝缘良好。

（3）暖气：设备、管道、烟道畅通、完好，无堵、冒、漏，使用正常。

（4）特种设备：现状良好，使用正常。

2. 基本完好房屋

基本完好房屋是指主体结构完好，少数部件虽然有损坏，但不严重，经过维修就能恢复的房屋。

1）结构部分

（1）地基基础：有承载能力，稍有超过允许范围的不均匀沉降，但已稳定。

（2）承重构件：有少量损坏，基本牢固。钢筋混凝土个别构件有轻微变形、细小裂缝，混凝土有轻度剥落、露筋；钢屋架平直不变形，各节点焊接完好，表面稍有锈蚀，钢筋混凝土屋架无混凝土剥落，节点牢固完好，钢杆件表面稍有锈蚀，木屋架的各部件节点连接基本完好，稍有隙缝，铁件齐全，有少量生锈；承重砖墙（柱）、砌块有少量细裂缝；木构件稍有变形、裂缝、倾斜，个别节点和支撑稍有松动，铁件稍有锈蚀；竹结构节点基本牢固，轻度蛀蚀，铁件稍有锈蚀。

（3）非承重墙：有少量损坏，但基本牢固。预制墙板稍有裂缝、渗水、嵌缝不密实，间隔墙面层稍有破损；外砖墙面稍有风化，砖墙体轻度裂缝，勒脚有侵蚀；石墙稍有裂缝、弓凸；木、竹、芦帘、苇箔等墙体基本完整，稍有破损。

（4）屋面：局部渗漏，积尘较多，排水基本畅通。平屋面隔热层、保温层稍有损坏，卷材防水层稍有空鼓、翘边和封口不严，刚性防水层稍有龟裂，块体防水层稍有脱壳；平瓦屋面有少量瓦片裂碎、缺角、风化、瓦出线稍有裂缝；青瓦屋面瓦垄少量不直，少量瓦片破碎，节筒俯瓦有松动，灰梗有裂缝，屋脊抹灰有裂缝；铁皮屋面少量咬口或嵌缝不严实，部分铁皮生锈，油漆脱皮；石灰炉渣、青灰屋面稍有裂缝；油毡屋面有少量破洞。

（5）楼地面：整体面层稍有裂缝、空鼓、起砂；木楼地面稍有磨损和稀缝，轻度颤动；砖、混凝土块料面层磨损起砂，稍有裂缝、空鼓；灰土地面有磨损、裂缝。

2) 装修部分

（1）门窗：少量变形、开关不灵，玻璃、五金、纱窗少量残缺，油漆失光。

（2）外抹灰：稍有空鼓、裂缝、风化、剥落，勾缝砂浆少量酥松脱落。

（3）内抹灰：稍有空鼓、裂缝、剥落。

（4）顶棚：无明显变形、下垂，抹灰层稍有裂缝，面层稍有脱钉、翘角、松动，压条有脱落。

（5）细木装修：稍有松动、残缺，油漆基本完好。

3) 设备部分

（1）水卫：上、下水管道基本畅通，卫生器具基本完好，个别零件残缺损坏。

（2）电照：电气设备、线路、照明装置基本完好，个别零件损坏。

（3）暖气：设备、管道、烟道基本畅通，稍有锈蚀，个别零件损坏，基本能正常使用。

（4）特种设备：现状基本良好，能正常使用。

3. 一般损坏房屋

一般损坏房屋是指主体结构基本完好，层面不平整、经常漏雨，门窗有的腐朽变形，排水道经常阻塞，内粉刷部分脱落，地板松动，墙体轻度倾斜、开裂，需要进行正常修理的房屋。

1) 结构部分

（1）地基基础：局部承载能力不足，有超过允许范围的不均匀沉降，对上部结构稍有影响。

（2）承重构件：有较多损坏，强度已有所减弱。钢筋混凝土构件有局部变形、裂缝，混凝土剥落露筋锈蚀、变形、裂缝值稍超过设计规范的规定，混凝土剥落面积占全部面积的10%以内，露筋锈蚀；钢屋架有轻微倾斜或变形，少数支撑部件损坏，锈蚀严重，钢筋混凝土屋架有剥落、露筋、钢杆有锈蚀；木屋架有局部腐朽、蛀蚀，个别节点连接松动，木质有裂缝、变形、倾斜等损坏，铁件锈蚀；承重墙体（柱）、砌块有部分裂缝、倾斜、弓凸、风化、腐蚀和灰缝酥松等损坏；木构件局部有倾斜、下垂、侧向变形，腐朽、裂缝，少数节点松动、脱榫，铁件锈蚀；竹构件个别节点松动，竹材有部分开裂、蛀蚀、腐朽，局部构件变形。

（3）非承重墙：有较多损坏，强度减弱。预制墙板的边、角有裂缝，拼缝处嵌缝料部分脱落，有渗水，间隔墙层局部损坏；砖墙有裂缝、弓凸、倾斜、风化、腐朽，灰缝有酥松，勒脚有部分侵蚀剥落；石墙部分开裂、弓凸、风化、砂浆酥松，个别石块脱落；木、竹、芦帘墙体部分严重破损，土墙稍有倾斜、硝碱。

（4）屋面：局部漏雨，木基层局部腐朽、变形、损坏，钢筋混凝土屋板局部下滑，屋面高低不平，排水设施锈蚀、断裂。平屋面保温层、隔热层较多损坏，卷材防水层部分有空鼓、翘边和封口脱开，刚性防水层部分有裂缝、起壳，块体防水层部分有松动、风化、腐蚀；平瓦屋面部分瓦片有破碎、风化，瓦出线严重裂缝、起壳、脊瓦局部松动、破损；青瓦屋面部分瓦片风化、破碎、翘角，瓦垄不顺直，节筒俯瓦破碎残缺，灰梗部分脱落，屋脊抹灰有脱落，瓦片松动；铁皮屋面部分咬口或嵌缝不严实，铁皮严重锈烂；石灰炉渣、青灰屋面，局部风化脱壳、剥落；油毡屋面有破洞。

（5）楼地面：整体面层部分裂缝、空鼓、剥落，严重起砂；木楼地面部分有磨损、蛀蚀、翘裂、松动、稀缝，局部变形下沉，有颤动；砖、混凝土块料面层磨损、部分破损、裂缝、脱落，高低不平；灰土地面坑洼不平。

2）装修部分

（1）门窗：木门窗部分翘裂，榫头松动，木质腐朽，开关不灵；钢门、窗部分铁胀变形、锈蚀，玻璃、五金、纱窗部分残缺；油漆老化翘皮、剥落。

（2）外抹灰：部分有空鼓、裂缝、风化、剥落，勾缝砂浆部分松酥脱落。

（3）内抹灰：部分空鼓、裂缝、剥落。

（4）顶棚：有明显变形、下垂，抹灰层局部有裂缝，面层局部有脱钉、翘角、松动，部分压条脱落。

（5）细木装修：木质部分腐朽、蛀蚀、破裂；油漆老化。

3）设备部分

（1）水卫：上、下水管道不够畅通，管道有积垢、锈蚀，个别滴、漏冒；卫生器具零件部分损坏、残缺。

（2）电照：设备陈旧，电线部分老化，绝缘性能差，少量照明装置有损坏、残缺。

（3）暖气：部分设备、管道锈蚀严重，零件损坏，有滴、冒、跑现象，供气不正常。

（4）特种设备：不能正常使用。

4. 严重损坏房屋

严重损坏房屋是指年久失修，破坏严重，但无倒塌危险，需进行大修或有计划翻修、改建的房屋。

1）结构部分

（1）地基基础：承载能力不足，有明显不均匀沉降或明显滑动、压碎、折断、冻酥、腐蚀等损坏，并且仍在继续发展，对上部结构有明显影响。

（2）承重构件：明显损坏，强度不足。钢筋混凝土构件有明显下垂变形、裂缝，混凝土剥落和露筋锈蚀严重，下垂变形、裂缝值超过设计规范的规定，混凝土剥落面积占全面积的10％以上；钢屋架明显倾斜或变形，部分支撑弯曲松脱，锈蚀严重，钢筋混凝土屋架有倾斜，混凝土严重腐蚀剥落、露筋锈蚀，部分支撑损坏，连接件不齐全，钢杆锈蚀严重；木屋架端节点腐朽、蛀蚀，节点连接松动，夹板有裂缝，屋架有明显下垂或倾斜，铁件严重锈蚀，支撑松动。承重墙体（柱）、砌块强度和稳定性严重不足，有严重裂缝、倾斜、弓凸、风化、腐蚀和灰缝严重酥松损坏。木构件严重倾斜、下垂、侧向变形、腐朽、蛀蚀、裂缝，木质脆枯，节点松动，榫头折断拔出，榫眼压裂，铁件严重锈蚀和部分残缺。竹构件节点松动、变形，竹材弯曲断裂、腐朽，整个房屋倾斜变形。

（3）非承重墙：有严重损坏，强度不足。预制墙板严重裂缝、变形，节点锈蚀，拼缝嵌料脱落，严重漏水，间隔墙立筋松动、断裂，面层严重破损。砖墙有严重裂缝、弓凸、倾斜、风化、腐蚀，灰缝酥松。石墙严重开裂、下沉、弓凸、断裂，砂浆酥松，石块脱落。木、竹、芦帘、苇箔等墙体严重破损，土墙倾斜、硝碱。

（4）屋面：严重漏雨。木基层腐烂、蛀蚀、变形损坏，屋面高低不平，排水设施严重锈蚀、断裂、残缺不全。平屋面保温层、隔热层严重损坏，卷材防水层普遍老化、断裂、翘边和封口脱开，沥青流淌，刚性防水层严重开裂、起壳、脱落，块体防水层严重松动、腐蚀、破损。平瓦屋面瓦片零乱、不落槽，严重破碎、风化，瓦出线破损、脱落，脊瓦严重松动破碎。青瓦屋面瓦片零乱，风化，碎瓦多，瓦垄不直、脱脚，节筒俯瓦严重脱落残缺，灰梗脱落，屋脊严重损坏。铁皮屋面严重锈烂，变形下垂。石灰炉渣、青灰屋面大部冻鼓、裂缝、脱壳、剥落，油毡屋面严重老化，大部损坏。

（5）楼地面：整体面层严重起砂、剥落、裂缝、沉陷、空鼓。木楼地面有严重磨损、蛀蚀、翘裂、松动、稀缝、变形下沉、颤动。砖、混凝土块料面层严重脱落、下沉、高低不平、破碎、残缺不全。灰土地面严重坑洼不平。

2）装修部分

（1）门窗：木质腐朽，开关普遍不灵，榫头松动、翘裂，钢门、窗严重变形锈蚀，玻璃、五金、纱窗残缺，油漆剥落见底。

（2）外抹灰：严重空鼓、裂缝、剥落，墙面渗水，勾缝砂浆严重松酥脱落。

（3）内抹灰：严重空鼓、裂缝、剥落。

（4）顶棚：严重变形不垂，木筋弯曲翘裂、腐朽、蛀蚀，面层严重破损，压条脱落，油漆见底。

（5）细木装修：木质腐朽、蛀蚀、破裂，油漆老化见底。

3）设备部分

（1）水卫：下水管道严重堵塞、锈蚀、漏水；卫生器具零件严重损坏、残缺。

（2）电照：设备陈旧残缺，电线普遍老化、零乱，照明装置残缺不齐，绝缘不符合安全用电要求。

（3）暖气：设备、管道锈蚀严重，零件损坏、残缺不齐，跑、冒、滴现象严重，基本上已无法使用。

（4）特种设备：严重损坏，已无法使用。

5. 危险房屋

危险房屋是指结构已严重损坏或承重构件已属危险构件，随时有可能丧失结构稳定和承载能力，不能保证居住和使用安全的房屋。

另外，有关房屋新旧程度（成新率）的判定标准，即十、九、八成新的属于完好房屋；七、六成新的属于基本完好房屋；五、四成新的属于一般损坏房屋；三成以下新的属于严重损坏房屋及危险房屋。

4.1.4 折旧状况

房屋折旧是由于物理因素、功能因素或经济因素所造成的物业价值损耗。房屋折旧是逐步回收房屋投资的形式，即房屋折旧费。折旧费是指房屋建造价值的平均损耗。房屋在长期的使用中，虽然保留原有的实物形态，但由于自然损耗和人为损耗，它的价值也会逐渐减少。这部分因损耗而减少的价值，以货币形态来表现，就是折旧费。确定折旧费的依据是建筑造价、残值、清理费用和折旧年限。

一般来说，房屋折旧包括三种类型，即物质折旧、功能折旧和经济折旧。

1. 物质折旧

物质折旧又称物质磨损、有形损耗，是建筑物在实体方面的损耗所造成的价值损失。

进一步可以归纳为四个方面：

（1）自然经过的老朽。自然经过的老朽主要是由于自然力的作用引起的，如风吹、日晒、雨淋等引起的建筑物腐朽、生锈、老化、风化、基础沉降等，与建筑物的实际经过年数（是建筑物从建成之日到估价时点的日历年数）正相关，同时要看建筑物所在地区的气候和环境条件，如酸雨多的地区，建筑物的损耗就大。

（2）正常使用的磨损。正常使用的磨损主要是由于人工使用引起的，与建筑物的使用性质、使用强度和使用年数正相关。如居住用途的建筑物的磨损要低于工业用途的建筑物的磨损。工业用途的建筑物又可分为有腐蚀性的建筑物和无腐蚀性的建筑物，有腐蚀性（如在使用过程中产生对建筑物有腐蚀作用的废气、废液）的建筑物的磨损要高于无腐蚀性的建筑物的磨损。

（3）意外的破坏损毁。意外的破坏损毁主要是因突发性的天灾引起的，包括自然方面的，例如，地震、水灾、风灾；人为方面的，例如，失火、碰撞等意外的破坏损毁。

（4）延迟维修的损坏残存。延迟维修的损坏残存主要是由于没有适时地采取预防、保养措施或修理不够及时，造成不应有的损坏或提前损坏，或已有的损坏仍然存在，如门窗有破损，墙或地面有裂缝或洞等。

2. 功能折旧

功能折旧又称精神磨损、无形损耗，是指建筑物成本效用的相对损失所引起的价值损失，它包括由于消费观念变更、设计更新、技术进步等原因导致建筑物在功能方面的相对残缺、落后或不适用所造成的价值损失；也包括建筑物功能过度充足所造成的失效成本。例如，建筑式样过时，内部布局过时，设备陈旧落后，缺乏现在人们认为的必要设施、设备等。拿住宅来说，现在时兴"三大、一小、一多"式住宅，即客厅、厨房、卫生间大、卧室小，壁橱多的住宅，过去建造的卧室大、客厅小、厨房小、卫生间小的住宅，相对而言就过时了。再如高档办公楼，现在要求智能化，如果某个办公楼没有智能化或智能化程度不够，相对而言也落后了。

3. 经济折旧

经济折旧又称外部性折旧，是指建筑物本身以外的各种不利因素所造成的价值损失，包括供给过量、需求不足、自然环境恶化、环境污染、交通拥挤、城市规划改变、政府政策变化等。例如，一个高级居住区附近建设了一座工厂，该居住区的房地产价值下降，就是一种经济折旧。这种经济折旧一般是不可恢复的。再如，在经济不景气时期以及高税率、高失业率等，房地产的价值降低，这也是一种经济折旧。但这种现象不会永久下去，当经济复苏后，这方面的折旧也就消失了。

4.2　测评内容

为了保证房屋质量评估的公平公正，一般来说，在我国，由房地产估价机构对房屋质量进行评定，包括房屋出卖人、买受人、房屋质量缺陷影响到的相邻关系人，以及对质量缺陷房屋享有他项权利的权利人等质量有关方都应参与到房屋质量问题与程度评估中。

具体来说，房屋出现了质量问题，即房屋某一部位出现了质量缺陷，例如，房屋出现破损、裂缝，可能是发生在地面、墙面、顶棚等不同的部位。

根据房屋质量问题出现的部位和严重程度，我们将房屋质量问题定义为对因房屋质量不达标而导致的房屋实体、功能、环境等方面有不良影响。一般分为暂时性房屋质量问题和永久性房屋质量问题。暂时性的房屋质量问题是指依据质量缺陷修复方案进行修复后，房屋质量问题可以完全消除，房屋耐久性、适用性等方面完全符合国家相应标准以及合同约定中的要求，不影响对房屋的正常使用。永久性的房屋质量问题是指伴随整个房屋经济寿命周期的不可修复的房屋质量问题，或是依据可行的质量缺陷修复方案进行修复后，房屋可以使用，但房屋耐久性、适用性等方面不能完全符合国家相应标准及合同约定中的要求。例如，对房屋室内进行加固修复后，造成室内面积的减少、室内净高的降低等房屋质量问题。

　　应该说，对于房屋质量缺陷部位明显、类型简单、程度轻微、影响不大的情况，房屋质量缺陷各方当事人愿意自行协商解决的，由房屋质量缺陷各方当事人共同签订房屋质量缺陷修复方案认可协议。对于房屋质量缺陷严重，当事人不能自行确定修复方案，或各方当事人不能达成一致意见协商解决的情况，房屋质量缺陷当事人可以一方委托或者共同委托，由具有相应资质的机构出具房屋质量缺陷修复方案。而且，房屋质量缺陷各方当事人一致同意，也可以共同委托，由受托方进行房屋质量缺陷损失评估并出具房屋质量缺陷修复方案。

　　修复房屋质量缺陷所必需的各项费用，一般包括拆除工程、修缮工程、恢复工程等修复活动支出的施工费用，以及由于修复活动造成直接经济损失而支出的补偿费用。当被拆除物具有可回收残值而产生收益时，应在上述支出费用的基础上扣除该部分收益后确定评估值。

4.2.1　房屋完损状况检测

1. 检测项目

检查房屋结构、装修和设备的完损状况，确定房屋完损等级。

2. 适用范围

房屋评估、房屋管理等需要确定完损程度的房屋。

3. 检测内容及过程

主要检测参数有：倾斜、沉降、裂缝、地基基础、砌体结构构件、木结构构件、混凝土结构构件、钢结构构件等，各参数的检测一般为现场检测。

非现场检测项目有：①混凝土结构构件检测中，混凝土钻芯法检测混凝土强度。②钢结构构件检测中，钢材抗拉强度试验法检测钢材试件抗拉强度，钢材弯曲强度试验法检测钢材试件弯曲变形能力。③木结构构件检测中，木材顺纹抗压、抗拉、抗剪强度试验，木材抗弯强度及弹性模量试验，木材横纹抗压强度试验。

检测过程：

（1）调查房屋的使用历史和结构体系。

（2）测量房屋的倾斜和不均匀沉降情况。

（3）采用文字、图纸、照片或录像等方法，记录房屋建筑构件、装修和设备的损坏部位、范围和程度。

（4）分析房屋损坏原因。

（5）综合评定房屋完损等级。

需要注意的是，在检测时，发现房屋有危险迹象，必须通知委托人及时进行房屋安全检测，发现房屋有危险点，必须通知委托人及时排除。

4.2.2　房屋安全性检测

1. 检测项目

检查房屋结构损坏状况，分析判断房屋安危的过程。

2. 适用范围

已发现危险迹象的房屋。

3. 检测内容及过程

主要检测参数有：倾斜、沉降、裂缝、地基基础、砌体结构构件、木结构构件、混凝土结构构件、钢结构构件等，各参数的检测一般为现场检测。

非现场检测项目有：①混凝土结构构件检测中，混凝土钻芯法检测混凝土强度。②钢结构构件检测中，钢材抗拉强度试验法检测钢材试件抗拉强度，钢材弯曲强度试验法检测钢材试件弯曲变形能力。③木结构构件检测中，木材顺纹抗压、抗拉、抗剪强度试验，木材抗弯强度及弹性模量试验，木材横纹抗压强度试验。

检测过程：

（1）调查房屋的使用历史和结构体系。

（2）测量房屋的倾斜和不均匀沉降情况。

（3）采用文字、图纸、照片或录像等方法，记录房屋主体结构和承重构件损坏部位、范围和程度。

（4）房屋结构材料力学性能的检测项目，应根据结构承载力验算的需要确定。

（5）必要时应根据房屋结构特点，建立验算模型，按房屋结构材料力学性能和使用荷载的实际状况，根据现行规范验算房屋结构的安全储备。

（6）分析房屋损坏原因。

（7）综合判断房屋结构损坏状况，确定房屋危险程度。

需要注意的是，检测结论为危险房屋或局部危险房屋的检测报告，须按规定报送上级房屋质量检测中心审定。

4.2.3　房屋损坏趋势检测

1. 检测项目

通过对房屋受相邻工程等外部影响因素或设计、施工、使用等房屋内在影响因素的作用而产生或可能产生变形、位移、裂缝等损坏进行的监测过程。

2. 适用范围

因各种因素可能或已经造成损坏需进行监测的房屋。

3. 检测内容及过程

主要检测参数有：倾斜、沉降、裂缝、地基基础、砌体结构构件、木结构构件、混凝土结构构件、钢结构构件等，各参数的检测一般为现场检测。

非现场检测项目有：①混凝土结构构件检测中，混凝土钻芯法检测混凝土强度。②钢结构构件检测中，钢材抗拉强度试验法检测钢材试件抗拉强度，钢材弯曲强度试验法检测钢材试件弯曲变形能力。③木结构构件检测中，木材顺纹抗压、抗拉、抗剪强度试验，木材抗弯强度及弹性模量试验，木材横纹抗压强度试验。

检测过程：

（1）初始检测：取其平均值作为监测初始值，根据房屋的结构特点和影响因素，制订监测方案。

（2）损坏趋势的监测：定期观测记录房屋损坏现象的产生和发展情况。及时分析监测数据，绘制变化曲线，分析变化速率和变化累积值，发现异常情况，及时通知委托人。

（3）复测：计算房屋垂直位移、水平位移、倾斜的累计总值。分析房屋损坏的原因，并提出相应的处理措施。

4.2.4 房屋结构和使用功能改变检测

1. 检测项目

在需改变房屋结构和使用功能时，通过对原房屋的结构进行检测，确定结构安全度，对房屋结构和使用功能改变可能性作出评价的过程。

2. 适用范围

需要增加荷载和改变结构的房屋。

3. 检测内容及过程

主要检测参数有：倾斜、沉降、裂缝、地基基础、砌体结构构件、木结构构件、混凝土结构构件、钢结构构件等，各参数的检测一般为现场检测。

非现场检测项目有：①混凝土结构构件中，混凝土钻芯法检测混凝土强度。②钢结构构件检测中，钢材抗拉强度试验检测钢材试件抗拉强度，钢材弯曲强度试验法检测钢材试件弯曲变形能力。③木结构构件检测中，木材顺纹抗压、抗拉、抗剪强度试验，木材抗弯强度及弹性模量试验，木材横纹抗压强度试验。

检测过程：

（1）分析委托人提供的房屋改建方案及技术要求。

（2）了解房屋原始结构和原始资料，检查和记录房屋承重结构的完损状况。

（3）必要时，对相关部位的建筑结构材料的力学性能进行检测。

（4）按现行设计规范规定进行房屋相关结构和地基承载能力验算。

（5）对现有建筑的改建、扩建及加层房屋应按照相关规定进行抗震分析与鉴定。

（6）对房屋结构和使用功能改变的安全性和适用性提出检测结论。

4.2.5 房屋抗震能力检测

1. 检测项目

通过对检测房屋的质量现状，按规定的抗震设防要求，对房屋在规定烈度的地震作用下的安全性进行评估的过程。

2. 适用范围

未进行抗震设防或设防等级低于现行规定的房屋，尤其是保护建筑、城市生命线工程以及改建加层工程。

3. 检测内容及过程

主要检测参数有：倾斜、沉降、裂缝、地基基础、砌体结构构件、木结构构件、混凝土结构构件、钢结构构件等，各参数的检测一般为现场检测。

非现场检测项目有：①混凝土结构构件检测时采用混凝土钻芯法检测混凝土强度。②钢结构构件检测时采用钢材抗拉强度试验法检测钢材试件抗拉强度，钢材弯曲强度试验法检测钢材试件弯曲变形能力。③木结构构件检测采用木材顺纹抗压、抗拉、抗剪强度试验，木材抗弯强度及弹性模量试验，木材横纹抗压强度试验。

检测过程：

（1）收集房屋的地质勘察报告、竣工图和工程验收文件等原始资料，必要时补充进行工程地质勘察。

（2）全面检查和记录房屋基础、承重结构和围护结构的损坏部位、范围和程度。

（3）调查分析房屋结构的特点、结构布置、构造等抗震措施，复核抗震承载力。

（4）房屋结构材料力学性能的检测项目，应根据结构承载力验算的需要确定。

（5）一般房屋应按标准，采用相应的逐级鉴定方法，进行综合抗震能力分析。

需要注意的是，抗震鉴定方法分为两级。第一级鉴定以宏观控制和构造鉴定为主进行综合评价，第二级鉴定以抗震验算为主，结合构造影响进行房屋抗震能力综合评价。房屋满足第一级抗震鉴定的各项要求时，房屋可评为满足抗震鉴定要求，不再进行第二级鉴定；否则应由第二级抗震鉴定作出判断。并且，对现有房屋整体抗震能力作出评定，对不符合抗震要求的房屋，按有关技术标准提出必要的抗震加固措施建议和抗震减灾对策。

4.2.6 房屋质量综合检测

1. 检测项目

通过对房屋建筑、结构、装修材料、设备等进行全面检测，建立和完善房屋质量档案，评价房屋质量的过程。

2. 适用范围

保护建筑等需要进行全面检测的房屋。

3. 检测内容及过程

主要检测参数有：倾斜、沉降、裂缝、地基基础、砌体结构构件、木结构构件、混凝土结构构件、钢结构构件等，各参数的检测一般为现场检测。

非现场检测项目有：①混凝土结构构件检测时采用混凝土钻芯法检测混凝土强度。②钢结构构件检测时采用钢材抗拉强度试验法检测钢材试件抗拉强度，钢材弯曲强度试验法检测钢材试件弯曲变形能力。③木结构构件检测采用木材顺纹抗压、抗拉、抗剪强度试验，木材抗弯强度及弹性模量试验，木材横纹抗压强度试验。

检测过程：

（1）调查房屋的建造、使用和修缮的历史沿革、建筑风格、结构体系等资料。

（2）建立总平面图、建筑平面、立面、剖面、结构平面、主要构件截面等资料。

（3）抽样检测房屋承重结构材料的性能，构件抽样数量和部位应符合相关标准的规定。抽样部位应含有代表性的损坏构件。

（4）检测房屋的结构、装修和设备等的完损程度，分析损坏原因。

（5）检测房屋倾斜和不均匀沉降现状。

（6）根据实测房屋结构材料力学性能，按现有荷载、使用情况和房屋结构体系，建立合理的计算模型，验算房屋现有承载能力。

（7）根据实测房屋结构材料的力学性能，按现有使用荷载情况和房屋结构体系，以当地地震反应谱特征，建立合理的计算模型，验算房屋现有抗震能力并复核抗震构造措施。

（8）检查房屋设备的运行状况。

需要注意的是，保护建筑质量综合检测方案和报告必须按规定报上级房屋质量检测中心进行技术审查。

4.2.7 房屋化学、高温高压损伤检测

房屋结构构件受侵蚀性化学介质的侵害或高温高压作用下所产生的结构损伤的检测。

检测内容：

（1）调查房屋使用和环境情况，确定受损构件的材料组成。

（2）对受损构件的损坏部位进行取样，测试其化学成分，确定结构构件的受损范围和受损深度、截面削弱等。

（3）确定结构力学模型，进行结构承载力验算，确定结构安全度，提出处理建议。

4.2.8 房屋耐久性不良检测

因采用建筑材料耐久性不良，而引起房屋结构构件异常损坏的检测。

检测内容：

（1）检查确定受损结构构件的材料组成。

（2）对结构构件出现的变形或裂缝进行初步分析，必要时应对损坏部位取样，进行微观测试分析。

（3）根据对结构构件组成材料的微观测试进行综合分析，确定损坏原因。

（4）确定结构力学模型，进行结构承载力验算，确定结构安全度，提出处理建议。

4.2.9 房屋火灾损坏检测

房屋遭受火灾后，其结构构件损坏范围、程度及残余抗力的检测。

检测内容：

（1）根据房屋受害程度，可燃性物的种类、数量，推测火灾范围和规模。

（2）对受损结构构件进行外观调查，初步确定构件的温度分布情况和损坏程度及范围。

（3）采用现场检测仪器，对受损构件和相应的未受损构件进行对比检测。

（4）必要时对受损构件的受损部位材料取样，进行微观测试，确定结构构件的损坏程度。

（5）确定结构力学模型，进行结构承载力验算，确定结构加固方案。

4.2.10 房屋折旧检测

折旧的检测方法很多，可归纳为下列三类：①年限法；②实际观察法；③成新折扣

法。这些方法还可以综合运用。

1. 年限法

年限法是把建筑物的折旧建立在建筑物的寿命、经过年数或剩余寿命之间关系的基础上。

建筑物的寿命有自然寿命和经济寿命之分：前者是指建筑物从建成之日起到不堪使用时的持续年数，后者是指建筑物从建成之日起预期产生的收入大于运营费用的持续年数。建筑物的经济寿命短于自然寿命。建筑物的经济寿命具体来说是根据建筑物的结构、用途和维修保养情况，结合市场状况、周围环境、经营收益状况等综合判断的。建筑物在其寿命期间如果经过了翻修、改造等，自然寿命和经济寿命都有可能得到延长。

建筑物的经过年数有实际经过年数和有效经过年数。实际经过年数是建筑物从建成之日起到估价时点时的日历年数。有效经过年数可能短于也可能长于实际经过年数：建筑物的维修保养为正常的，有效经过年数与实际经过年数相当；建筑物的维修保养比正常维修保养好或经过更新改造的，有效经过年数短于实际经过年数，剩余经济寿命相应较长；建筑物的维修保养比正常维修保养差的，有效经过年数长于实际经过年数，剩余经济寿命相应较短。

在成本法求取折旧中，建筑物的寿命应为经济寿命，经过年数应为有效经过年数，剩余寿命应为剩余经济寿命。在估价上一般不采用实际经过年数而采用有效经过年数或预计的剩余经济寿命，是因为采用有效经过年数或经济寿命求出的折旧更符合实际情况。例如，有两座实际经过年数相同的建筑物，如果维修保养不同，其市场价值也会不同，但如果采用实际经过年数计算折旧，则它们的价值会相同。实际经过年数的作用是可以作为求有效经过年数的参考，即有效经过年数可以在实际经过年数的基础上作适当的调整后得到。

2. 实际观察法

实际观察法不是直接以建筑物的有关年限（特别是实际经过年数）来求取建筑物的折旧，而是注重建筑物的实际损耗程度。因为早期建成的建筑物未必损坏严重，从而价值未必低；而新近建造的建筑物未必维护良好，特别是施工质量、设计等方面存在缺陷，从而价值未必高。这样，实际观察法是由估价人员亲临现场，直接观察、分析、测算建筑物在物质、功能及经济等方面的折旧因素所造成的折旧总额。

建筑物的损耗分为可修复的损耗和不可修复的损耗。修复是指使建筑物恢复到新的或相当于新的状况，有时是修理，有时是更换。预计修复所需的费用小于或等于修复所带来的房地产价值的增加额的，为可修复的损耗。反之，为不可修复的损耗。对于可修复的损耗，可直接测算其修复所需的费用作为折旧额。

3. 成新折扣法

成新折扣法适用于同时需要对大量建筑物进行估价的场合，尤其是进行建筑物现值调查，但比较粗略。

在实际估价中，成新率是一个综合指标，其求取可以采用"先定量，后定性，再定量"的方式依下列三个步骤进行：

（1）用年限法计算成新率。

（2）根据建筑物的建成年代对上述计算结果作初步判断，看是否吻合。

（3）采用实际观察法对上述结果作进一步的调整，并说明上下调整的理由。当建筑物的维修养护属于正常时，实际成新率与直线法计算出的成新率相当；当建筑物的维修养护比正常维修养护好或经过更新改造时，实际成新率应大于直线法计算出的成新率；当建筑物的维修养护比正常维修养护差时，实际成新率应小于直线法计算出的成新率。

附：房屋面积测算的一般规定

房屋面积测算是验房人员的基本技能之一，下面为大家介绍一下房屋面积测算的基本规则。

（一）房屋面积测算的一般规定

（1）房屋面积测算是指水平投影面积测算。

（2）房屋面积测量的精度必须达到现行国家标准《房产测量规范》（GB/T 17986-2000）规定的房产面积的精度要求。

（3）房屋面积测算必须独立进行两次，其较差应在规定的限差以内，取简单算术平均数作为最后结果。

（4）量距应使用经检定合格的卷尺或其他能达到相应精度的仪器和工具。

（5）边长以米（m）为单位，取至 0.01m；面积以平方米（m^2）为单位，取至 0.01m^2。

（二）房屋建筑面积的测算

1. 计算建筑面积的一般规定

（1）计算建筑面积的房屋，应是永久性结构的房屋。

（2）计算建筑面积的房屋，层高应在 2.2m 以上。

（3）同一房屋如果结构、层数不相同时，应分别计算建筑面积。

2. 计算全部建筑面积的范围

（1）单层房屋，按一层计算建筑面积；二层以上（含二层，下同）的房屋，按各层建筑面积的总和计算建筑面积。

（2）房屋内的夹层、插层、技术层及其楼梯间、电梯间等其高度在 2.2m 以上的部位计算建筑面积。

（3）穿过房屋的通道，房屋内的门厅、大厅，均按一层计算面积。门厅、大厅内的回廊部分，层高在 2.2m 以上的，按其水平投影面积计算。

（4）楼梯间、电梯（观光梯）井、提物井、垃圾道、管道井等均按房屋自然层计算面积。

（5）房屋天面上，属永久性建筑，层高在 2.2m 以上的楼梯间、水箱间、电梯机房及斜面结构屋顶高度在 2.2m 以上的部位，按其外围水平投影面积计算。

（6）挑楼、全封闭的阳台，按其外围水平投影面积计算。属永久性结构有上盖的室外楼梯，按各层水平投影面积计算。与房屋相连的有柱走廊，两房屋间有上盖和柱的走廊，均按其柱的外围水平投影面积计算。房屋间永久性封闭的架空通廊，按外围水平投影面积计算。

（7）地下室、半地下室及其相应出入口，层高在 2.2m 以上的，按其外墙（不包括采光井、防潮层及保护墙）外围水平投影面积计算。

（8）有柱（不含独立柱、单排柱）或有围护结构的门廊、门斗，按其柱或围护结构的外围水平投影面积计算。

（9）玻璃幕墙等作为房屋外墙的，按其外围水平投影面积计算。

（10）属永久性建筑，有柱的车棚、货棚等，按柱的外围水平投影面积计算。

（11）依坡地建筑的房屋，利用吊脚架空层，有围护结构的，按其高度在 2.2m 以上部位的外围水平投影面积计算。

（12）有伸缩缝的房屋，如果其与室内相通的，伸缩缝计算建筑面积。

3. 计算一半建筑面积的范围

（1）与房屋相连有上盖无柱的走廊、檐廊，按其围护结构外围水平投影面积的一半计算。

（2）独立柱、单排柱的门廊、车棚、货棚等属永久性建筑的，按其上盖水平投影面积的一半计算。

（3）未封闭的阳台、挑廊，按其围护结构外围水平投影面积的一半计算。

（4）无顶盖的室外楼梯按各层水平投影面积的一半计算。

（5）有顶盖不封闭的永久性的架空通廊，按外围水平投影面积的一半计算。

4. 不计算建筑面积的范围

（1）层高在 2.2m 以下（不含 2.2m，下同）的夹层、插层、技术层和层高在 2.2m 以下的地下室和半地下室。

（2）突出房屋墙面的构件、配件、装饰柱、装饰性的玻璃幕墙、垛、勒脚、台阶、无柱雨篷等。

（3）房屋之间无上盖的架空通廊。

（4）房屋的天面、挑台、天面上的花园、泳池。

（5）建筑物内的操作平台、上料平台及利用建筑物的空间安置箱、罐的平台。

（6）骑楼、过街楼的底层用作道路街巷通行的部分。

（7）利用引桥、高架路、高架桥、路面作为顶盖建造的房屋。

（8）活动房屋、临时房屋、简易房屋。

（9）独立烟囱、亭、塔、罐、池、地下人防干、支线。

（10）与房屋室内不相通的房屋间的伸缩缝。

5. 几种特殊情况下计算建筑面积的规定

（1）同一楼层外墙，既有主墙，又有玻璃幕墙的，以主墙为准计算建筑面积，墙厚按主墙体厚度计算。各楼层墙体厚度不相同时，分层分别计算。金属幕墙及其他材料幕墙，参照玻璃幕墙的有关规定处理。

（2）房屋屋顶为斜面结构（坡屋顶）的，层高（高度）2.2m 以上的部位计算建筑面积。

（3）全封闭阳台、有柱挑廊、有顶盖封闭的架空通廊的外围水平投影超过其底板外沿的，以底板水平投影计算建筑面积。未封闭的阳台、无柱挑廊、有顶盖未封闭的架空通廊的外围水平投影超过其底板外沿的，以底板水平投影的一半计算建筑面积。

（4）与室内任意一边相通，具备房屋的一般条件，并能正常利用的伸缩缝、沉降缝应计算建筑面积。

（5）对倾斜、弧状等非垂直墙体的房屋，层高（高度）2.2m以上的部位计算建筑面积。房屋墙体向外倾斜，超出底板外沿的，以底板水平投影计算建筑面积。

（6）楼梯已计算建筑面积的，其下方空间不论是否利用均不再计算建筑面积。

（7）临街楼房、挑廊下的底层作为公共道路街巷通行的，无论其是否有柱，是否有围护结构，均不计算建筑面积。

（8）与室内不相通的类似于阳台、挑廊、檐廊的建筑，不计算建筑面积。

（9）室外楼梯的建筑面积，按其在各楼层水平投影面积之和计算。

（三）成套房屋建筑面积的测算

1. 成套房屋建筑面积的内涵

对于整幢为单一产权人的房屋，房屋建筑面积的测算一般以幢为单位进行。随着同一幢房屋内产权出现多元化及功能出现多样化，如多层、高层住宅楼中每户居民各拥有其中一套，除单一功能的住宅楼外还有商住楼、综合楼等，从而还需要房屋建筑面积测算分层、分单元、分户进行，由此产生了分幢建筑面积、分层建筑面积、分单元建筑面积和分户建筑面积等概念。

分幢建筑面积是指以整幢房屋为单位的建筑面积。分层建筑面积是指以房屋某层或某几层为单位的建筑面积。分单元建筑面积是指以房屋某梯或某几个套间为单位的建筑面积。分户建筑面积是指以一个套间为单位的建筑面积。分层建筑面积的总和，分单元建筑面积的总和，分户建筑面积的总和，均等于分幢建筑面积。成套房屋建筑面积通常是指分户建筑面积。

2. 成套房屋建筑面积的组成

成套房屋的建筑面积由套内建筑面积和分摊的共有建筑面积组成，即：

$$建筑面积＝套内建筑面积＋分摊的共有建筑面积$$

成套房屋的套内建筑面积由套内房屋使用面积、套内墙体面积、套内阳台建筑面积三部分组成，即：

$$套内建筑面积＝套内房屋使用面积＋套内墙体面积＋套内阳台建筑面积$$

3. 套内房屋使用面积的计算

套内房屋使用面积为套内房屋使用空间的面积，以水平投影面积按以下规定计算：

（1）套内使用面积为套内卧室、起居室、过厅、过道、厨房、卫生间、厕所、贮藏室、壁柜等空间面积的总和。

（2）套内楼梯按自然层数的面积总和计入使用面积。

（3）不包括在结构面积内的套内烟囱、通风道、管道井均计入使用面积。

（4）内墙面装饰厚度计入使用面积。

4. 套内墙体面积的计算

套内墙体面积是套内使用空间周围的围护或承重墙体或其他承重支撑体所占的面积，其中各套之间的分隔墙和套与公共建筑空间的分隔墙以及外墙（包括山墙）等共有墙，均按水平投影面积的一半计入套内墙体面积。套内自有墙体按水平投影面积全部计入套内墙体面积。

5. 套内阳台建筑面积的计算

套内阳台建筑面积均按阳台外围与房屋外墙之间的水平投影面积计算。其中，封闭的阳台按水平投影全部计算建筑面积，未封闭的阳台按水平投影的一半计算建筑面积。

6. 分摊的共有建筑面积的计算

1) 共有建筑面积的类型

根据房屋共有建筑面积的不同使用功能（如住宅、商业、办公等），应分摊的共有建筑面积分为幢共有建筑面积、功能共有建筑面积、本层共有建筑面积三大类。

幢共有建筑面积是指为整幢服务的共有建筑面积，如为整幢服务的配电房、水泵房等。

功能共有建筑面积是指专为某一使用功能服务的共有建筑面积，如专为某一使用功能（如商业）服务的电梯、楼梯间、大堂等。

本层共有建筑面积是指专为本层服务的共有建筑面积，如本层的共有走廊等。

2) 共有建筑面积的内容

共有建筑面积的内容包括：作为公共使用的电梯井、管理井、楼梯间、垃圾道、变电室、设备间、公共门厅、过道、地下室、值班警卫室等，以及为整幢服务的公共用房和管理用房的建筑面积，以水平投影面积计算；套与公共建筑之间的分隔墙，以及外墙（包括山墙）水平投影面积一半的建筑面积。

不计入共有建筑面积的内容有：独立使用的地下室、车棚、车库；作为人防工程的地下室、避难室（层）；用作公共休憩、绿化等场所的架空层；为建筑造型而建，但无实用功能的建筑面积。

建在幢内或幢外与本幢相连，为多幢服务的设备、管理用房，以及建在幢外与本幢不相连，为本幢或多幢服务的设备、管理用房均作为不应分摊的共有建筑面积。

整幢房屋的建筑面积扣除整幢房屋各套套内建筑面积之和，并扣除已作为独立使用的地下室、车棚、车库、为多幢服务的警卫室、管理用房，以及人防工程等建筑面积，即为整幢房屋的共有建筑面积。

3) 共有建筑面积分摊的原则

产权各方有合法产权分割文件或协议的，按其文件或协议规定进行分摊。无产权分割文件或协议的，根据房屋共有建筑面积的不同使用功能，按相关房屋的建筑面积比例进行分摊。

4) 共有建筑面积分摊的计算公式

共有共用面积按比例分摊的计算公式按相关建筑面积进行共有或共用面积分摊，按下式计算：

$$\delta_{Si} = K \cdot Si \quad \sum \delta_{Si} \quad K = \sum Si$$

式中：K——为面积的分摊系数；

Si——为各单元参加分摊的建筑面积（m^2）；

δ_{Si}——为各单元参加分摊所得的分摊面积（m^2）；

$\sum \delta_{Si}$——为需要分摊的分摊面积总和（m^2）；

$\sum Si$——为参加分摊的各单元建筑面积总和（m^2）。

5) 共有建筑面积分摊的方法

将房屋分为单一住宅功能的住宅楼，商业与住宅两种功能的商住楼，商业、办公等多种功能的综合楼三种类型，分别说明其共有建筑面积分摊的方法如下：

（1）住宅楼：以幢为单位，按各套内建筑面积比例分摊共有建筑面积。

（2）商住楼：以幢为单位，首先根据住宅和商业的不同使用功能，将应分摊的共有建筑面积分为住宅专用的共有建筑面积（住宅功能共有建筑面积），商业专用的共有建筑面积（商业功能共有建筑面积），住宅与商业共同使用的共有建筑面积（幢共有建筑面积）。住宅专用的共有建筑面积直接作为住宅部分的共有建筑面积；商业专用的共有建筑面积直接作为商业部分的共有建筑面积；住宅与商业共同使用的共有建筑面积，按住宅与商业的建筑面积比例分别分摊给住宅和商业。然后将住宅部分的共有建筑面积（住宅专用的面积加上按比例分摊的面积）按住宅各套内建筑面积比例进行分摊；将商业部分的共有建筑面积（商业专用的面积加上按比例分摊的面积），按商业各层套内建筑面积比例分摊至商业各层，作为商业各层共有建筑面积的一部分，加上商业相应各层本身的共有建筑面积，得到商业各层总的共有建筑面积，再将商业各层总的共有建筑面积按相应层内各套内建筑面积比例进行分摊。

（3）综合楼：多功能综合楼共有建筑面积按各自的功能，参照上述商住楼分摊的方法进行分摊。

5   房屋装修材料评价标准

5.1   基本概念

建筑物是技术与艺术相结合的产物。建筑装饰材料是建筑材料的一个类别，具有直观性强的特点，一般通过铺设、涂装等方式用在建筑物内外墙面、柱面、地面、顶棚等建筑物表面上，形成装饰效果，此外还兼具防磨损、防潮、防火、隔声、保温隔热等多种功能。因此，采用建筑装饰材料修饰建筑物的面层，不仅能大大改善建筑物的外观形象，使人们获得舒适和美的感受，最大限度地满足人们生理和心理上的各种需要，而且能起到保护主体结构材料的作用，提高建筑物的耐久性。有时，一些老旧的建筑物通过内外装饰装修，也能给人一种现代建筑的感觉。

建筑装修材料按装饰建筑物的部位不同，可分为：外墙装修材料，包括墙面、柱面、阳台、门窗套、台阶、雨篷、檐口等建筑物全部外露的外部装饰所用的材料；内墙装修材料，包括内墙面、柱面、墙裙、踢脚线、隔断、窗台、门窗套等装饰所用的材料；地面装修材料，包括地面、楼面、楼梯段与平台等的全部装饰材料。顶棚装修材料，主要指室内顶棚装饰材料。

常见房屋装修材料即是房屋顶棚装修、地面装修和墙面装修常用到的各种材料。

1. 墙面材料

墙面材料主要包括涂料、壁纸和瓷砖。

（1）涂料。涂料是一种胶体溶液，将其涂抹在物体表面，经过一定时间的物理、化学变化，生成与被涂物体表面牢固粘贴并且连续的膜层，以对被涂物体进行保护、装饰等。内墙涂料的种类很多，按照成膜物质的性质，可分为油性涂料和水性涂料。按照涂料的分散介质，可分为溶剂性涂料、水溶性涂料和乳液性涂料等。目前使用最多的涂料为乳胶漆，它是一种极细的合成树脂微粒，通过乳化剂的作用分散于水中，配以适当的颜料、填料和助剂制成。乳胶漆质量稳定，无毒无害，干燥后可以擦洗，颜色种类多，也可自己调制色彩。

（2）壁纸。壁纸也称墙纸，是用胶粘剂将其裱糊于墙面或顶棚表面的材料，以成片或成卷方式供应。根据壁纸基体材料的性质，有纸基壁纸、乙烯基壁纸、织物壁纸、无机质壁纸和特殊壁纸五大类。其中乙烯基壁纸用量最大，其耐水性好、易清洗，但防火性差、不透气。近年来，壁纸的生产技术迅速发展，花色品种繁多，使房间具有高雅、豪华的感觉。

（3）瓷砖。瓷砖的花色品种多，主要用于厨房、卫生间的墙面，其质地坚硬、耐水、耐污染、易清洗。瓷砖按照材质划分，可分为陶瓷砖、半瓷砖和全瓷砖。瓷砖的缺点是施工效率较低、容易脱落。

2．地面材料

地面材料主要有实木及竹质地板、复合地板、塑料地板、陶瓷地砖、石材和地毯。

（1）实木及竹质地板。实木地板是采用天然木材经烘干、烤漆等工序加工而成的铺地板材，其品种很多，如紫檀、黄檀、柚木、水曲柳、柞木等。实木地板具有舒适、豪华、保温隔热性能好、污染小等优点，但受到木材资源的限制不能大量使用。竹材代替天然木材制成地板，具有抗拉强度高，有较高的硬度、抗水性、耐磨性、色彩古朴、光滑度好等特点。

（2）复合地板。常见的复合地板有多层实木复合地板和强化复合地板。与实木地板相比，复合地板价格适中、质量相对稳定、易保养、不易变形，适用于卫生间以外的所有空间，尤其适用于有地热的房间。复合地板的缺点是脚感稍差，胶粘剂挥发影响居室的空气质量。

（3）塑料地板。塑料地板的优点是色彩丰富，耐磨性、耐水性、耐腐蚀性能优异，具有一定的柔软和弹性，保温性能好，易清洗，成本低。其缺点是易燃，有些品种在燃烧时产生有毒、有害的物质，危及人的生命和健康。

（4）陶瓷地砖。陶瓷地砖具有吸水率低、强度高、耐磨性好、装饰效果逼真等特点，有釉面砖、玻化砖、陶瓷锦砖、通体砖、亚光防滑地砖等。但瓷砖地面给人以硬、脆的感觉，保温性能较差，不适用于卧室。

（5）石材。用于室内装饰的石材有天然石材和人造石材。天然石材主要是天然大理石和天然花岗石。天然大理石具有花纹品种多、色泽鲜艳、质地细腻、抗压性强、吸水率小、耐磨、不变形等特点。浅色大理石板的装饰效果庄重而清雅，深色大理石板的装饰效果华丽而高贵。用于室内地面、柱面、墙面的大理石板主要有云灰、白色和彩色三类。天然花岗石具有结构细密、性质坚硬、耐酸、耐腐、耐磨、吸水性小、抗压强度高、耐冻性强、耐久性好等特点。天然花岗石板广泛用于地面、墙面、柱面、墙裙、楼梯、台阶等。人造石材是人造大理石和人造花岗石的总称，具有天然石材的花纹和质感，且重量要比天然石材轻。由于其强度高、厚度薄、易粘结，故在现代室内装饰中得到广泛应用。除室内地面外，还可用于墙面、柱面、踢脚板、阳台、窗台板、服务台面等。

（6）地毯。地毯是较高级的地面材料，有纯毛地毯和各种化纤地毯。地毯隔声、防震效果较好，花色品种繁多，但不易清洗，易滋生细菌。

3．顶棚材料

常用的吊顶面层材料主要有石膏板、PVC板和铝合金板等。石膏板主要用于客厅、餐厅、卧室等无水汽的地方。PVC板由于不耐火、易变形，只适用于浴室或卫生间。铝合金板是厨房、浴室等空间的理想吊顶面层材料，但与PVC板相比，价格较贵。

（1）石膏板。它以石膏为主要材料，加入纤维、胶粘剂、改性剂，经混炼压制、干燥而成。具有防火、隔声、隔热、轻质、高强、收缩率小等特点，且稳定性好、不老化、防虫蛀，可用钉、锯、刨、粘等方法施工。广泛用于吊顶、隔墙、内墙、贴面板。纸面石膏板在家居装饰中常用作吊顶材料。石膏板以建筑石膏为主要原料，一般制造时可以掺入轻质骨料、制成空心或引入泡沫，以减轻自重并降低导热性；也可以掺入纤维材料以提高抗拉强度和减少脆性；又可以掺入含硅矿物粉或有机防水剂以提高其耐水性；有时表面可以贴纸或铝箔增加美观和防湿性。石膏板的特点是轻质、绝热、不燃、可锯可钉、吸声、调湿、美观。但耐潮性差。石膏板主要用于内墙及平顶装饰、隔离墙体、保温绝热材料、吸声材料、代替木质材料等。

（2）PVC板。PVC板又称吸塑板，是用PVC靠真空抽压附在基材表面，可以有立体造型，由于整体包覆，防水防潮性能较好，有多种颜色和纹路可选择。但表面容易划伤、磕伤，不耐高温。而且，PVC由于在涂胶过程中胶的水分会浸入基材中，板材容易变形。

（3）铝合金板。铝合金装饰板又称为铝合金压型板或天花扣板，用铝、铝合金为原料，经辊压冷压加工成各种断面的金属板材，具有重量轻、强度高、刚度好、耐腐蚀、经久耐用等优良性能。板表面经阳极氧化或喷漆、喷塑处理后，可形成符合装饰要求的多种色彩。

5.2 测评内容

房屋材料的测评，主要包括房屋装饰装修效果及房屋建筑及装修用材污染检测。

5.2.1 房屋装修效果检测

建筑物的种类很多，不同功能的建筑物对装修的要求不同，即使同一类建筑物，也因设计标准不同而导致对装修的要求不同。建筑物的装修有高级装修、中级装修和普通装修之分。建筑装饰材料的颜色、光泽、质感、耐久性等性能的不同，将会在很大程度上影响其使用效果。因此，建筑装修材料的使用效果主要可从下列几个方面来进行检测。

1. 装修效果

优美的建筑装修效果不在于多种高档材料的堆积，而在于材料的合理配置，包括色彩的运用和质感。因此，评价装饰效果主要考察色彩和质感。

色彩是建筑装修效果最突出的方面，它是构成人工环境的重要内容。对建筑物的外部色彩，主要看它是否与建筑物的功能、规模、环境相适应，是否与周围的道路、园林、建筑小品及其他建筑物的风格和色彩相和谐；对建筑物的内部色彩，不仅要从美学的角度考虑，还应观察它是否与建筑物的功能及人们从事不同活动时的需要等相适应，能否对人们的心理和生理均产生良好的作用。

质感是人们对材料质地的感觉。装饰材料质感有坚硬或疏松、细腻或粗糙、清晰或浑浊、厚重或轻薄、平滑或凹凸等，不同的质感对建筑装饰效果及风格、人们的情绪等都会产生影响。

2. 耐久性

用于建筑装修的材料，要求既美观又耐久。通常建筑物外部装饰材料要经受日晒、雨淋、霜雪、冰冻、风化、介质的侵袭，而内部装饰材料要经受摩擦、潮湿、洗刷等的作用。因此，评价一个建筑装修的好坏，还要根据装饰材料的以下性能评价其耐久性，①力学性能，包括强度（抗压强度、抗拉强度、抗弯强度、冲击韧性等）、受力变形、粘结性、耐磨性以及可加工性等。②物理性能，包括密度、表观密度、吸水性、耐水性、抗渗性、抗冻性、耐热性、绝热性、吸声性、隔热性、光泽度、光吸收性及光发射性等。③化学性能，包括耐腐蚀性、耐大气侵蚀性、耐污染性、抗风化性及阻燃性等。

各种建筑装饰材料均各具特性，良好的建筑装修就要根据使用部位及条件不同来适当选择建筑装饰材料，以保证建筑装饰工程的耐久性。目前，考虑耐久性时还应考虑大气污染问题，例如，由于城市空气中的二氧化硫遇水后对大理石中的方解石有腐蚀作用，故大理石不宜在室外使用。

3. 经济性

建筑装修的经济性即从经济角度考虑建筑装修所选用的材料是否合理。评价建筑材料的经济性，要有一个总体的观念，既要考虑到装饰工程一次性投资的多少，也要考虑到日后的维护维修费用和材料的使用寿命。

4. 环保性

由于装修材料的大量使用，使得室内环境质量受到严重影响，所以在评价时应考虑装饰材料的环保性。

5.2.2 房屋装修污染检测

室内与室外的区别，通俗地说是一墙之隔，墙内称为室内，墙外称为室外。人们逐渐认识到室内环境污染问题甚至比室外环境污染问题更重要，原因主要是：首先，室内环境是人们接触最频繁、最密切的环境。人们一生中约有80%的时间是在室内度过的，与室内环境污染物接触的时间多于室外。其次，室内环境污染物的种类日益增多。随着社会的发展，大量能够挥发出有害物质的各种建筑材料等民用化工产品进入室内。最后，室内环境污染物越来越不易扩散。为防止室外过冷或过热空气影响室内温度，以节约能源，许多建筑物被设计和建造得越来越密闭，从而使室内环境污染物不能及时排出室外。

室内环境污染的来源很多。根据各种污染物形成的原因和进入室内的不同渠道，室内环境污染有室外来源和室内来源两个方面。

室外来源的污染物原存在于室外环境中，但一旦遇到机会，可通过门窗、孔隙或其他管道缝隙等进入室内。例如，室内的空气来自室外，当室外空气受到污染后，污染物通过门窗直接进入室内，影响室内空气质量，特别是工厂、机动车道路附近的住宅受这种危害最大。再如，有的房屋基底的地层中含有某些可逸出或可挥发出的有害物质，这些有害物质可通过地基的缝隙逸入室内。这类有害物质的来源主要有：①地层中固有的，如氡及其子体；②地基在建房前已遭受工农业生产或生活废弃物的污染，如受农药、化工燃料、汞、生活垃圾等污染，而未得到彻底清理即在其上建造房屋；③该房屋原已受污染，原使用者迁出后未进行彻底清理，使后迁入者遭受危害。

室内来源的污染物主要来自建筑材料。人们的居住、办公等室内环境，是由建筑材料所围成的与外界环境隔开的微小环境，这些材料中的某些成分对室内环境质量有很大影响。例如，有些石材和砖中含有高本底的镭，镭可蜕变成放射性很强的氡，能引起肺癌。很多有机合成材料可向室内释放许多挥发性有机物，例如，甲醛、苯、甲苯、醚类、酯类等。这些污染物的浓度有时虽然不很高，但人在它们的长期综合作用下，会出现不良建筑物综合征、建筑物相关疾患等疾病。尤其是在装有空调系统的建筑物内，由于室内环境污染物得不到及时清除，更容易使人出现某些不良反应及疾病。

（1）无机材料和再生材料。无机建筑材料以及再生的建筑材料影响人体健康比较突出的是辐射问题。有的建筑材料中含有超过国家标准的辐射。由于取材地点的不同，各种建筑材料的放射性也各不相同。调查表明，大部分建筑材料的辐射量基本符合标准，但也发现一些灰渣砖放射性超标。例如，有些石材、砖、水泥和混凝土等材料中含有高本底的镭，镭可蜕变成氡，通过墙缝、窗缝等进入室内，造成室内氡的污染。

（2）合成隔热板材。合成隔热板材是一类常用的有机隔热材料，这类材料是以各种树脂为基本原料，加入一定量的发泡剂、催化剂、稳定剂等辅助材料，经加热发泡而制成的，具有质轻、保温等性能，主要的品种有聚苯乙烯泡沫塑料、聚氯乙烯泡沫塑料、聚氨酯泡沫塑料、脲醛树脂泡沫塑料等。这些材料存在一些在合成过程中未被聚合的游离单体或某些成分，它们在使用过程中会逐渐逸散到空气中。另外，随着使用时间的延长或遇到高温，这些材料会发生分解，释放出许多气态的有机化合物质，造成室内环境污染。这些污染物的种类很多，主要有甲醛、氯乙烯、苯、甲苯、醚类、甲苯二异氰酸酯（TDI）等。

（3）吸声及隔声材料。常用的吸声材料包括无机材料如石膏板等；有机材料如软木板、胶合板等；多孔材料如泡沫玻璃等；纤维材料如矿渣棉、工业毛毯等。隔声材料一般有软木、橡胶、聚氯乙烯塑料板等。这些吸声及隔声材料都可向室内释放多种有害物质，如石棉、甲醛、酚类、氯乙烯等，可散出使人感觉不舒服的气味，出现眼结膜刺激、接触性皮炎、过敏等症状，甚至更严重的后果。

（4）壁纸。装饰壁纸是目前使用比较广泛的墙面装饰材料。装饰壁纸对室内环境的影响主要是壁纸本身的有毒物质造成的，由于壁纸的成分不同，其影响也是不同的。天然纺织壁纸尤其是纯羊毛壁纸中的织物碎片是一种致敏原，可导致人体过敏。一些化纤纺织物型壁纸可释放出甲醛等有害气体，污染室内空气。塑料壁纸在使用过程中由于其中含有未被聚合以及塑料的老化分解，可向室内释放各种挥发性有机污染物，如甲醛、氯乙烯、苯、甲苯、二甲苯、乙苯等。

（5）涂料。涂敷于表面，与其他材料很好地粘合并形成完整而坚韧的保护膜的物料称为涂料。在建筑上涂料和油漆是同一概念。涂料的组成一般包括膜物质、颜料、助剂以及溶剂。涂料的成分十分复杂，含有很多有机化合物。成膜材料的主要成分有酚醛树脂、酸性酚醛树脂、脲醛树脂、乙酸纤维剂、过氧乙烯树脂、丁苯橡胶、氯化橡胶等。这些物质在使用过程中可向空气中释放甲醛、氯乙烯、苯、甲苯二异氰酸酯、酚类等有害物质。涂料所使用的溶剂也是污染空气的重要来源。这些溶剂基本上都是挥发性很强的有机物质。这些溶剂原则上不构成涂料，也不应留在涂料中，其作用是将涂料的成膜物质溶解分散为液体，使之易于涂抹，形成固体的涂膜。但是，当它的使命完成以后就要挥发在空气中。因此，涂料的溶剂是室内重要的污染源。例如，刚刚涂刷涂料的房间空气中可检测出大量的苯、甲苯、乙苯、二甲苯、丙酮、醋酸丁酯、乙醛、丁醇、甲酸等50多种挥发性有机物。涂料中的颜料和助剂还可能含有多种重金属，如铅、铬、镉、汞、锰以及砷、五氯酚钠等有害物质，这些物质也可对室内人群的健康造成危害。

（6）人造板材及人造板家具。人造板材及人造板家具是室内装饰的重要组成部分。人造板材在生产过程中需要加入胶粘剂进行粘结，家具的表面还要涂刷各种油漆。这些胶粘剂和油漆中都含有大量的挥发性有机物，在使用这些人造板材和家具时，这些有机物就会不断释放到室内空气中。含有聚氨酯泡沫塑料的家具在使用时还会释放出甲苯二异氰酸酯，造成室内环境污染。例如，许多调查发现，在布置新家具的房间中可以检测出较高浓度的甲醛、苯等几十种有毒化学物质，居室内的居民长期吸入这些物质后，可对呼吸系统、神经系统和血液循环系统造成损伤。另外，人造板家具中有的还加有防腐、防蛀剂如五氯苯酚，在使用过程中这些物质也可释放到室内空气中，造成室内环境污染。

由此可见，建筑材料一般都含有种类不同、数量不等的污染物。其中的大多数具有挥发性，可造成较为严重的室内环境污染，通过呼吸道、皮肤、眼睛等对室内人群的健康产生很大的危害。另有一些不具有挥发性的重金属，如铅、铬等有害物质，当建筑材料受损后剥落成粉尘，也可通过呼吸道进入人体，造成中毒。为了预防和控制民用建筑工程中建筑材料产生的室内环境污染，保障公众健康，维护公共利益，我国制定了《民用建筑工程室内环境污染控制标准》GB 50325-2020。它以工程勘察、设计、施工、验收等建设阶段为前提，对控制室内环境污染提出了具体要求。

6 房屋规划评价标准

6.1 基本概念

城市规划又叫都市计划或都市规划，是指对城市的空间和实体发展进行的预先考虑。其对象偏重城市的物质形态部分，涉及城市中产业的区域布局、建筑物的区域布局、道路及运输设施的设置、城市工程的安排等。城市规划的任务是根据国家城市发展和建设方针、经济技术政策、国民经济和社会发展长远计划、区域规划，以及城市所在地区的自然条件、历史情况、现状特点和建设条件，布置城市体系；确定城市性质、规模和布局；统一规划、合理利用城市土地；综合部署城市经济、文化、基础设施等各项建设，保证城市有秩序地、协调地发展，使城市的发展建设获得良好的经济效益、社会效益和环境效益。

与住房有关的城市规划主要有控制性详细规划和修建性详细规划两种。

控制性详细规划以城市总体规划或分区规划为依据，确定建设地区的土地使用性质和使用强度的控制指标、道路和工程管线控制性位置以及空间环境控制的规划要求。根据《城市规划编制办法》第二十二条至第二十四条的规定，根据城市规划的深化和管理的需要，一般应当编制控制性详细规划，以控制建设用地性质、使用强度和空间环境，作为城市规划管理的依据，并指导修建性详细规划的编制。它主要包括六个方面内容：第一，详细规定所规划范围内各类不同使用性质用地的界线，规定各类用地内适建、不适建或者有条件允许建设的建筑类型。第二，规定各地块建筑高度、建筑密度、容积率、绿地率等控制指标；规定交通出入口方位、停车泊位、建筑后退红线距离、建筑间距等要求。第三，提出各地块的建筑位置、体形、色彩等要求。第四，确定各级支路的红线位置、控制高点坐标和标高。第五，根据规划容量，确定工程管线的走向、管径和工程设施的用地界线。第六，制定相应的土地使用与建筑管理规定。

修建性详细规划是以城市总体规划、分区规划或控制性详细规划为依据，制订用以指导各项建筑和工程设施的设计和施工的规划设计。修建性详细规划的文件和图纸包括修建性详细规划设计说明书、规划地区现状图、规划总平面图、各项专业规划图、竖向规划图、反映规划设计意图的透视图等。它的主要内容有建设条件分析及综合技术经济论证；做出建筑、道路和绿地等的空间布局和景观规划设计，布置总平面图；道路交通规划设计；绿地系统规划设计；工程管线规划设计；竖向规划设计；估算工程量、拆迁量和总造价，分析投资效益。

6.1.1 用地规划

土地利用类型指的是土地利用方式相同的土地资源单元，是根据土地利用的地域差异划分的。是反映土地用途、性质及其分布规律的基本地域单位，是人类在改造、利用土进行生产和建设的过程中所形成的各种具有不同利用方向和特点的土地利用类别。

土地利用类型反映了土地的经济状态，是土地利用分类的地域单元。通常具有以下特点：第一，是一定的自然、社会经济、技术等各种因素综合作用的产物；第二，在空间分布上具有一定的地域分布规律，但不一定连片而可重复出现，同一类型必然具有相似的特点；第三，不是一成不变的，随着社会经济条件的改善和科学技术水平的提高或受自然灾害和人为的破坏而呈动态变化；第四，是根据土地利用现状的地域差异划分的，反映土地利用方式、性质、特点及其分布的基本地域单元，具有明显的地域性。

通过研究和划分土地利用类型，一可查清各类用地的数量及其地区分布，评价土地的质量和发展潜力；二可阐明土地利用结构的合理性，揭示土地利用存在的问题，为合理利用土地资源、调整土地利用结构和确定土地利用方向提供依据。

目前，我国城市土地利用按城市中土地使用的主要性质划分为下列类型：

（1）居住用地：是指在城市中包括住宅及相当于居住小区及小区级以下的公共服务设施、道路和绿地等设施的建设用地。按市政公用设施齐全程度和环境质量等，居住用地可进一步分为一类居住用地、二类居住用地、三类居住用地和四类居住用地。其中，一类居住用地是指市政公用设施齐全、布局完整、环境良好、以低层住宅为主的用地。二类居住用地是指市政公用设施齐全、布局完整、环境较好、以多、中、高层住宅为主的用地。三类居住用地是指市政公用设施比较齐全、布局不完整、环境一般或住宅与工业等用地有混合交叉的用地。四类居住用地是指以简陋住宅为主的用地。

（2）公共设施用地：是指城市中为社会服务的行政、经济、文化、教育、卫生、体育、科研及设计等机构或设施的建设用地。公共设施用地不包括居住用地中的公共服务设施用地。按用地性质，公共设施用地可进一步分为行政办公用地、商业金融业用地、文化娱乐用地、体育用地、医疗卫生用地、教育科研设计用地、文物古迹用地和其他公共设施用地（如宗教活动场所、社会福利院等用地）。

（3）工业用地：是指城市中工矿企业的生产车间、库房、堆场、构筑物及其附属设施（包括其专用的铁路、码头和道路等）的建设用地。工业用地不包括露天矿用地，该用地应归入"水域和其他用地"。按对环境的干扰和污染程度，工业用地可进一步分为一类工业用地、二类工业用地和三类工业用地。其中，一类工业用地是指对居住和公共设施等环境基本无干扰和污染的工业用地，例如，电子工业等用地。二类工业用地是指对居住和公共设施等环境有一定干扰和污染的工业用地，如食品工业、医药制造工业、纺织工业等用地。三类工业用地是指对居住和公共设施等环境有严重干扰和污染的工业用地，例如，采掘工业、冶金工业、大中型机械制造工业、化学工业、造纸工业、制革工业、建材工业等用地。

（4）仓储用地：是指城市中仓储企业的库房、堆场和包装加工车间及其附属设施的建设用地。

（5）对外交通用地：是指城市对外联系的铁路、公路、管道运输设施、港口、机场及其附属设施的建设用地。

（6）道路广场用地：是指城市中道路、广场和停车场等设施的建设用地。

（7）市政公用设施用地：是指城市中为生活及生产服务的各项基础设施的建设用地，包括供应设施（供水、供电、供燃气和供热等设施）、交通设施、邮电设施、环境卫生设施、施工与维修设施、殡葬设施及其他市政公用设施的建设用地。

（8）绿地：是指城市中专门用以改善生态、保护环境、为居民提供游憩场地和美化景观的绿化用地。

（9）特殊用地：一般指军事用地、外事用地及保安用地等特殊性质的用地。

（10）水域和其他用地：是指城市范围内包括耕地、园地、林地、牧草地、村镇建设用地、露天矿用地和弃置地以及江、河、湖、海、水库、苇地、滩涂和渠道等常年有水或季节性有水的全部水域。

（11）保留地：是指城市中留待未来开发建设的或禁止开发的规划控制用地。

6.1.2 居住区规划

居住区是城市居民的居住生活聚居地，其用地构成，按功能可分为住宅用地、为本区居民配套建设的公共服务设施用地（也称公建用地）、公共绿地以及把上述三项用地联成一体的道路用地等四项用地，总称居住区用地。在居住区外围的道路用地（例如，独立组团外围的小区路、独立小区外围的居住区级道路或城市道路、居住区外围的城市干道）或按照城市总体规划要求在居住区规划用地范围内安排的非为居住区配建的公建用地或与居住区功能无直接关系的各类建筑和设施用地以及保留的单位和自然村及不可建设等用地，统称其他用地，所以，居住区规划总用地包括居住区用地和"其他用地"两部分。

居住区的组成要素也是居住区的规划因素，主要有住宅、公共服务设施、道路和绿地。

公共服务设施是居住区配套建设设施的总称，简称公建，包括下列八类：①教育：项目有托儿所、幼儿园、小学、中学；②医疗卫生：项目有医院、门诊所、卫生站、护理院；③文化体育：项目有文化活动中心（站）、居民运动场馆、居民健身设施；④商业服务：项目有综合食品店、综合百货店、餐饮店、中西药店、书店、便民店等；⑤金融邮电：项目有银行、储蓄所、电信支局、邮电所；⑥社区服务：项目有社区服务中心、治安联防站、居委会等；⑦市政公用：项目有供热站或热交换站、变电室、开闭所、路灯配电室、燃气调压站、高压水泵房、公共厕所、垃圾转运站、垃圾收集点、居民停车场（库）、消防站、燃料供应站等；⑧行政管理及其他：项目有街道办事处、市政管理机构（所）、派出所、防空地下室等。

居住区内道路分为居住区（级）道路、小区（级）路、组团（级）路和宅间小路四级。其中，居住区（级）道路是一般用以划分小区的道路；小区（级）路是一般用以划分组团的道路；组团（级）路是上接小区路、下连宅间小路的道路；宅间小路是住宅建筑之间连接各住宅入口的道路。此外，居住区内还可能有专供步行的林荫步道。

居住区内绿地有公共绿地、宅旁绿地、公共服务设施所属绿地和道路绿地，包括满足当地植树绿化覆土要求、方便居民出入的地下建筑或半地下建筑的屋顶绿地，不包括其他屋顶、晒台的人工绿地。其中，公共绿地是指满足规定的日照要求、适合于安排游憩活动设施的、供居民共享的集中绿地，包括居住区公园、小游园和组团绿地及其他块状、带状绿地等；宅旁绿地是指住宅四旁的绿地；公共服务设施所属绿地是指居住区内的幼儿园、中小学、门诊所、储蓄所、居委会等公共服务设施四旁的绿地；道路绿地是指居住区内道路红线内的绿地。

6.2 检测内容

房屋规划检测是指按照市政用地、设计等要求查看房屋所在社区土地利用、楼宇规划、居住区规划等是否符合现行标准和规范的要求。其中，许多房屋设计时所遵循的土地利用规划、控制性详细规划和修建性详细规划中的各种指标，都可以作为房屋规划检测的重要标准。

6.2.1 房屋用地规划检测

1. 水文及水文地质条件

地下水位过高，会严重影响建筑物基础的稳定性，这种土地一般不宜作为城市建设用地。建筑物的高度越高、地下层数越多，要求地下水埋藏深度就越深。一般来说，城市水源有地面水和地下水。地下水按其成因和埋藏条件，可分为上层滞水、潜水和承压水。

城市水源选择的基本原则是：在地下水源丰富的地区，应优先选择地下水作为水源；地下水源不足时，可考虑以地面水源补充，但要注意水源保护，防止水体污染。

另外，城市防洪也是房屋建设中的重要要求之一。一般要求百年一遇洪水位以上 $0.5 \sim 1m$ 的地段，才可作为城市建设用地；地势过低或经常受洪水威胁的地段，不宜作为城市建设用地，否则必须修筑堤坝等防洪设施。堤坝以内的河滩地不能作为城市建设用地，但可辟作绿地。

2. 工程地质条件

城市由众多的建筑物组成，它们需要建在具有一定承载力的地基上，要求地质构造稳定，不受工程地质病害的影响。

（1）有充足的地基承载力。岩土（岩石和土层）是承受建筑物荷载的天然物质基础。工业建筑对地基承载力的要求一般比民用建筑要高。建筑物的层数越高，对地基承载力的要求也越高。在城市建设中，选择承载力大的岩土作为建筑地基，不仅可以使建筑物安全稳固，还可节省大量用于加强地基承载力的投资。

（2）抗震防震。地震是由地球内部的变动引起的地壳的震动，是一种破坏性极大的自然灾害。释放能量越大，地震震级也越大。地震震级分为9级。地震发生后在地面上造成的影响或破坏的程度，称为地震烈度。地震烈度分为12度，地震烈度越高，建筑物受破坏的程度越严重。建筑抗震设防是针对地震烈度而不是针对地震震级。在地震烈度6度及6度以下的地区，除特别重要的建筑外，可不采取专门的防震措施；在7度及7度以上的地区，除临时建筑外，都必须进行抗震设防；在9度以上的地区则不宜选作城市建设用地。

（3）预防工程地质灾害。对工程建设产生严重影响的地质、地貌现象称为工程地质病害。除了地震，常见的工程地质病害还有冲沟、滑坡与坍方、地下溶洞。城市建设应尽量避免在上述地区选址；在无法回避时．必须采取相应的工程措施加以防治。还须注意的是，虽然有开采价值的地下矿藏、地下重要的文物不属于工程地质范畴，但考虑到将来开采、挖掘的可能性，这类地区也不宜作为城市建设用地。

3. 地形条件

地形是指地面起伏的形状，它主要影响城市的选址、空间形态，对道路交通、景观等也有影响。山地、丘陵地区，为了克服地形分割的不利影响，城市布局多采取组团式，随地形的变化分成若干个片区，在空间上不连成一体，但每个组团具有一定的规模和独立性，基本的生产、生活在组团内解决。其中铁路站场和机场用地要求最高，其次是工业用地。居住用地受坡度的限制相对较小，最大坡度可为 10%。

4. 气候条件

气候是一定地区里经过多年观察所得到的概括性的气象情况，包括气温、日照、风向、降水与湿度等。

气温是指空气的温度，通常用离地面 1.5m 高的位置上测得的空气温度来代表。人感到舒适的气温范围一般为 18～20℃。

日照时数是衡量日照效果的最常用指标，一般是指太阳直射光线照射到建筑物外墙面或室内的时间。冬季要求日照时数越长越好．夏季则越短越好。中国大部分地区处于中纬度地区，南和偏南（东南和西南）是阳光最充分的朝向，因此，建筑物布置以南和偏南向为宜。

风是地面大气的水平移动，包括风向和风速两个方面。风向是风吹来的方向。表示风向最基本的一个指标是风向频率（简称风频），它分 8 个或 16 个方位，以一定时期（年、季、月）内某一风向发生的次数占该时期各风向的总次数的百分比表示。风速是指空气流动的速度，以"米/秒"（m/s）计。在城市规划中，为了合理布置工业和居住用地，最大限度地减轻工业对居住区的污染，通常根据某地多年的风向资料，将全年的风向频率和平均风速绘制成风玫瑰图。

降水是降雨、降雪、降雹、降霜等气候现象的总称。湿度的大小与降水的多少有密切关系，相对湿度又随地区或季节的不同而异。城市市区一般因有大量建筑物、构筑物覆盖，相对湿度比城市郊区要小。湿度的大小还与居住环境是否舒适有关，同时对某些工业生产工艺有所影响。

6.2.2 房屋建造规划检测

我国有许多房屋规划指标，这些标准范围也是房屋建造过程中需要符合的规划要求。在实际中，经常遇到下列城市规划术语和控制指标。

（1）用地性质：是指规划用地的使用功能。

（2）用地面积：是指规划地块划定的面积。

（3）容积率：是指一定地块内总建筑面积与建筑用地面积的比值，即：

$$容积率＝总建筑面积/建筑用地面积$$

其中，总建筑面积是地上所有建筑面积之和；建筑用地面积以城市规划行政主管部门批准的建设用地面积为准，不含代征用地；容积率是反映和衡量地块开发强度的一项重要指标。

（4）建筑限高：是指地块内允许的建筑（地面上）最大高度。

（5）建筑密度：是指一定地块内所有建筑物的基底总面积占建筑用地面积的比率，即：

$$建筑密度（％）＝建筑基底总面积/建筑用地面积×100％$$

建筑密度是控制地块容量和环境质量的重要指标。

（6）绿地率：是指城市一定地区内各类绿地（公共绿地、宅旁绿地、公共服务设施所属绿地和道路绿地）面积的总和占该地区总面积的比率（%）。绿地率是衡量环境质量的重要指标。

（7）绿化覆盖率：是指城市一定地区内绿化覆盖面积占该地区总面积的比率（%）。

（8）建筑间距：是指两栋建筑物外墙之间的水平距离。建筑间距主要是根据所在地区的日照、通风、采光、防止噪声和视线干扰、防火、防震、绿化、管线埋设、建筑布局形式，以及节约用地等要求，综合考虑确定。住宅的布置，通常以满足日照要求作为确定建筑间距的主要依据。

（9）日照标准：是根据各地区的气候条件和居住卫生要求确定的，居住建筑正面向阳房间在规定的日照标准日获得的日照量，是编制居住区规划，确定居住建筑间距的主要依据。

（10）日照间距系数：是指根据日照标准确定的房屋间距与遮挡房屋檐高的比值。

（11）交通出入口方位：是指规划地块内允许设置机动车和行人出入口的方向和位置。

（12）停车泊位：是指地块内应配置的停车位数量。

（13）用地红线：是指经城市规划行政主管部门批准的建设用地范围的界线。

（14）道路红线：是指城市道路用地的规划控制线，即城市道路用地与两侧建筑用地及其他用地的分界线。一般情况下，道路红线即为建筑红线，任何建筑物（包括台阶、雨罩）不得越过道路红线。根据城市景观的要求，沿街建筑物可以从道路红线外侧退后建设。

（15）建筑后退红线距离：是指建筑控制线与道路红线或道路边界、地块边界的距离。

（16）建筑控制线：是指建筑物基底位置的控制线。

（17）城市绿线：是指城市各类绿地范围的控制线。城市绿线范围内的用地不得改作他用；在城市绿线范围内，不符合规划要求的建筑物、构筑物及其他设施应当限期迁出。

（18）城市紫线：是指国家历史文化名城内的历史文化街区和省、自治区、直辖市人民政府公布的历史文化街区的保护范围界线以及历史文化街区外经县级以上人民政府公布保护的历史建筑的保护范围界线。在城市紫线范围内禁止进行下列活动：①违反保护规划的大面积拆除、开发；②对历史文化街区传统格局和风貌构成影响的大面积改建；③损坏或者拆毁保护规划确定保护的建筑物、构筑物和其他设施；④修建破坏历史文化街区传统风貌的建筑物、构筑物和其他设施；⑤占用或者破坏保护规划确定保留的园林绿地、河湖水系、道路和古树名木等；⑥其他对历史文化街区和历史建筑的保护构成破坏性影响的活动。

（19）城市黄线：是指对城市发展全局有影响的、城市规划中确定的、必须控制的城市基础设施用地的控制界线。在城市黄线范围内禁止进行下列活动：①违反城市规划要求，进行建筑物、构筑物及其他设施的建设；②违反国家有关技术标准和规范进行建设；③未经批准，改装、迁移或拆毁原有城市基础设施；④其他损坏城市基础设施或影响城市基础设施安全和正常运转的行为。

（20）城市蓝线：是指城市规划确定的江、河、湖、库、渠和湿地等城市地表水体保护和控制的地域界线。在城市蓝线内禁止进行下列活动：①违反城市蓝线保护和控制要求的建设活动；②擅自填埋、占用城市蓝线内水域；③影响水系安全的爆破、采石、取土；④擅自建设各类排污设施；⑤其他对城市水系保护构成破坏的活动。

6.2.3　居住区规划检测

居住区规划布局的目的，是要求将规划构思及规划因素（住宅、公建、道路和绿地等），通过不同的规划手法和处理方式，全面、系统地组织、安排、落实到规划范围内的恰当位置，使居住区成为有机整体，为居民创造良好的居住生活环境。

1. 居住区住宅的规划布置

住宅应布置在居住区内环境条件优越的地段。面街布置的住宅，其出入口应避免直接开向城市道路和居住区（级）道路。在Ⅰ、Ⅱ、Ⅵ、Ⅶ建筑气候区，住宅布置主要应有利于住宅冬季的日照、防寒、保温与防风沙的侵袭；在Ⅲ、Ⅳ建筑气候区，住宅布置主要应考虑住宅夏季防热和组织自然通风、导风入室的要求；在丘陵和山区，住宅布置除考虑与主导风向的关系外，尚应重视因地形变化而产生地方风对住宅建筑防寒、保温或自然通风的影响。老年人住宅宜靠近相关服务设施和公共绿地。住宅间距应以满足日照要求为基础，综合考虑采光、通风、消防、防灾、视觉卫生等要求确定。住宅平均层数反映了居住区空间形态与景观的特征，它是住宅总建筑面积与住宅基底总面积的比值。居住区按住宅层数可分为低层居住区、多层居住区、高层居住区或各种层数混合的居住区。应根据城市规划要求和综合经济效益，确定经济的住宅层数与合理的层数结构。无电梯住宅不应超过六层。

2. 居住区公共服务设施的规划布置

居住区公共服务设施是为满足居民物质和文化生活的需要而配套建设的，应包括教育、医疗卫生、文化体育、商业服务、金融邮电、社区服务、市政公用和行政管理及其他八类设施。居住区配套公建的建设水平，必须与居住人口规模相对应，并应与住宅同步规划、同步建设和同时投入使用。

所配套建设的项目多少、面积大小及空间布局等，决定着居住生活的便利程度和质量。如果不配或少配，会给居民生活带来不便，晚建也会给居民生活造成困难。衡量居住区公共服务设施配套建设水平的指标，主要是人均公建面积（公共服务设施建筑面积）和人均公建用地面积。但是，如果公共服务设施设置不当，也会不同程度地影响居民正常的居住与生活。因此，公共服务设施应合理设置，避免烟、气（味）、尘及噪声对居民的干扰。

3. 居住区内道路的规划布置

居住区内道路担负着分隔地块和联系不同功能用地的双重职能，其布置应有利于居住区内各类用地的划分和有机联系。

居住区内的道路共分四级：

第一级，居住区级道路：是居住区的主要道路，用以解决居住区内外交通的联系，道路红线宽度一般为20~30m。车行道宽度不应小于9m，如需通行公共交通时，应增至10~14m，人行道宽度为2~4m不等。

第二级，居住小区级道路：是居住区的次要道路，用以解决居住区内部的交通联系。道路红线宽度一般为10~14m，车行道宽度为6~8m，人行道宽度为1.5~2m。

第三级，住宅组团级道路：是居住区内的支路，用以解决住宅组群的内外交通联系，车行道宽度一般为4~6m。

第四级，宅前小路：通向各户或各单元门前的小路，一般宽度不小于 2.6m。

此外，在居住区内还可有专供步行的林荫步道，其宽度根据规划设计的要求而定。

居住区内的主要道路至少应有两个方向与外围道路相连，以保证居住区与城市有良好的交通联系。居住区内的主要道路，特别是小区（级）路、组团（级）路，既要通顺又要避免外部车辆和行人的穿行；当公共交通线路引入居住区（级）道路时，应合理设置公共交通停靠站，尽量减少交通噪声对居民的干扰；应便于居民汽车的通行，同时保证行人、骑车人的安全便利。道路边缘至建筑物要保持一定距离，以避免一旦楼上掉下物品影响路上行人和车辆的安全等。

居住区内必须配套设置居民汽车（含通勤车）停车场、停车库，并应符合下列规定：①居民汽车停车率（居住区内居民汽车的停车位数量与居住户数的比率）不应小于 10%；②居住区内地面停车率（居住区内居民汽车的地面停车位数量与居住户数的比率）不宜超过 10%；③居民停车场、库的布置应方便居民使用，服务半径不宜大于 150m；④居住停车场、库的布置应留有必要的发展余地。

4. 居住区内绿地的规划布置

居住区内绿地与居民关系密切，对改善居民生活环境和城市生态环境都具有重要作用，其功能主要有：改善小气候、净化空气、遮阳、隔声、防风、防尘、杀菌、防病、提供户外活动场地、美化环境等。一个优美的居住区内绿化环境，有助于人们消除疲劳、振奋精神，可为居民创造良好的游憩、交往场所。

衡量居住区内绿地状况的指标，主要有绿地率和人均公共绿地面积。绿地率是指居住区用地内各类绿地面积的总和占居住区用地面积的比率（%），其中新区建设不应低于 30%，旧区改建不宜低于 25%。居住区人均公共绿地面积指标：组团绿地不少于 0.5m²/人，小区绿地（含组团）不少于 1m²/人，居住区绿地（含小区和组团）不少于 1.5m²/人。

7 房屋环境评价标准

7.1 基本概念

环境是人们最熟悉、最常用的词汇之一，如人们经常讲自然环境、生存环境、居住环境、生活环境、学习环境、工作环境、投资环境等。景观的含义与"风景""景致""景色"相近，是描述自然、人文以及它们共同构成的整体景象的一个总称，包括自然和人为作用的任何地表形态及其景象。具体地说，景观是指由某一特定之点透视时。出现在视野的地表的一部分和相应的天空的一部分，以及给予人的整体印象。

7.1.1 环境

环境既包括以大气、水、土壤、岩石、生物等为内容的物质因素。也包括以观念、制度、行为准则等为内容的非物质因素；既包括自然因素，也包括社会因素；既包括非生命体形式，也包括生命体形式。根据需要，可以对环境进行不同的分类。通常按照环境的属性，将环境分为自然环境、人工环境和社会环境。

自然环境，通俗地说，是指未经过人的加工改造而天然存在的环境；从学术上讲，是指直接或间接影响到人类的一切自然形成的物质、能量和自然现象的总体。自然环境按照环境要素，又可以分为大气环境、水环境、土壤环境、地质环境和生物环境等，主要就是指地球的五大圈——大气圈、水圈、土壤圈、岩石圈和生物圈。

人工环境，通俗地说，是指在自然环境的基础上经过人的加工改造所形成的环境，或人为创造的环境；从学术上讲，是指人类利用自然、改造自然所创造的物质环境，如乡村、城市、居住区、房屋、道路、绿地、建筑小品等。人工环境与自然环境的区别，主要在于人工环境对自然物质的形态作了较大的改变．使其失去了原有的面貌。

社会环境是指由人与人之间的各种社会关系所形成的环境，包括政治制度、经济体制、文化传统、社会治安、邻里关系等。对于选购某套住宅的人来说，周边居民的文化素养、收入水平、职业、社会地位等，都是其社会环境。

7.1.2 景观

景观一词如果按中文字面解释，包括"景"和"观"两个方面。"景"是自然环境和人工环境在客观世界所表现的一种形象信息，"观"是这种形象信息通过人的感觉（视觉、听觉等）传导到大脑皮层，产生一种实在的感受，或者产生某种联系与情感。因此，景观应包括客观形象信息和主观感受两个方面。景观的好坏判别，与审视者的心理、生理、知识层次的高低条件有关。不同的人在相同的眺望空间与时间中，感受到的景观印象程度是不同的，其中还夹杂着个人的喜好、怀恋和情感。

景观可以分为自然景观和人文景观。自然景观是指未经人类活动所改变的水域、地表起伏与自然植物所构成的自然地表景象及其给予人的感受。人文景观是指被人类活动改变过的自然景观，即自然景观加上人工改造所形成的景观及印象。

有好的景观的房屋，如可以看到水（海、湖、江、河、水库、水渠等）、山、公园、树林、绿地、知名建筑等的房屋，其价值通常较高；反之，有坏的景观的房屋，如可以看到陵园、烟囱、厕所、垃圾站等的房屋，其价值通常较低。

7.1.3 生态

生物与其生存环境相互间有着直接或间接的作用。生态是指生物与其生存环境之间的关系。生态与环境的含义有所不同。环境是指独立存在于某一主体之外、对该主体会产生某些影响的所有客体，而生态是指生物与其生存环境之间或生物与生物之间的相对状态或相互关系。两者的侧重点也不同，环境强调客体对主体的效应，而生态则阐述客体与主体之间的关系。衡量环境往往用"好坏"之类的定性评价，而衡量生态则在一定程度上用定量指标来阐明关系是否平衡或协调。

生态系统是指在一定的时间和空间内，生物和非生物成分之间，通过物质循环、能量流动和信息传递，而相互作用、相互依存所构成的统一体。生态系统也就是生命系统与环境系统在特定空间的组合。地球表面是一个庞大的环境系统，在这个系统内，大气、水、土壤、岩石等各种环境要素与生物通过物质能量的循环、流动，进行十分复杂的作用，形成了不同等级的生态系统。这些生态系统的规模大小不等，大到整个生物圈、陆地、海洋，小到一片森林、草地、池塘。同样，城市也是一个特殊的生态系统。

生态系统有四个基本组成部分：①非生物环境要素，包括地球表面生物圈以外的物质成分，如阳光、空气、水、土壤、矿物等，它们构成生物赖以生存的环境；②植物——生产者有机体，它们利用光合作用将周围的无机物转化为有机物，为动物提供食物；③动物——消费者有机体，它们又可分为食草动物和食肉动物，以及两者兼有的杂食动物；④微生物——分解者有机体，又称还原者，它们将死亡的动植物的复杂有机物分解还原为简单的无机物，释放回环境中，供植物再利用。生态系统的各个部分正是通过"食物链"（生物之间以营养为基础组成的链条）对物质和能量的输送传递，相互依存，相互制约，组成密切联系的有机整体。

生态系统在一定条件下处于相对平衡状态，主要表现为生态系统内物质和能量的输入与输出之间是协调的，不同动植物种类的数量比例是稳定的，在外来干扰下能通过自我调节恢复到原来的平衡状态。例如，水受到"异物"轻微的污染时，通过重力的沉淀、流水的搬运、化学的分解等物理、化学作用，将水中的有害物质稀释化解，这种自净能力使其恢复到原来的平衡状态。但生态系统自身的调节能力是有限的，一旦受到外界强烈的干扰，特别是人类活动对自然产生的负面影响，就会遭受严重的破坏而失去平衡。

生态环境不等于通常意义上的环境，可将其理解为生物的状态与环境的各种关系，是指在生态系统中除了人类种群以外、相对于生物系统的全部外界条件的总和，包含了特定空间中可以直接或间接影响生物生存和发展的各种要素，强调在生态系统边界内影响生物状态的所有环境条件的综合体。生态环境随生态系统层次边界的不同而有不同的规模范围。

人类的生态环境是一个以人类为中心的生态环境。人类具有生物属性和社会属性。人类的生物属性表现为：人类作为食物链的一个环节，参与自然界的物质循环和能量转换，具有新陈代谢的功能。人类的社会属性表现为：人类是群居的社会性的人，在一定生产方式下干预自然界的物质循环和能量转换，通过影响生态环境间接影响人类的生存与发展。因此，人类的生态环境凝聚着自然因素和社会因素的相互作用，是自然生态环境与社会生态环境共同组成的统一体。

7.2 检测内容

环境与景观评价是环境影响评价和环境质量评价的简称。从广义上说，环境与景观评价是对环境系统状况的价值评定、判断和提出对策。作为房屋来说，进行的环境与景观检测主要是房屋所在居住区的环境检测。

7.2.1 居住区环境检测的内容

环境质量评价实质上是对环境质量优与劣的评定过程，该过程包括环境评价因子的确定、环境监测、评价标准、评价方法、环境识别，因此环境质量评价的正确性体现在上述五个环节的科学性与客观性。常用的方法有数理统计方法和环境指数方法两种。

环境影响评价广义指对拟议中的人为活动（包括建设项目、资源开发、区域开发、政策、立法、法规等）可能造成的环境影响（包括环境污染和生态破坏，也包括对环境的有利影响）进行分析、论证的全过程，并在此基础上提出采取的防治措施和对策。狭义指对拟议中的建设项目在兴建前即可行性研究阶段，对其选址、设计、施工等过程，特别是运营和生产阶段可能带来的环境影响进行预测和分析，提出相应的防治措施，为项目选址、设计及建成投产后的环境管理提供科学依据。

环境评价是指对拟议中人类的重要决策和开发建设活动，可能对环境产生的物理性、化学性或生物性的作用及其造成的环境变化和对人类健康和福利的可能影响，进行系统的分析和评估，并提出减少这些影响的对策措施。

制订环境规划的基本目的，在于不断改善和保护人类赖以生存和发展的自然环境，合理开发和利用各种资源，维护自然环境的生态平衡。因此，制定环境规划，应遵循下述五条基本原则：

（1）以生态理论和经济规律为基础，正确处理开发建设活动和环境保护的辩证关系原则。

（2）以经济建设为中心，以经济社会发展战略思想为指导的原则。

（3）合理开发利用资源的原则。

（4）环境目标的可行性原则。

（5）综合分析、整体优化的原则。

居住区环境是在一定的自然环境下，按一定的环境规划标准和质量要求，应用一定的科学理论和工程技术方法建设形成的居住区人工环境，是衡量人类居住生活质量的主要标尺之一。环境质量是指环境系统内在结构和外部所表现的状态对人类及生物界的生存和繁衍的适宜性。居住区环境质量可表述为：居住区环境系统对居民需求及其与周边环境协调发展的满足程度和适应性。

　　对居住区环境可以从两方面进行描述。定性描述涉及居住区环境建设管理工作的准则、原则、水平及能力程度的评价；定量描述包括各种居住环境的质量参数、指标和质量模型。居住区环境质量是居住区环境属性的重要表征，其内容涉及居住区环境的物质、精神和地域多个领域，包括居住区的水环境、空气环境、声光热环境、绿化环境、卫生环境和居住区特色环境等诸多环境质量影响因素，是保障居民生活质量的基本条件。居住区环境质量改善是人居环境科学和人类住区可持续发展领域的重要内容。为全体居民提供质量优良并能不断改善和提升的居住环境，既是现代居住区生存和可持续发展的基本保障，也是建筑环境学与环境工程学的重要交叉发展领域。

7.2.2　居住区景观检测的内容

　　居住景观，从属性上大致可分为自然景观与人文景观两大部分，人文景观的精神内涵通过物质要素展现出来，物质要素就具有了文化性。优秀的景观设计必然是物质与精神要素构成之间内在的、有机的联系。居住区的景观设计作为一项综合性的课题，透过其五光十色的表面现象，可以总结出一些内在的规律。

　　1. 整体性

　　从整体上确立居住景观的特色是设计的基础。这种特色是指住宅区总体景观的内在和外在特征。它来自于对当地的气候、环境等自然条件及历史、文化、艺术等人文条件的尊重与发掘。不是随设计者主观断想与臆造的，更不是肆意吹捧的商业词汇，而是通过对居住生活功能、规律的综合分析，对自然、人文条件的系统研究，对现代生产技术的科学把握，进而提炼、升华创造出来的与居住活动紧密交融的景观特征。景观设计应立足于自己的一方水土，尊重地域与气候，尊重民风乡俗，真正地关心居民景观于细微之处，精心创作，建造优秀的住宅小区。景观评价的主题与总体景观定位是一体化的，正是其确立的整体性原则决定了居住景观的特色，并有效地保证了景观的自然属性和真实性，从而满足了居民的心理寄托与感情归宿。

　　2. 舒适性

　　居住区景观设计的舒适性着重表现在视觉上与精神上的享受。事实上，优秀的居住景观不是仅停留在表面的视觉形式中，而是从人与建筑协调的关系中孕育出精神与情感，作为优美的景致深入人心。决定居住区景观舒适性的第一要素是它的规划布局。以确定的特色为构思出发点，应用场地知识规划出结构清晰、空间层次明确的总体布局，将直接决定居住景观的舒适性。第二要素是住宅本体的形式美。它涉及住宅的体量、尺度、细部、质感、色彩等多种成分。诺伯格·舒尔茨说："住宅的意义是和平地生存于一个保护感和归属感的场所"，而要产生归属感的前提是这种住宅的舒适性。第三要素是居住区道路设计。作为居民生活领域的扩展，道路景观具有动态、静态的双重特征。步行道路空间的尺度通过道路两侧的建筑、绿化、小品来控制。利用车道上面和地形高低落差形成的步行桥，视野开阔，可眺望风景。车行道路则要关注两侧景观的连接性。在适当的距离内，住宅布置要有变化，创造小的开放空间，使建筑形态在统一的韵律中有对比和变化。第四要素是居住区的环境设施。具有实用的功能性和观赏性的景观从幼儿到老人都会感到愉悦，更能丰富人们的室外生活。这些环境设施包括休闲设施、儿童游乐设施、灯具设施、标识指引设施、服务设施等，与人的各种休闲、娱乐活动密切相关，对人的精神陶冶有不可低估的作用。第五要素是居住区庭院绿化、小品景观的设计。

居住区绿化是提高住宅生态环境质量的必然条件和自然基础，同时绿化景观的营造也是居住区总体景观中的权重因素。庭院是指住宅和交通之外的所有外部空间。其类型有以活动为目的的广场，有以观赏为目的的花园，此外还有水体或游泳池等设施。广场、花园主题的合理选取与风格的适度把握有助于整个住宅区环境品位的提升。庭院可以为居民提供较为宽敞的交往空间，也让人切身感受到丰富的自然。树木的位置和大小，有利于保护住户的私密性；根据四季变化栽种树木，给人以季节感；用木、石、水等天然材料，给人们的生活以安逸感。庭院景观最能体现环境艺术的创意与想象。

3. 生态性

居住区的环境景观设计，要在尊重、保护自然生态资源的前提下，根据景观生态学原理和方法，充分利用基地的原生态山水地形、树木花草、动物、土壤及大自然中的阳光、空气、气候因素等，合理布局、精心设计，创造出接近自然的居住区绿色景观环境。

应该说，回归自然、亲近自然是人的本性，也是居住发展的基本方向。居住区景观设计第一步就要考虑到当地的生态环境特点，对原有土地、植被、河流等要素进行保护和利用；第二步，就是要进行自然的再创造，即在人们充分尊重自然生态系统的前提下，发挥主观能动性，合理规划人工景观。不论是在住宅本体上或是居住环境中，每一种景观创造的背后都应与生态原则相吻合，都应体现出形式与内容内在的理性与逻辑性。特别是要重视现代科学技术与自然资源利用的结合，寻求适应自然生态环境的居住形式，创造出整体有序、协调共生的良性生态系统，为居民的生存发展提供适宜的环境。美国著名的景观建筑师西蒙兹认为："应把青山、峡谷、阳光、水、植物和空气带进集中计划领域，细心而有系统地把建筑置于群山之间、河谷之畔，并于风景之中。"具有生态性的居住景观能够唤起居民美好的情趣和感情的寄托，从而达到诗意的栖居。

4. 人本性

居住区的环境景观建设，是为城市居民创造一个舒适、健康、生态的居住地。作为居住区的主体，人对居住区环境有着物质方面和精神方面的要求。具体有生理的、安全的、交往的、休闲的和审美的要求。环境景观设计首先要了解住户的各种需求，在此基础上进行设计。在设计过程中，要注重对人的尊重和理解，强调对人的关怀。体现在活动场地的分布、交往空间的设置、户外家具及景观小品的尺度等方面，使他们在交往、休闲、活动、赏景时更加舒适、便捷，创造一个更加健康生态、更具亲和力的居住区环境。

5. 人文性

居住环境，离不开住宅所在地区的文化脉络。居住景观是其所在城市环境的一个组成部分，对创造城市的景观形象有着重要的作用。同时居住景观本身又反映了一定的文化背景和审美趋向，离开文化与美学去谈景观，也就降低了景观的品位和格调。优美的景观与浓郁的地域文化、地方美学应有机统一、和谐共生。凯文·林奇说过："人们通常认为美的对象，多数是单一意义的，如一幅画、一棵树。通过长期的发展和人类意志的某种影响，在他们之中有了一种从细部到整个结构的密切的可见的联系。"在人们的居住生活中，审美是建立在传统的文化体验基础上的。居住文化的核心就是"传统"，居住景观设计的人文特色就是在解析了传统因素之后上升到又一个新的层次去阐释和建构。重视居住景观设计的人文原则，正是从精神文化的角度去把握景观的内涵特征。居住景观提纯和演绎了自然环境、建筑风格、社会风尚、生活方式、文化心理、审美情趣、民俗传统、宗教信仰等要素，再通过具体的方式表达出来，能够给人以直观的精神享受。

美是人类生活永恒的主题，居住景观之美是居民高层次的需求，通过对居住景观整体和各要素的合理组构，使其具有完整、和谐、连续、丰富的特点，是美的基本特征。居住景观之美能潜移默化地更新人的观念，提高人的修养，提升人的品质，培养人的情操。创造优美的居住景观是设计者的最高追求。居住小区景观建筑学是一门综合性的学科，它能反映不同时期的社会、经济、文化特点。社会的发展和形势的需要向我们提出了更高的要求，我们有责任、有理由按照景观建筑学的基本原则去创造一个具有认同感、归属感的"家园"，从而弥补我们曾经缺漏的"课程"，避免那种"跟风"现象并重新找回自己本该拥有的绿地和文化。因为未来的我们更渴望轻松明快、温馨优雅的住宅；更渴望新鲜空气、绿树红花；也更渴望有一块让孩子们自由奔跑的阳光地带，一片能让老人们安心晨练的净土，一个具有认同感、归属感、缓解商品社会中城市高节奏带来压力的——人们自己的"家园"。

7.2.3　居住区污染检测

环境污染的产生和存在可以说由来已久，但它真正引起人们的重视和普遍关注却是在20世纪50年代以后。那时由于工业和城市化的迅速发展，产生了一系列重大的环境污染事件。正是由于这些环境污染事件，导致了人群在短时间内大量致病和死亡，产生了不利于社会、经济发展的社会效应，促使环境污染成为一个全球社会性的问题而被人们重视。

在人们的环境意识越来越强的发展趋势下，房地产经纪活动也应涉及对环境污染的认识和了解。对环境污染的认识和了解应包括环境污染的概念、类型、危害，污染物和污染源，以及环境污染的防治。环境污染的危害和污染物将在后面分节介绍有关类型的环境污染时介绍。这里仅介绍环境污染的概念、环境污染的类型、环境污染源。

环境污染是指有害物质或因子进入环境，并在环境中扩散、迁移、转化，使环境系统结构与功能发生变化，对人类及其他生物的生存和发展产生不良影响的现象。例如，工业废水或生活污水的排放使水质变坏，化石燃料的大量燃烧使大气中颗粒物和二氧化硫的浓度急剧增高等现象，均属于环境污染。环境污染是人类活动的结果。随着工业化和城市化的发展及人口的增加，人类如果对自然资源进行不合理的开发利用，环境污染将会日趋严重。

1. 环境污染的类型

环境污染有许多类型，因目的、角度的不同而有不同的划分方法。按照环境要素，环境污染分为大气污染、水污染、土壤污染等。按照污染物的性质，环境污染分为物理污染（如声、光、热、辐射等）、化学污染（如无机物、有机物）、生物污染（如霉菌、细菌、病毒等）。按照污染物的形态，环境污染分为废气污染、废水污染、噪声污染、固体废物污染、辐射污染等。按照污染产生的原因，环境污染分为工业污染、交通污染、农业污染、生活污染等。按照污染的空间，环境污染分为室内环境污染和室外环境污染。按照污染物分布的范围，环境污染分为全球性污染、区域性污染、局部性污染等。

2. 环境污染源

环境污染源简称污染源，是指造成环境污染的发生源或环境污染的来源，即向环境排放有害物质或对环境产生有害影响的场所、设备和装置等。例如，垃圾堆放地、垃圾填埋场，农药、化肥残留地，化工厂或化工厂原址，高压输电线路、无线电发射塔、建筑材料，受污染的河流、沟渠，厕所、垃圾站（垃圾处理厂），移动的汽车、火车、轮船、飞机，农贸市场、建筑工地等，都是环境污染源。

环境污染源按照污染物发生的类型，可分为工业污染源、交通污染源、农业污染源和生活污染源等。按照污染源存在的形式，可分为固定污染源和移动污染源。其中，固定污染源是指像工厂、烟囱之类位置固定的污染源；移动污染源是指汽车、火车、飞机之类位置移动的污染源。按照污染物排放的形式，可分为点源、线源和面源。其中，点源是集中在某一点的小范围内排放污染物，如烟囱；线源是沿着一条线排放污染物，如汽车在道路上移动造成污染；面源是在一个大范围内排放污染物，如工业区许多烟囱构成一个区域性的污染源。按照污染物排放的空间，可分为高架源和地面源。其中，高架源是指在距地面一定高度上排放污染物的污染源，如烟囱；地面源是指在地面上排放污染物的污染源。按照污染物排放的时间，可分为连续源、间断源和瞬间源。其中，连续源连续排放污染物，如火力发电厂的排烟；间断源间歇排放污染物，如生产过程的排气；瞬时源在无规律的短时间内排放污染物，如事故排放。按照污染源存在的时间，可分为暂时性污染源和永久性污染源。暂时性污染源经过一段时间之后就会自动消失，如建筑施工噪声，待建筑工程完工后就不存在了。而永久性污染源一般是长期存在的，如在住宅旁边修筑一条道路所带来的汽车噪声污染，将会是长期的。

3. 大气污染

大气就是空气，是人类赖以生存、片刻也不能缺少的物质。一个成年人每天大约吸入15kg空气，远远超过其每天所需1.5kg食物和2.5kg饮水的数量。可见，空气质量的好坏对人体健康十分重要。大气污染是一种普遍发生的环境污染，对人体健康产生很大危害。

洁净的空气，氮气占78%，氧气占21%，氩气占0.93%，二氧化碳占0.03%，还有微量的其他气体，如氖、氦、氪、氢、氙、臭氧等。大气污染就是空气污染，是指人类向空气中排放各种物质，包括许多有毒有害物质，使空气成分长期改变而不能恢复，以致对人体健康产生不良影响的现象。

为改善环境空气质量，防止生态破坏，创造清洁适宜的环境，保护人体健康，我国制定了《环境空气质量标准》GB 3095-2012，该标准规定了环境空气中各项污染物不允许超过的浓度限值。如果环境空气中某项污染物超过了该浓度限值，就认为它污染了环境空气。超过得越多，说明污染越严重。

排入大气的污染物种类很多，按照污染物的形态，大气污染物分为颗粒污染物和气态污染物两大类。

颗粒污染物又称总悬浮颗粒物，是指能悬浮在空气中，空气动力学当量直径（以下简称直径）不大于100μm的颗粒物。颗粒污染物主要有尘粒、粉尘、烟尘和雾尘。

尘粒一般是指直径大于75μm的颗粒物。尘粒由于直径较大，可以因重力沉降到地面。

粉尘按照其颗粒大小，分为落尘和飘尘。落尘又称降尘，颗粒相对较大，直径在10μm以上，靠重力可以在短时间内沉降到地面。飘尘又称可吸入颗粒物，颗粒相对较小，直径在 10μm 以下，不易沉降，能长时间在空中飘浮。

烟尘是指在燃料的燃烧、高温熔融和化学反应等过程中形成的飘浮于空中的颗粒物。典型的烟尘是烟筒里冒出的黑色烟雾，即燃烧不完全的小小黑色炭粒。烟尘的粒径很小，一般小于 1μm。

雾尘是指悬浮于空中的小液态粒子，如水雾、酸雾、碱雾、油雾等。雾尘的直径小于 100μm。

颗粒污染物对人体的危害程度与其直径大小和化学成分有关。对人体危害最大的是飘尘，它可被人吸入，其中直径在 0.5~5μm 的飘尘可以直接到达肺细胞而沉积。有的飘尘表面还吸附着许多有害气体和微生物，甚至携带着致癌物质，对人体危害更大。煤烟尘能把建筑物表面熏黑，严重时能刺激人的眼睛，引起结膜炎等眼病。颗粒污染物能散射和吸收阳光，使能见度降低，落到植物上，会堵塞植物气孔，影响农林作物生长，降低花木的观赏价值，影响城市市容。颗粒污染物还能加速金属材料和设备的腐蚀，落入精密仪器设备会增加磨损，甚至造成事故。

随着现代工业的发展，很多重金属颗粒物，例如，镉、锌、镍、钛、锰、砷、汞、铅等污染大气后，能引起人体慢性中毒。其中以铅的危害多而重，铅通过血液到达大脑细胞，沉积凝固，危害人的神经系统，使人智力衰退、记忆力锐减，形成痴呆症或引起中毒性神经病。

4. 环境噪声污染

环境噪声污染对人体的危害虽然不如大气污染那么严重，但对人体健康及生活环境有不良影响是不可否认的。随着工业生产、交通运输、建筑施工等的发展，环境噪声污染日益严重，已成为严重扰民的突出问题。大量的研究表明，环境噪声污染是影响面最广的一种环境污染。

环境噪声是指干扰人们休息、工作和学习的声音，即不需要的声音。此外，振幅和频率杂乱、断续或统计上无规律的声振动，也称噪声。环境噪声污染是指所产生的环境噪声超过国家规定的环境噪声标准，并干扰他人正常生活、工作和学习的现象。

环境噪声污染有下列三个特征：第一，环境噪声污染是能量污染。发声源停止发声，污染即自行消除。第二，环境噪声污染是感觉公害。对环境噪声污染的评价，不仅要考虑噪声源的性质、强度，还要考虑受害者的生理与心理状态。如夜间的噪声对睡眠的影响，老年人与青年人、脑力劳动者与体力劳动者、健康人与病患者反应是不同的。第三，环境噪声污染具有局限性和分散性。所谓局限性和分散性，是指环境噪声影响范围的局限性和噪声源分布的分散性，随着离噪声源距离的增加和受建筑物及绿化林带的阻挡，声能量衰减，受影响的主要是噪声源附近地区。

按照噪声产生的机理，噪声分为机械噪声、空气动力噪声和电磁性噪声三类。机械噪声是物体间相互撞击、摩擦，如锻锤、织机、机床等产生的噪声。叶片高速旋转或高速气流通过叶片时，会使叶片两侧的空气发生压力突变，激发声波，例如，通风机、鼓风机、压缩机、发动机迫使气体通过进、排气口时传出的声音。即为空气动力噪声。电磁性噪声是由于电机等的交变力相互作用而产生的声音，如电流和磁场的相互作用产生的噪声，发电机、变压器产生的噪声。

按照噪声随时间的变化情况，噪声分为稳态噪声和非稳态噪声两类。稳态噪声的强度不随时间变化，如电机、风机等产生的噪声。非稳态噪声的强度随时间变化，又可分为瞬时的、周期性起伏的、脉冲的和无规则的噪声。

应该说，环境噪声对人的影响是一个很复杂的问题，不仅与噪声的性质有关，而且与个人的心理、生理和社会生活等有关。年龄大小、体质好坏不同的人对噪声的忍受程度也不同，例如，青年和儿童往往喜欢热闹的环境，老年人则喜欢清闲幽静。体质差的人，尤其是高血压和精神病患者，对噪声特别容易感到烦恼。

环境噪声污染的危害主要表现在下列几个方面：

（1）环境噪声污染对听力的损伤。噪声对听力的损害是人们最早认识到的一种损害。人们在强噪声环境中暴露一定时间后，听力会下降；离开噪声环境到安静的场所休息一段时间，听觉会恢复，这种现象为听觉疲劳。但长期在噪声环境中工作，听觉疲劳就不能恢复，而且内耳感觉器官会发生器质性病变，造成噪声性耳聋或噪声性听力损失。例如，噪声污染是老年耳聋的一个重要因素。

（2）环境噪声污染对睡眠的干扰。睡眠是人消除疲劳、恢复体力和维持健康的一个重要条件，但是噪声会影响人的睡眠质量和数量，老年人和病人对噪声的干扰更敏感。当人受噪声干扰而辗转不能入睡时，就会出现呼吸频繁、脉搏跳动加剧、神经兴奋等现象，第二天会觉得疲倦、易累，从而影响工作效率，久而久之，就会引起失眠、耳鸣多梦、疲劳无力和记忆力衰退等。

（3）环境噪声污染对人体的生理影响。研究表明，噪声污染对人体的全身系统，特别是对神经系统、心血管和内分泌系统产生不良的影响。噪声作用于人的中枢神经系统，使人的基本生理过程——大脑皮层的兴奋和抑制平衡失调，可以产生头痛、昏厥、耳鸣、多梦等症状，称为神经官能症。噪声会引起人体紧张的反应，刺激肾上腺素的分泌，因而引起心率改变和血压升高，是造成心脏病的一个重要原因。噪声会使人的唾液、胃液分泌减少，从而易患消化道溃疡症等。

（4）环境噪声污染对人体心理的影响。噪声污染引起的心理影响主要是使人烦恼激动、易怒，甚至失去理智。噪声容易使人疲劳，往往会影响精力集中和工作效率，尤其是对那些要求注意力高度集中的复杂作业和从事脑力劳动的人，影响更大。另外，由于噪声的心理作用，分散了人们的注意力，容易引起事故。

（5）环境噪声污染对儿童的影响。噪声污染会影响儿童的智力发育，吵闹环境中的儿童智力发育比安静环境中的低20%。研究还表明，噪声与胎儿畸形有关。

此外，高强度的噪声还能影响物质结构，从而破坏机械设备和建筑物。研究表明，强噪声会使金属疲劳，造成飞机及导弹失事。在日常生活中，例如，交谈、思考问题、读书及写作等，均会受噪声干扰而无法进行；学校的教育环境也会因受噪声干扰而被破坏。

5. 水污染

水是生命的源泉，水环境是人类和其他生物赖以生存的自然环境。地球上可供生活和生产利用的水资源非常有限。随着人类社会的发展，水污染现象越来越严重。

水污染是指因某些物质的介入，而导致水体化学、物理、生物或者放射性等方面特性的改变，从而影响水的有效利用，危害人体健康或者破坏生态环境，造成水质恶化的现象。

水污染可分为地表水污染、地下水污染和海洋污染。地表水的污染物多来自工业和城市生活排放的污水以及农田、农村居民点的排水。海洋污染的范围主要是沿海水域的污染，主要是由沿海航行的船舶排出的废油、油轮触礁而漏散的原油、临海工厂排放的废水以及沿海居民抛弃的垃圾等所致。被污染的地表水可能随雨水渗到地下，引起地下水污染。另外，过度开采地下水不仅使地下水位下降，而且会使水质恶化。由于地下水是一种封闭性的水，一旦被污染，很难净化；即使切断污染源，仍需数年才能恢复清洁。

与居住生活有关的水污染物及其危害主要是：

（1）植物营养物及其危害。植物营养物主要是指氮、磷、钾、硫及其化合物。氮和磷都是植物生长繁殖所必需的营养素，从植物生长的角度看，植物营养物是宝贵的物质，但过多的营养物质进入天然水体，使水体染上"富贵病"，从而使水质恶化，危害人体健康和影响渔业发展。天然水体中过量的营养物质主要来自农田施肥、农业废弃物、城市生活污水及某些工业废水。

（2）酚类化合物及其危害。酚有毒性，水遭受酚污染后，将严重影响水产品的产量和质量；人体经常摄入，会产生慢性中毒，发生呕吐、腹泻、头痛头晕、精神不振等症状。水中酚的来源主要是冶金、煤气、炼焦、石油化工、塑料等工业排放的含酚废水。另外，城市生活污水也是酚类污染物的来源。

（3）氰化物及其危害。氰化物是剧毒物质，一般人误服 0.1g 左右的氰化钾或氰化钠便立即死亡，敏感的人甚至服 0.06g 就可致死。水中的氰化物主要来自化学、电镀、煤气、炼焦等工业排放的含氰废水，例如，电镀废水、焦炉和高炉的煤气洗涤冷却水、化工厂的含氰废水以及选矿废水等。

（4）酸碱及其危害。酸碱废水破坏水的自净功能，腐蚀管道和船舶。水体如果长期遭受酸碱污染，水质逐渐恶化，还会引起周围土壤酸碱化。酸性废水主要来自矿山排水和各种酸洗废水、酸性造纸废水等，雨水淋洗含二氧化硫的空气后，汇入地表水也能造成酸污染。碱性废水主要来自碱法造纸、人工纤维、制碱、制革等工业废水。

（5）放射性物质及其危害。水体所含有的放射性物质构成一种特殊的污染，总称为放射性辐射污染。污染水最危险的放射性物质是锶、铯等，这些物质半衰期长，经水和食物进入人体后，能在一定部位积累，增加对人体的放射性照射，严重时可引起遗传变异和癌症。在水环境中，有时放射性物质虽然不多，但能经水生食物链而富集。放射性物质的主要来源有：①原子能核电站排放废水；②核武器试验带来的，主要是大气中放射性尘埃的降落和地表径流；③放射性同位素在化学、冶金、医学、农业等部门的广泛应用，随污水排入水中，造成对生物和人体的污染。

（6）病原微生物及其危害。病原微生物有病菌、病毒和寄生虫三类，对人类的健康带来威胁。水中病原微生物主要来自生活污水和医院污水、制革、屠宰、洗毛等工业废水以及牲畜污水。

6. 固体废物污染

固体废物是指在生产和消费过程中被丢弃的固体或泥状物质，包括从废水、废气中分离出来的固体颗粒。

固体废物的种类很多，按照废物的形状，可分为颗粒状废物、粉状废物、块状废物和泥状废物（污泥）。按照废物的化学性质，可分为有机废物和无机废物。按照废物的危害状况，可分为有害废物和一般废物。其中，有害废物是指对人体健康或环境造成现实危害或潜在危害的废物。为了便于管理，又可将有害废物分为有害的、易燃的、有腐蚀性的、能传播疾病的、有较强化学反应的废物。按照废物来源，可分为城市垃圾、工业固体废物、农业废弃物和放射性固体废物。

固体废物不仅侵占大量土地，对环境的污染也是多方面的。例如，散发恶臭、污染大气，污染地表水和地下水，改变土壤性质和土壤结构。许多固体废物所含的有毒物质和病原体，除了通过生物传播，还以大气为媒介进行传播和扩散，危害人体健康。这里主要对城市垃圾和工业固体废物及其危害作简要说明。

城市垃圾及其危害。城市垃圾主要包括城市居民的生活垃圾，商业垃圾、建筑垃圾、市政维护和管理中产生的垃圾，但不包括工厂排出的工业固体废物。城市垃圾的种类多而杂，如处理不善，将严重影响城市的卫生环境和城市的容貌。城市垃圾中的废物主要有食物垃圾、纸、木、布、金属、玻璃、塑料、陶瓷、器具、杂品、建筑材料、电器、汽车、树叶、粪便等。其中，许多东西属于有机物，能够腐烂而产生臭味，影响居民生活。城市垃圾堆放或填埋地如果未经合理选址和安全处理，经雨水浸淋，会污染河流、湖泊和地下水。许多城市垃圾本身或者在焚化时，会散发毒气和臭气，危害人体健康。

7. 辐射污染

辐射有电磁辐射和放射性辐射两种。其中，电磁辐射是指能量以波的形式发射出去，放射性辐射是指能量以波的形式和粒子一起发射出去。因此，辐射污染可分为电磁辐射污染和放射性辐射污染两大类。

在电磁波中，波长最短的是 X 射线，其次是紫外线，再次是可见光（人眼能看见它们），此后是红外线，波长最长的是无线电波。电磁辐射污染是指电磁辐射的强度达到一定程度时，对人体机能产生一定的破坏作用。它可分为光污染和其他电磁辐射污染。光是一种电磁波，分为可见光和不可见光。光污染是指人类活动造成的过量光辐射对人类生活和生产环境形成不良影响的现象。光污染可分为可见光污染和不可见光污染。不可见光污染又可分为红外光污染和紫外光污染。可见光污染有下列几种：①灯光污染。如路灯控制不当或建筑工地的聚光灯，照进住宅，影响居民休息等。②眩光污染。如电焊时产生的强烈眩光，在无防护情况下会对人的眼睛造成伤害；夜间迎面驶来的汽车的灯光，会使人视物不清，造成事故；车站、机场等过多闪动的信号灯，使人视觉不舒服。③视觉污染。这是一种特殊形式的光污染，是指城市中杂乱的视觉环境，如杂乱的垃圾堆物、乱摆的货摊、五颜六色的广告和招贴等。④其他可见光污染。例如，商店、宾馆、写字楼等建筑物，外墙全部用玻璃或反光玻璃装饰，在阳光或强烈灯光照射下发生反光，会扰乱驾驶员或行人的视觉，成为交通事故的隐患。其他电磁辐射污染。除光之外的其他电磁辐射污染，通常称为电磁辐射污染，简称电磁污染。电磁辐射污染包括各种天然的和人为的电磁波干扰和有害的电磁辐射。但通常所讲的电磁辐射污染，主要是指人为发射的和电子设备工作时产生的电磁波对人体健康产生的危害。

电磁辐射对人体的危害程度随着电磁波波长的缩短而增加。根据电磁波的波长，电磁波分为微波、超短波、短波、中波、长波。因此，它们对人体的危害程度分别是：微波＞超短波＞短波＞中波＞长波。其中，中、短波频段俗称高频辐射。经常接受高频辐射的人普遍感到头痛头晕、周身不适、疲倦乏力、睡眠障碍、记忆力减退等，还能引起食欲不振、心血管系统疾病及女性月经周期紊乱等。在高压输电线路下面，人和动物的生长发育受阻碍；在距其 90～100m 的半径范围内，人的脉搏跳动时快时慢，血压升高或下降，血液中白细胞数高于正常值等。超短波和微波对人体的损害更大。如微波除了上述危害，还能损伤眼睛，严重的会导致白内障。

人为电磁辐射污染源主要有广播、电视辐射系统的发射塔，人造卫星通信系统的地面站，雷达系统的雷达站，高压输电线路、变压器和变电站，各种高频设备，如高频热合机、高频淬火机、高频焊接机、高频烘干机、高频和微波理疗机以及微波炉等。

8 房屋查验规范

8.1 法律法规

[1]《关于实施住宅工程质量分户验收工作的指导意见》(京建质〔2006〕第 139 号)

[2]《建设工程质量管理条例》(国务院令第 279 号)

[3]《住宅工程质量分户验收管理规定》(京建质〔2005〕999 号)

[4]《最高人民法院关于审理商品房买卖合同纠纷案件适用法律若干问题的解释》(法释〔2003〕7 号)

8.2 技术标准、规范

[1] 地下防水工程质量验收规范 GB 50208-2011

[2] 防盗安全门通用技术条件 GB 17565-2022

[3] 钢结构工程施工质量验收标准 GB 50205-2020

[4] 工程测量规范 GB 50026-2020

[5] 环境空气质量标准 GB 3095-1996

[6] 混凝土结构工程施工质量验收规范 GB 50204-2015

[7] 火灾自动报警系统施工及验收标准 GB 50166-2019

[8] 建筑地基基础工程施工质量验收标准 GB 50202-2018

[9] 建筑地面工程施工质量验收规范 GB 50209-2010

[10] 建筑电气工程施工质量验收规范 GB 50303-2002

[11] 建筑防腐蚀工程施工规范 GB 50212-2014

[12] 建筑给水排水及采暖工程施工质量验收规范 GB 50242-2002

[13] 建筑工程施工质量验收统一标准 GB 50300-2013

[14] 建筑设计防火规范（2018 年版）GB 50016-2014

[15] 建筑装饰装修工程质量验收标准 GB 50210-2018

[16] 民用建筑工程室内环境污染控制标准 GB 50325-2020

[17] 民用建筑设计统一标准 GB 50352-2019

[18] 木结构工程施工质量验收规范 GB 50206-2012

[19] 砌体结构工程施工质量验收规范 GB 50203-2011

[20] 烧结普通砖 GB 5101-2017

[21] 通风与空调工程施工质量验收规范 GB 50243-2016

[22]《通用硅酸盐水泥》国家标准第 1 号修改单 GB 175-2007/×G1-2009

[23] 屋面工程质量验收规范 GB 50207-2012

[24] 住宅装饰装修工程施工规范 GB 50327-2001

[25] 玻璃幕墙工程技术规范 JGJ 102-2003

[26] 居住建筑节能检测标准 JGJ/T 132-2009

[27] 塑料门窗工程技术规程 JGJ 103-2008

[28] 外墙饰面砖工程施工及验收规程 JGJ 126-2015

第二篇　验房师实务

9 房屋实地查验方法及验房工具使用

9.1 房屋实地查验方法

房屋实地查验的方法有很多，每种方法也都有优势和弊端。采用合理的房屋查验方法是验房过程中事关房屋查验结果客观与否的必然条件（表 9-1）。

验房方法及所需工具一览表

表 9-1

序号	名称	内容描述	相应工具
1	目测法	验房人员通过观测，可以判断房屋各部位表面的质量情况。目测法主要衡量房屋的外观观感质量，如色彩、褶皱、凹凸、断裂、波纹、无漏涂、透底、掉粉、起皮等	放大镜、照相机、手电筒
2	触摸法	验房人员通过触摸，可以具体感知房屋细部处理的好坏程度。触摸法主要衡量房屋涂料涂饰、设备构件的铺设与安装情况，如表面是否平滑、接缝是否密封、边框是否打磨圆滑等	手套、平面板、伸缩杆等
3	测量法	验房人员通过测量，获取房屋的基本数据。测量法主要是用测量工具和计量仪表等检测断面尺寸、轴线、标高、湿度、温度等偏差。另外，还可以方尺套方，辅以塞尺检查，如对阴阳角方正、踢脚线垂直度、预制构件方正等项目进行检查	塞尺、卷尺、垂直检测尺、多功能内外直角检测尺、多功能垂直校正器、对角检测尺等
4	照射法	验房人员通过照射，评价难以看到或光线较暗部位的建造质量。照射法主要通过镜子反射、灯光照射等方法对某些需要查看是否平整的部位进行检查。如墙面、地面涂层的平整等	反光镜、大灯与小灯等
5	敲击法	验房人员通过敲击法，检查隐藏工程的工程质量。敲击法主要通过利用特殊的敲击工具，考察隐蔽部位是否存在空鼓、起皱、用料不均等情况。例如，隔墙中是否存在空鼓现象，夹层面板是否有密实的填充物等	手锤、小锤、活动响鼓锤（25g）、钢针小锤（10g）等
6	吊线法	验房人员通过吊线法，检查房屋墙壁、拐角有无歪斜。吊线法主要通过线坠等工具检验房屋各类竖墙、排架的垂直情况	托线板、吊线坠、直角尺等
7	试电法	验房人员通过试电法，对房屋各种电气设备进行简单测试。试电法主要通过实际试验的方法对各种设备进行有效性和安全性检测。包括总电表、开关、插座、警报系统、电线、电闸、视频对讲机、自动防火报警器、电视、电话、网络等	带两头和三头插头的插排（带指示灯的插座）、各种插头、电话、电视、宽带、万用表、摇表、多用螺丝刀（"一"字和"十"字）、5号电池2节、测电笔等
8	试水法	验房人员通过试水法，对房屋各种供水排水设备进行简单测试。试水法主要通过实际试验的方法对各种设备进行有效性和安全性检测。包括盥洗设备、洗浴设备、卫生设备、水管及管道、防水工程、排风扇、各类五金配件、水表、地漏与散水等	洗脸盆、毛巾、水表、撬子等

9.2 常用验房工具使用说明

1. 垂直检测尺（又名 2m 靠尺）

图 9-1 垂直检测尺

可进行垂直度检测、水平度检测、平整度检测，是验房中使用频率最高的一种检测工具。用于检测墙面瓷砖是否平整、垂直；检测地板龙骨是否水平、平整（图 9-1）。

（1）垂直度检测：检测尺为可折式结构，合拢长 1m，展开长 2m。用于 1m 检测时，推下仪表盖，活动销推键向上推，将检测尺左侧面靠紧被测面（注意：握尺要垂直，观察红色活动销外露 3～5mm，摆动灵活即可），待指针自行摆动停止时，直读指针所指刻度下行刻度数值，此数值即被测面 1m 垂直度偏差，每格为 1mm。2m 检测时，将检测尺展开后锁紧连接扣，检测方法同上，直读指针所指上行刻度数值，此数值即被测面 2m 垂直度偏差，每格为 1mm。如被测面不平整，可用右侧上下靠脚检测。

（2）平整度检测：检测尺侧面靠紧被测面，其缝隙大小用楔形塞尺检测，其数值即平整度偏差。

（3）水平度检测：检测尺侧面装有水准管，可检测水平度，用法同普通水平仪。

（4）校正方法：垂直检测时，如发现仪表指针数值偏差，应将检测尺放在标准器上进行校对调正，标准器可自制、将一根长约 2.1m 水平直方木或铝型材，竖直安装在墙面上，由线坠调整垂直，将检测尺放在标准水平物体上，用十字螺丝刀调节水准管"S"螺丝，使气泡居中。

2. 对角检测尺

图 9-2 对角检测尺

对角检测尺（图 9-2）可检测方形物体两对角线长度对比的偏差。检测方形物体两对角线长度对比偏差时，将尺子放在方形物体的对角线上进行测量。具体操作为：

（1）检测尺为 3 节伸缩式结构，中节尺设 3 档刻度线。检测时，大节尺推键应锁定在中节尺上某档刻度线"0"位，将检测尺两端尖角顶紧被测对角顶点，固紧小节尺。检测另 1 对角线时，松开大节尺推键，检测后再固紧，目测推键在刻度线上所指的数值，此数值就是该物体上两对角线长度对比的偏差值（单位：mm）。

（2）检测尺小节尺顶端备有 M6 螺栓，可装楔形塞尺、活动锤头、便于高处检测使用。

3. 内外直角检测尺

内外直角检测尺（图 9-3）用于检测物体上内外（阴阳）角的偏差及一般平面的垂直度与水平度。具体操作为：

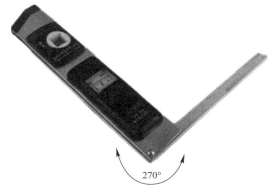

图 9-3　内外对角检测尺

（1）内外直角检测：将推键向左推，拉出活动尺，旋转 270 度即可检测，检测时主尺及活动尺都应紧靠被测面，指针所指刻度表数值即被测面 130mm 长度的直角偏差，每格为 1mm。

（2）垂直度、水平度检测：可检测一般垂直度及水平度偏差，垂直度可用主尺侧面垂直靠在被测面上检测，检测水平度应把活动尺拉出旋转 270 度，指针对准"0"位，主尺垂直朝上，将活动尺平放在被测物体上进行检测。

4．楔形塞尺

图 9-4　楔形塞尺

用于检测建筑物体上缝隙的大小及配合垂直检测尺检测物体平面的平整度（图 9-4）。

一般与水平尺相配使用，即将水平尺放于墙面上或地面上，然后用楔形塞尺塞入，以检测墙地面水平度、垂直度误差。

建筑上一般用楔形塞尺来检查平整度、水平度、缝隙等，还直接检查门窗缝。

5．激光标线仪

图 9-5　激光标线仪

激光标线仪（图9-5）可提供水平线与垂直线，用以测地面与顶面的水平度，地面高差等。

激光标线仪属于精密仪器应小心使用并妥善保管，避免强烈震动或跌落而损坏仪器。停止使用后将电源开关打到"OFF"位置。不要尝试打开仪器，非专业拆卸将会损坏仪器。长期不用应取出电池，并将仪器放入工具箱内。

6. 标线仪三脚架

图9-6　标线仪三脚架

支撑水平标线仪，可调节高低，配合激光标线仪使用（图9-6）。

7. 检测镜

图9-7　检测镜

用于检测建筑物体的上冒头、背面、弯曲面等肉眼不易直接看到的地方，手柄处有M6螺孔，可装在伸缩杆或对角检测尺上，以便于高处检测（图9-7）。

8. 伸缩杆

图9-8　伸缩杆

可配合检测镜、游标塞尺、锤头使用，主要用于高处查验（图9-8）。

9. 卷线器

图 9-9　卷线器

卷线器（图 9-9）为塑料盒式结构，内有尼龙丝线，拉出全长为 15m，可检测建筑物体的平直度，如砖墙砌体灰缝、踢脚线等（用其他检测工具不易检测物体的平直部位）。检测时，拉紧两端丝线，放在被测处，目测观察对比。检测完毕后，用卷线手柄顺时针旋转，将丝线收入盒内，然后锁上方扣。

10. 钢针小锤（锤头重 25g）

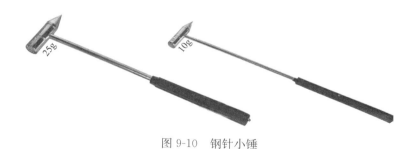

图 9-10　钢针小锤

用它轻轻敲打抹灰后的墙面，可以判断墙面的空鼓程度及砂灰与砖、水泥粘结的粘合质量（图 9-10a）。

11. 钢针小锤（锤头重 10g）

（1）小锤轻轻敲打玻璃、马赛克、瓷砖，可以判断空鼓程度及粘合质量。

（2）拔出塑料手柄，里面是尖头钢针，钢针向被检物上戳几下，可探查出多孔板缝隙、砖缝等砂浆饱满度（图 9-10b）。

12. 三孔验电插头

该工具是电热水器、空调、洗衣机等家用电器安全用电必需的检测工具。能显示电路中火线、零线、地线是否接错、接反、漏接、断开及漏电等不良故障的各种隐患。可用于检测 10A 和 16A 插座是否安装正确，火线、零线、地线是否连接正确，有无反接，检查漏电保护和回路是否正常（图 9-11）。

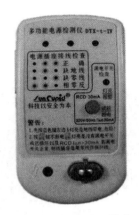

图 9-11 三孔验电插头

该仪器为 10A 和 16A 通用，只要转动地线插脚即可实现 10A 和 16A 的转换。具体操作为：

（1）中脚向下是 10A，旋转向上是 16A。

（2）先按蓝色按钮，左边带"电"符号白色指示灯亮，是地线带电，表示"危险"不得使用。

（3）按下蓝色按钮，左边带"电"符号白色指示灯不亮，红色指示灯"正确"发亮为合格电源，否则必须由电工进行整改。

13. 空鼓锤

图 9-12 空鼓锤

用于检查空鼓程度及粘合质量。敲击墙面、地面装饰层是否空鼓，玻璃、瓷砖等是否破裂（图 9-12）。

14. 感应验电笔

图 9-13 感应验电笔

用于检测电器设备是否正常（图 9-13）。具体操作如下：

（1）火线检测

指尖触碰直接检测按钮，笔头插入火线内与铜芯接触，灯亮蓝色，屏幕上显示数值为：12V 或 35V 或 55V 或 110V 或 220V。

（2）零线检测

指尖触碰直接检测按钮，笔头插入零线内与铜芯接触，灯亮蓝色，屏幕上显示数值为：15V（存在外部电场时，或不显示数值，只是灯亮）。

（3）线路通断测试

一手按着线路的电器插头一端，另一手按着直接检测按钮，笔尖触碰插头的另一端。灯亮表示线路是通畅，不亮表示线路断电，需要用断电检测按钮查何处断电。

（4）线路断点检测

检测出线路故障后，手按着"感应断点测试"按钮，笔头接近电线，会出现带电符号。一直沿着电线移动笔头，当带电符号消失，此处即为电线断点。

（5）电场感应测试

一只手拿着测电笔笔头，指示灯会因为感应到电场存在而发亮。

（6）检测直流电

一只手拿着电池的一端，另一只手按着直接检测按钮后，用电笔头触碰电池的另一端。蓝灯亮表明电池电量充足，灯暗或不亮表明电池电量不足或无电。

15."十"字螺丝刀

用于拆装配电箱，开关，插座等（图 9-14b）。

16."一"字螺丝刀

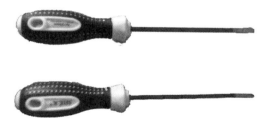

图 9-14　螺丝刀

用于拆装配电箱，开关，插座等（图 9-14a）。

17. 尖嘴手钳

图 9-15　尖嘴手钳

用于辅助检测电气，如检测线径时，掐捏电线及外皮等（图 9-15）。

18. 放大镜

图 9-16　放大镜

用于查看裂纹等细微部位具体情况（图 9-16）。

19. 噪声检测仪

图 9-17　噪声检测仪

用于检测室内噪声的分贝值，需配合吸声海绵套使用（图 9-17）。

20. 钢化玻璃检测仪

图 9-18　钢化玻璃检测仪

（1）用于检测玻璃是否为钢化玻璃（图 9-18）。

（2）钢化玻璃检测镜

图 9-19　钢化玻璃检测镜

配合钢化玻璃检测仪使用（图 9-19）。

使用说明：打开电源，将被检测玻璃放到光源与手持光片中间，转动手持光片直到光源变最暗为佳，保持最佳角度，同时移动光源与手持光片，当透过光片看到玻璃有黑斑或者黑色条状斑点，即可判断为钢化玻璃，如果没有，则是普通玻璃。

21．激光测距仪

图 9-20　激光测距仪

用于测量房屋净高，净面积及物体间距离（图 9-20）。

测量时不要将激光测距仪指向太阳或其他强光源，这样会使测量出错，或者测量不准确。

22．网络电话检测仪

用于检测网络和电话线通断情况（图 9-21）。

图 9-21　网络电话检测仪

23. 卷尺

图 9-22　卷尺

用于测量长度（图 9-22）。

24. 多功能水平尺

图 9-23　多功能水平尺

用于测量物体水平度。打开红色按钮激光开关，可以水平或竖直打线（上下搬动水平激光金属顶端即可任意打线），在水平面上，激光水平尺上的三颗水平珠可以进行水平定位。推到尾部 LOCK/UNLOCK 键，可对卷尺的拉出长度进行锁定（图 9-23）。

25. 数显游标卡尺

图 9-24　数显游标卡尺

游标卡尺（图 9-24）是比较精密的量具，可用于测量电线线径等。

10 验房报告及其规范格式

10.1 验房报告概念及其作用

验房报告是验房师向委托人出具的报告。

《房屋现场查验报告》

（1）本报告共分三个部分，分别是基本信息、协议书和房屋查验情况表。

（2）签订本报告中第二部分《协议书》前，验房人员（以下称验房师）必须向业主或其委托人出示验房师证书；业主或委托人应当向验房师出示所查验房屋的相关文件，例如，《房产证》《住宅质量保证书》或《建筑工程质量认定书》等证明所验房屋合法性的资料。

（3）业主与验房师按照自愿、公平及诚信的原则签订《协议书》，任何一方不得将自己的意志强加给另一方。双方当事人可以对文本条款的内容进行修改、补充或删减，但必须遵守国家法律、法规及相关规范和标准。

（4）本报告第三部分中，验房人员应当根据实际情况在选项前的方框内画"√"，表示该房屋有此内容；然后在后面的括号内填写"查验选项"的字母代号，备注栏应当填写客观选项中不包含的内容，或需要用文字说明的功能、安全、质量隐患和处理建议等。

（5）双方当事人可根据实际情况决定报告份数。

10.2 验房报告的规范格式

1. 第一部分：基本情况（表 10-1）

基本情况表 表 10-1

委托人信息（甲方）			
委托人			
通信地址			
邮政编码		联系电话	
委托代理人		联系电话	

个人业务填写			
身份证			
家庭住址			
国籍		性别	出生日期

公司（单位）业务填写	
企业名称	
营业执照号	

验房人员填写（乙方）					
姓名		性别		出生日期	
身份证				从业资质	
通信地址				邮政编码	

双方共同确认				
房屋地址				
产权人				
房屋现状		①占用　②空置　③闲置　④出租　⑤抵押		
其他须说明情况				
房屋主体结构		①砖混　②钢筋混凝土　③木结构　④钢结构　⑤混合结构		
房屋位置		（幢、座）第　　层　　单元　　号		
房屋朝向		阳台数量	封闭式　个；非封闭式　个	
房屋附属房间数		地下室	车库	地上　个；地下　个
验房目的		①出售　②购置　③装修　④出租　⑤抵押		
其他目的				
其他需说明的问题				
备注				

2. 第二部分：协议书

（1）本《报告》只是对房屋现状的真实、客观反映。一切维修、维护或更换措施由委托人自行决定。

（2）本《报告》不能替代《住宅质量保证书》和《建筑工程质量认定书》。

（3）验房人员对数量较多的房屋构件或组成部分只进行抽样检测，例如，砖、墙面、玻璃等。

（4）房屋查验不包括危险部位或容易造成人身损害的材料的检测。

（5）验房过程中，委托人应保证验房人员的独立性，确保查验环境不受干扰。

（6）验房师进行房屋查验时，委托人（或代理人）必须始终陪同。因委托人没有陪同而造成的一切后果由委托人负责。

（7）验房费用以双方事先约定为准。

3. 第三部分：现场房屋查验情况（表10-2）

现场房屋查验情况表　　　　　　　　　　　　　　　　　　　　　　　　　　**表 10-2**

（由验房师在查验的项目前的方格上打"√"，并在后面括号中填写质量标记）

【第一部分】室外	
查验选项	质量标记：A 合格；B 存在隐患；C 不合格
【围护结构】 【地面】 【墙面】 【屋顶】 【细部】 【其他】	□围栏围护（　　）；□防盗网（　　）；□墙围护（　　）。 □路面（　　）；□草坪（　　）；□室外管线（　　）；□台阶（　　）。 □清水砖墙（　　）；□外墙装饰面砖（　　）；□外墙涂料（　　）； □玻璃幕墙（　　）。 □防水系统（　　）；□屋檐（　　）；□女儿墙（　　）； □通风（　　）；□烟囱（　　）。 □水管（　　）；□散水（　　）；□明沟（　　）；□勒脚（　　）； □外窗台（　　），□雨棚（　　）；□门斗（　　）
备注	
照片	

【第二部分】楼地面	
查验选项	质量标记：A 合格；B 存在隐患；C 不合格
【装饰】 【防水】 【其他】	□水泥地面（　　）；□地砖地面（　　）； □地板地面（　　）；□地面平整度（　　）。 □路面防水（　　）
备注	
照片	

【第三部分】墙面，柱面	
查验选项	质量标记：A 合格；B 存在隐患；C 不合格
【装饰】 【细部】 【其他】	□抹灰墙面（ ）；□涂料墙面（ ）；□裱糊墙面（ ）； □块材墙面（ ）；□墙面平整度（ ）；□墙面平行度（ ）。 □踢脚线（ ）；□墙裙（ ）；□功能孔（ ）
备注	
照片	

【第四部分】顶棚	
查验选项	质量标记：A 合格；B 存在隐患；C 不合格
【直接式】 【悬吊式】	□喷刷（　　）；□抹灰（　　）；□贴面（　　）。 □吊顶饰面（　　）；□吊顶龙骨（　　）；□灯具风扇（　　）
备注	
照片	

【第五部分】结构	
查验选项	质量标记：A 合格；B 存在隐患；C 不合格
【柱】 【梁】 【板】	□柱面（　　　）；□柱帽（　　　）；□柱基（　　　）。 □普通梁（　　　）；□过梁（　　　）；□挑梁（　　　）；□圈梁（　　　）。 □楼板（　　　）；□屋面板（　　　）
备注	
照片	

【第六部分】门窗	
查验选项	质量标记：A 合格；B 存在隐患；C 不合格
【材料】 【围护】	□玻璃（　　）；□木门窗（　　）；□金属门窗（　　）； □电动门窗（　　）。 □纱窗（　　）；□窗帘盒（　　）；□内窗台（　　）
备注	
照片	

【第七部分】电气	
查验选项	质量标记：A 合格；B 存在隐患；C 不合格
【电气设备】	□电线（　　）；□开关插头（　　）；□电表（　　）； □楼宇自动（　　）；□报警器（　　）；□照明灯具（　　）
备注	
照片	

【第八部分】给水排水	
查验选项	质量标记：A 合格；B 存在隐患；C 不合格
【供水】 【排水】 【盥洗设备】	□供水管道（　　）；□五金配件（　　）；□水表（　　）。 □排水管道（　　）；□地漏散水（　　）。 □洗浴设备（　　）；□卫生设备（　　）；□排风扇（　　）； □太阳能热水器（　　）
备注	
照片	

【第九部分】暖通	
查验选项	质量标记：A 合格；B 存在隐患；C 不合格
【供暖】 【空调】	□散热器（ ）；□散热器罩（ ）；□供暖管道（ ）。 □通风管道（ ）；□空调设备（ ）
备注	
照片	

【第十部分】附属间	
查验选项	质量标记：A合格；B存在隐患；C不合格
【功能房】 【结构房】	□储藏室（　　）；□地下室（　　）；□车库（　　）。 □夹层（　　）；□阁楼（　　）
备注	
照片	

【第十一部分】其他	
查验选项	质量标记：A 合格；B 存在隐患；C 不合格
【厨房设备】 【室内围护】 【室内楼梯】 【阳台】 【走廊】 【壁炉】	□燃气管道（　　）；□燃气表（　　）。 □隔墙（　　）；□软包（　　）。 □楼梯面板（　　）；□栏杆扶手（　　）；台阶（　　）。 □阳台（　　）；□平台（　　）；□露台（　　）。 □走廊（　　）。 □壁炉（　　）
备注	
照片	

第三篇 室内环境检测与治理

11 室内环境概述

11.1 室内环境与室内空气质量

11.1.1 室内环境的含义

世界卫生组织（WHO）从公共卫生角度给出"环境"的定义为："在特定的时间与空间内，由物理、化学、生物及社会的各种因素构成的整体状态，这些因素可能对生命机体或人类活动直接或间接地产生现实的或长远的作用。"

环境按照环境主体可以分为人类环境、生物环境等；按照环境的客体可以分为自然环境、人工环境等；按照环境的范围大小可以分为室内环境、建筑环境、城市环境、地球环境等。在不同的领域里，环境也有着不同的主体、客体以及范围，环境的构成存在明显差别，例如，社会环境、小区环境、办公环境、学习环境、生产环境等，都有着各自特定的主体。

室内环境是相对于室外环境而言，是指人们生活、工作、社交及其他活动所处的相对封闭的空间，是与外界大环境相对分隔而成的人工小环境。这里所说的室内并不局限于人们居住的空间，而是包括日常工作生活的所有室内空间，包括办公室、会议室、教室、医院诊疗室、旅馆、影剧院、图书馆、商店、体育场馆、健身房、舞厅、候车候机室等各种室内公共场所，以及民航飞机、汽车、客运列车等相对封闭的各种交通工具内。健康的室内环境主要是指无污染、无危害、有助于人们身体健康的室内环境。

现代人每天大约有 80% 以上的时间生活、工作在室内，而现代的建筑设计中，由于大量使用空调，因此要求建筑结构的气密性很好，以减少能源的消耗，室内与室外的通风换气机会大大减少。在这种情况下，室内和室外就变成了两个独立的主体，且室内空气污染的程度可以超过大气污染。室内环境也是人类接触最频繁、最密切的环境之一，因此，室内环境质量的优劣对人类的身体健康和工作效率有着重要影响。随着人类的文明进步，人们对建筑物的要求不断提高，至今人们希望建筑室内环境能满足的要求包括：

安全性：能够抵御飓风、暴雨、地震等各种自然灾害所引起的危害或人为的侵害；

功能性：满足居住、办公、营业、生产等不同需要的使用功能；

舒适性：保证居住者在建筑内的健康和舒适；

美观性：要有亲和感，反映当时人们的文化追求。

在室内环境中，室内空气质量是最重要的一个方面。第二次世界大战结束后，随着全球工业化进程的加快，室外空气污染在世界上得到了广泛的重视，但是，室内空气污染却一直未能引起人们的注意。室内环境污染问题的由来可追溯到 20 世纪 30 年代，通风设施发明不久，在装有通风设施的建筑物内就出现了对室内空气品质（indoor air quality，IAQ）不适的人群，症状为头痛、恶心、疲劳、刺激、烦躁不安、易患伤风感冒以及过敏、哮喘等。由于不适人群中不同个体之间差异性较大，同时这些症状的空间性、时间性较强，当时人们并没有意识到这种病态建筑物综合征（sick building syndrome，SBS）的存在，许多人就在这种无名的痛苦中度过。进入 20 世纪 70 年代以来，由于有机合成材料在室内装饰装修以及设备用具方面的广泛应用，致使挥发性有机化合物（volatile organic compound，VOC）大量散发，严重恶化了室内空气品质（IAQ）。再加上为了节能，建筑物的密闭性不断提高，相应地减少了室内外空气的交换量，于是在世界范围先后出现了由于室内空气污染引起的各种疾病，被统称为"病态建筑综合征"（sick building syndrome，SBS）。从发展趋势看，室内空气污染引起的健康问题呈日益严重之势，越来越为公众所关注，致使室内空气质量的研究成为当前建筑室内环境学领域内的一个热点。

目前，室内空气质量状况不尽如人意，室内污染程度比室外严重，病态建筑综合征案例增多，室内空气质量的重要性和迫切性日显突出，已经引起全球各国政府、公众和研究人员的高度重视。这主要是由于以下几方面的原因。

（1）室内环境是人们接触最频繁、最密切的环境。在现代社会中，人们有 80% 以上的时间是在室内度过的，与室内空气污染物的接触时间远远大于室外。因此，室内空气品质的优劣能够直接关系到每个人的健康。

（2）室内空气中污染物的种类和来源日趋增多。由于人们生活水平的提高，家用燃料的消耗量、食用油的使用量、烹调菜肴的种类和数量等都在不断地增加。另外，随着工业生产的发展，大量挥发出有害物质的建筑材料、装饰材料、人造板家具等产品不断地进入室内。这都使得人们在室内接触的有害物质的种类和数量比以往明显增多。据统计，至今已发现室内空气中的污染物就有 3000 多种。

（3）建筑物密封程度的增加，使得室内污染物不易扩散，增加了室内人群与污染物的接触机会。随着世界能源的日趋紧张，包括发达国家在内的许多国家都十分重视节约能源。因此，许多建筑物都被设计和建造得非常密闭，以防室外过冷或过热的空气影响到室内的适宜温度。这就严重影响了室内的通风换气，使得室内的污染物不能及时排出室外，在室内造成大量的聚积，并使得室外的新鲜空气不能正常地进入室内，从而严重地恶化了室内空气品质，对人体健康造成极大的危害。

11.1.2　室内环境质量

环境质量一般指在一个具体的环境中，环境的总体或环境的某些要素对人类的生存繁衍及社会经济发展的适宜程度。人类通过生产和消费活动对环境质量产生影响，反过来环境质量的变化又将影响到人类生活和经济发展。

室内空气质量是室内环境评价中最重要的一个方面。良好的室内环境应是一个能为大多数室内成员认可的舒适的热湿环境、光环境、声环境和电磁环境，同时也能够为室内人员提供新鲜宜人、激发活力并且对健康无负面影响的高品质空气，以满足人体舒适和健康的需要。

11.2　室内空气污染及危害

11.2.1　室内空气污染

室内空气污染是指在室内空气正常成分之外，又增加了新的成分，或原有的成分增加，其数量、浓度和持续时间超过了室内空气的自净能力，而使空气质量发生恶化，对人们的健康和精神状态、生活、工作等方面产生负面影响的现象。

人一天呼吸约 $10\sim15m^3$ 空气，其中 $80\%\sim95\%$ 都是室内空气，按空气的密度换算，空气约重 $1.293kg/m^3$，相当于人每天呼吸接近 20kg 重的空气。室内空气中的污染绝大多数是肉眼看不见的，往往比人的细胞还小，可以通过呼吸直接进入血液，如细菌、重金属等颗粒。因室内空气污染问题导致的人体健康问题出现得越来越多，室内空气质量安全目前已经成为继食品安全之后的第二大受公众关注的焦点问题，国家针对室内空气质量的标准规范也正在不断完善，全社会对室内环保的意识得到了提高。

分析室内空气质量，按室内空气污染物的来源分类，主要有以下几个方面：

1. 建筑材料

建筑材料是构成建筑物的物质基础，其健康性能是建筑物使用价值的一个重要因素，不良建筑材料对室内环境的影响因素主要表现为形成放射性元素的污染。建筑材料中的石材、水泥、混凝土及石膏等，特别是含放射性元素的天然石材，最容易释放出氡。氡通常的单质形态是氡气，为无色、无臭、无味的惰性气体，具有放射性，当吸入体内后，发生衰变的 α 粒子会对人体的呼吸系统造成辐射损伤，诱发肺癌和支气管癌。若长期处于高含量的氡环境中，还会对人的血液循环系统造成危害，如白细胞和血小板减少，严重的还会导致白血病。

2. 装修材料及家具

室内环境是由建筑材料和装修材料所围合的与室外环境隔开的空间，大量研究表明引起室内空气污染的主要原因是由于建筑装饰、装修过程中使用了不良材料，不良装饰、装修材料主要产生化学类污染物。同时，家具是室内必不可少的组成部分，生产家具的材料及辅助材料都会对室内空气环境产生影响，包括人造板和人造板家具、胶粘剂。

人造板在生产过程中需加入大量胶粘剂、防腐剂等，使用过程中会释放出甲醛、苯、五氯苯酚等。胶粘剂分为天然胶粘剂和合成胶粘剂，合成胶粘剂在使用时可以挥发出大量有机污染物，主要有酚、甲酚、甲醛、乙醛、苯乙烯、甲苯、乙苯、丙酮、二异氰酸盐、乙烯醋酸酯、环氧氯丙烷等。

涂料的成分非常复杂，含有很多有机化合物在使用过程中会释放出大量的甲醛、氯乙烯、苯、氯化氢、酚类等有害气体。涂料所使用的溶剂也是污染室内空气的主要来源，溶剂挥发时向空气中释放大量的苯、甲苯、二甲苯、乙苯、丙酮、醋酸丁酯、乙醛、丁醇、甲酸等。多种有机物，还可能含有砷、铅、汞、锰等重金属物质成分。

除此之外，室内装饰材料还包括壁纸、地毯。纯羊毛地毯和壁纸的细毛绒是一种致敏原。化纤壁纸在使用过程中，可向室内释放大量的有机物，例如，甲醛、氯乙烯、苯、甲苯、二甲苯、乙苯等。化纤地毯可向空气中释放甲醛、苯、五氯苯酚等有害物质。

家电及现代办公设备产生的噪声、电磁波等带来的室内污染已逐步上升，特别是空调房内形成一个封闭的循环系统，易使室内的细菌、病毒、霉菌等大量繁衍。

3. 人的活动

人在室内环境中的各种活动也对室内空气环境产生影响，如厨房中的煤气（管道煤气）、液化石油气、天然气主要的燃烧产物是 CO_2、CO、NO_x（氮氧化物）和颗粒物，如果制气过程中脱硫不充分，则燃烧产物还会含有一定量的 SO_2，烹饪过程中产生的油烟是一种混合性污染物，含有 200 多种成分，其中含有多种致突变物质。

同时，人本身就是室内某些污染物的来源，由于人们的生理活动（呼吸作用）可以向周围环境释放很多污染物 CO_2、CO、代谢废气等，人体如果吸收了某些挥发性有机化合物或无机毒物，也会呼出这些毒气的部分原形态或其他代谢产物。代谢产物除了通过呼吸作用还可以通过皮肤汗腺排出，如尿素、氨等，说话、打喷嚏、咳嗽也能将口腔、咽喉、肺部的病原微生物喷入空气中。在室内环境中吸烟产生的烟气中含有多环芳烃、CO、NO_x、甲醛等多种致癌物质。

4. 室外污染物

室内空气受室外环境空气质量影响，如周围的工厂、附近的交通要道、周围的大小烟囱、分散的小型炉灶、局部臭气污染源等。当室外空气受到污染后，有害气体可以通过门窗直接进入室内污染室内空气。

如果建筑物下土壤或房基地含有较高的放射性物质，或受到工业废弃物、农药、生物废弃物污染后，产生有害气体可以通过缝隙进入室内，这些有害物质的分布特点是越靠近地面的空气中，浓度越高，受害越重。所以地下室或一楼污染较重，楼层越高污染越小。

11.2.2 室内空气主要污染物及危害

室内空气污染来源多、成分复杂，对健康的危害严重。据统计，35.7%的呼吸道疾病，2%的慢性肺病和15%的气管炎、支气管炎和肺癌是由室内环境污染所引起，室内空气污染已经成为对公众健康危害最大的五种环境因素之一。来自我国的检测数据表明，近年来我国化学性、物理性、生物性污染都在增加。我国每年由室内空气污染引起的死亡可超 10 万人之多，严重的室内空气污染也造成了巨大的经济损失。造成室内空气环境污染的主要污染物是以下四大类。

1. 有机污染物

甲醛：咽喉不适、头痛，恶心、呕吐、咳嗽、气喘，引发鼻咽癌、喉头癌等疾病，甚至死亡。

苯系物：达到一定浓度时对眼和上呼吸道黏膜产生刺激，引起疲劳、乏力、头晕、头痛、失眠及记忆力衰退、急慢性中毒等。

TVOC（总挥发性有机化合物）：引起嗅觉不舒适，感觉性刺激，引起不适、头痛等。

2. 无机污染物

一氧化碳：CO 中毒，头痛、头昏、嗜睡、恶心、呕吐、神经损伤、心律失常、昏迷甚至死亡。

二氧化碳：低浓度的 CO_2 可以兴奋呼吸中枢，使呼吸加深加快。高浓度的 CO_2 可以抑制和麻痹呼吸中枢，症状有头痛、胸闷、乏力、呼吸困难，如情况持续，就会出现嗜睡、昏迷、瞳孔散大、血压下降甚至死亡。

二氧化氮：会减少体内抗胰蛋白酶的活化，产生相应的负面效应，对肺组织有刺激和腐蚀作用，影响肺功能，使呼吸频率加快，肺顺应性降低。

二氧化硫：刺激呼吸道收缩，使气管和支气管腔变窄，气道阻力增加，肺功能降低，导致慢性鼻炎、咽炎、慢性支气管炎、支气管哮喘及肺气肿。

氨：减弱人体抵抗力。

臭氧：主要源于复印机等办公设备及室外的污染空气，是一种强氧化剂，作用于终末细支气管和肺泡，损伤细支气管纤毛细胞的肺泡上皮细胞；引起眼、鼻、喉的刺激症状。

氡：伤害呼吸器官，造成呼吸系统疾病，重者导致肺癌。

3. 可吸入颗粒物

可吸入颗粒物对人体健康影响最大的是粒径较小的 PM10 和 PM2.5，可以吸附各种气态、固态、液态化合物，形成混合气溶胶，还会吸附很多病原微生物，它们的危害作用程度取决于它在呼吸系统的作用部位和滞留量及其携带的化学物质成分，其中 PM2.5 会沉积于肺深部。

4. 生物性污染物

引起人体过敏性反应，哮喘、鼻炎，引起空气传播的机会感染，还是潜在的刺激物或毒素。

11.3 室内环境检测与治理行业分析

11.3.1 病态建筑综合征

根据世界卫生组织的定义，健康是指身体、精神及社会福利完全处于最佳健康状态，而不单只是并无染上疾病或虚弱。愈来愈多的科学证据显示，不良的室内空气品质与一系列健康问题和不适有关的这些毛病包括呼吸道和感觉器官的不适，全身无力，有的甚至可以危害人的生命。

由不良的室内空气品质带来的健康问题一般可分为以下两大类：病态建筑综合征和建筑并发症。

1. "病态建筑综合征"

"病态建筑综合征（SBS）"通常是指因使用某指定建筑而产生的一系列相关非特定症状的统称。不良的室内空气品质，再加上工作所带来的社会心理的压力，使得生活在某些建筑内的人容易感染"病态建筑综合征"。"病态建筑综合征"的有关症状主要有：眼睛不适、鼻腔及咽喉干燥、全身无力、容易疲劳、经常发生精神性头痛、记忆力减退、胸部郁闷、间歇性皮肤发痒，并出现疹子、头痛、嗜睡、难以集中精神和烦躁等现象。但当患者离开该建筑时，其症状便会有所缓和，有的甚至会完全消失。

2. "病态建筑综合征"的诊断基准

对于"病态建筑综合征"，有两种广泛采用且相似的诊断基准：一种出现较早，来自丹麦的 L. Molhave 博士，并被世界卫生组织所采用；另一种出现较晚，来自欧洲室内空气质量及其健康影响联合行动组织。

L. Molhave 博士和世界卫生组织基准绝大多数室内活动者主诉有症状；在建筑物或其中部分，发现症状尤其频繁；建筑物中的主诉症状不超过下列五类，感觉性刺激症，神经系统和全身症状，皮肤刺激症，非特异性过敏反应和嗅觉与味觉异常；其他症状，如上呼吸道刺激症，内脏症状并不多见；症状与暴露因素及室内活动者敏感水平没有可被确定的病因学联系。

欧洲室内空气质量及其健康影响联合行动组织基准该建筑中大多数室内活动者必须有反应；所观察的症状和反应属于以下两组，急性心理学和感觉反应（皮肤和黏膜感觉性刺激症；全身不适，头痛和反应能力下降；非特异性过敏反应，皮肤干燥感和主诉嗅觉或味觉异常），心理学反应（工作能力下降，旷工旷课）；关心初级卫生保健和主动改善室内环境，眼、鼻咽部的刺激症状必须为主要症状；系统症状（如胃肠道）并不多见；症状与单一暴露因素间没有可被鉴定的病因学联系。

3. "病态建筑综合征"的起因

导致"病态建筑综合征"的原因多种多样，其中，不良的室内空气品质是一个非常重要的因素，它可以直接诱发"病态建筑物综合征"。

室内存在着各种各样的室内空气污染源，首先最主要的是建筑装修材料，包括砖石、土壤等基本建材，以及各种填料、涂料、板材等装饰材料，它们能产生各种有害有机物、无机物，主要包括甲醛、苯系物以及放射性氮。其次是室内设备和用品在使用过程中释放出来的有害气体，如复印机等带静电装置的设备产生的臭氧，燃料燃烧及烹调食物过程中产生的烟气，使用清洁剂、杀虫剂等所产生的有机化学污染物。再次是人体自身的新陈代谢及人类活动的挥发成分，夏天易出汗，会把皮肤中的污物带入空气中；冬天空气干燥，人体会生成较多的皮屑和头屑；入夜安睡后卧室里充满了二氧化碳的酸气。

上述污染物在室内空气中的含量通常是很低的，但如果逐渐积累，形成一种积聚效应，就会诱发"病态建筑综合征"。

4. 空调与"病态建筑综合征"

相对于自然通风的建筑来说，"病态建筑综合征"在安装有空调的建筑内出现的机会较大。原因如下。

（1）自 20 世纪 70 年代全球能源危机以来，人们为了节能，普遍提高了建筑物的密闭性并降低了新风量标准，这就使本来就不足的新风稀释室内污染物的功能更是不堪重负，导致大量有害气体在室内积蓄。

（2）一些空调系统可能设置不当，这使得某些局部地区的有害气体可以通过空调系统散播至建筑的每一角落。

（3）室内空气经反复过滤后，空气离子的浓度发生了改变，负氧离子数目显著减少而正离子过多，从而影响了空气的清洁度和人体正常的生理活动。

（4）空调系统内的环境很适宜真菌、细菌和病毒等病原微生物的滋生和繁殖。

（5）空调系统可造成室内外环境条件（包括气温、湿度、气流和辐射等）相差悬殊，易使人感冒；室内干燥，易刺激人的鼻腔、咽喉黏膜而降低人体抗感染能力；常用循环空气造成室内外空气交换减少，空气污浊使疾病易于传播。

（6）空调房间内自然采光和照明往往不足，也使得室内的细菌、病毒和真菌等病原体容易存活，威胁人体健康。

据有关专家统计，在有空调的密闭室内 5～6h 后，室内氧气下降 13.2%，大肠杆菌升高 1.2%，红色霉菌升高 1.11%，白喉杆菌升高 0.5%，其他呼吸道有害细菌均有不同程度的增加。正是长期处在这种环境中工作生活的人，往往会不知不觉地感染上"病态建筑综合征"。

5. "病态建筑综合征"的危害

虽然"病态建筑综合征"不会危害生命或导致永久性伤残，这种病症对受影响的建筑内居民，以及他们所工作的机构均有着重大的影响。"病态建筑综合征"往往会导致较低的工作效率，并会导致员工的流失率增加。

根据欧洲室内空气质量及其健康影响联合行动组织的定义，"建筑并发症"（building related illness，BRI）是指特异性因素已经得到鉴定，并具有一致临床表现的症状。这些特异的因素包括过敏源、感染源、特异的空气污染物和特定的环境条件（例如，空气温度和湿度）。

11.3.2　健康住宅

人的一生有三分之二的时间是在室内度过的，因而室内环境质量的优劣与人的生活息息相关，直接关系到人的健康。所以，人们便提出了一个健康住宅的概念。

1. 健康住宅的含义

健康住宅有以下几方面的含义。

（1）物理因素：①住宅的位置选择合理，平面设计方便适用，在日照、间距符合规定的情况下，提高容积率；②墙体保温围护结构达 50% 的节能标准，外观、外墙涂料、建材应能体现现代风格和时代要求；③通风窗应具备热交换、隔绝噪声、防尘效果优越等功能；④住宅应装修到位，简约，以避免二次装修所造成的污染；⑤声、热、光、水系列量化指标，有宜人的环境质量和良好的室内空气质量。

（2）与环境友好具备亲和性：住户充分享受阳光、空气、水等大自然的高清新性，使人们在室内尽可能多地享有日光的沐浴，呼吸清新的空气，饮用完全符合卫生标准的水，人与自然和谐共存。

（3）环境保护：住宅排放废物、垃圾分类收集，以便于回收和重复利用，对周围环境产生的噪声进行有效的防护，并进行中水的回用，如将中水用于灌溉、冲洗厕所等。

（4）健康行为：小区开发模式以建筑生态为宗旨，设有医疗保健机构、老少皆宜的运动场、不仅身体健康，而且心理健康，重视精神文明建设，邻里助人为乐、和睦相处。

（5）体现可持续发展住宅环境和设计的理念。

以坚持可持续发展为主旋律，主要有以下三点：①减少地球、自然、环境负荷的影响，节约资源、减少污染，既节能又利于环境保护；②建造宜人、舒适的居住环境；③与周围生态环境融合，资源要为人所用。

（6）生态绿化有宜人的绿化和景观，保留地方特色，体现节能、节地、保护生态的原则。

（7）配套设施垃圾进行分类处理，自行车、汽车各司其位。

2. 健康住宅的要求

根据世界卫生组织（WHO）的定义，"健康住宅"就是指能使居住者"在身体上、精神上、社会上完全处于良好状态的住宅"，其宗旨是为了使居住在其中的人们获得幸福和安康。

健康住宅的一般要求具体来说，"健康住宅"有以下几个方面的一般要求。

（1）可以引起过敏症的化学物质的浓度很低；

（2）尽可能不使用容易挥发出化学物质的胶合板、墙体装饰材料等；

（3）安装有性能良好的换气设备，能及时将室内污染物质排出室外，特别是对高气密性、高隔热性的住宅来说，必须采用具有风管的中央换气系统，进行定时换气，保持室内清新的空气；

（4）在厨房灶具或吸烟处，要设置局部排气设备；

（5）起居室、卧室、厨房、厕所、走廊、浴室等处的温度要全年保持在 17～27℃ 之间；

（6）室内的湿度全年保持在 40%～70% 之间；

（7）二氧化碳浓度要低于 1000μL/L；

（8）悬浮粉尘浓度要低于 0.15mg/m³；

（9）噪声要小于 50dB（分贝）；

（10）每天的日照要确保在 3h 以上；

（11）要设置有足够亮度的照明设备；

（12）住宅应具有足够的抗自然灾害的能力；

（13）具有足够的人均建筑面积；

（14）住宅要便于保护老年人和残疾人。

11.3.3 绿色建筑

1. 绿色建筑

绿色建筑是综合运用当代建筑学、生态学及其他现代科学技术的成果，把建筑建造成一个小的生态系统，为人类提供生机盎然、自然气息浓厚、方便舒适并节省能源、没有污染地使用环境。这里所讲的"绿色"并非一般意义的立体绿化、屋顶花园，而是对环境无害的一种标志，是指这种建筑能够在不损害生态环境的前提下，提高人们的生活质量及保障当代与后代的环境质量。其"绿色"的本质是物质系统的首尾相连、无废无污、高效和谐、开发式闭合性良性循环。通过建立起建筑物内外的自然空气、水分、能源及其他各种物资的循环系统，来进行绿色建筑的设计，并赋予建筑物生态学的文化和艺术内涵。

1）绿色建筑与室内环境

建筑是提供我们从事各类生产、生活活动的室内空间的物质基础，建筑本身的安全性就关系到室内环境的安全，同时建筑物本身是能耗和碳排放大户，占比超过 1/3，所以绿色建筑是可持续发展的必然要求，同时也是提供安全、舒适的室内环境的保证。

根据《绿色建筑评价标准》GB/T 50378-2019，绿色建筑是指在建筑的全寿命周期内，最大限度地节约资源（节能、节地、节水、节材）、保护环境和减少污染，为人们提供健康、适用和高效的使用空间及与自然和谐共生的建筑。从概念上来讲，绿色建筑主要包含了三点内涵：一是节能；二是保护环境，强调的是减少环境污染，减少二氧化碳排放；三是满足人们使用上的要求，为人们提供健康、适用和高效的使用空间。

绿色建筑的"绿色"，并不是指一般意义的立体绿化、屋顶花园，而是代表一种概念或象征，指建筑对环境无害，能充分利用自然环境资源，并且在不破坏环境基本生态平衡的条件下建造的一种建筑，又可称为可持续发展建筑、生态建筑、回归大自然建筑、节能环保建筑等。

绿色建筑并不是一定要采用高新技术，它可以利用常见的健康材料向人们提供一个清洁而舒适的室内环境，达到居住环境和自然环境的协调统一。

2）绿色建筑的室内环境与人体健康

为了控制室内空气质量，保障人们的身心健康，近年来我国有关部门制定了一些与室内空气质量有关的标准。1995年制定了《居室空气中甲醛的卫生标准》GB/T 16127-1995，2022年由国家质量技术监督检验总局发布了最新《民用建筑工程室内环境污染控制规范》GB 50325-2020，2022年国家市场监督管理总局、卫生部和生态环境部发布了新制定的《室内空气质量标准》GB/T 18883-2022。

总之，绿色建筑归纳起来就是"资源有效利用"（resource efficient building）的建筑。有人把绿色建筑归结为具备"4R"的建筑，即"reduce"，减少建筑材料、各种资源和不可再生能源的使用；"renewable"，利用可再生能源和材料；"recycle"，利用回收材料，设置废物回收系统；"reuse"，在结构允许的条件下重新使用旧材料。因此，绿色建筑是资源和能源有效利用，保护环境，亲和自然，舒适、健康和安全的建筑。

2. 绿色建材

绿色建材的概念绿色建材指采用清洁生产技术，少用天然资源的能源，大量使用工业或城市固体废物生产的无毒害、无污染、有利于人体健康的建筑材料。它是对人体、周边环境无害的健康、环保、安全（消防）型建筑材料，属"绿色产品"大概念中的一个分支概念，国际上也称之为生态建材、健康建材和环保建材。1992年，国际学术界明确提出绿色材料的定义，即绿色材料是指在原料采取、产品制造、使用或者再循环以及废料处理等环节中对地球环境负荷为最小、有利于人类健康的材料，也称之为"环境调和材料"，绿色建材就是绿色材料中的一大类。

从广义上讲，绿色建材不是单独的建材品种，而是对建材"健康、环保、安全"属性的评价，包括对生产原料、生产过程、施工过程、使用过程和废物处置五大环节的分项评价和综合评价。绿色建材的基本功能除作为建筑材料的基本实用性外，就在于维护人体健康、保护环境。

绿色建材的基本特征与传统建材相比，绿色建材可归纳出以下三个方面的基本特征。

（1）其生产所用原料尽可能少用天然资源，大量使用尾矿、废渣、垃圾、废液等废物；

（2）采用低能耗制造工艺和不污染环境的生产技术；

（3）在产品配制或生产过程中，不使用甲醛、卤化物溶剂或芳香族碳氢化合物，产品中不得含有汞及其化合物，不得用含铅、镉、铬及其化合物的颜料和添加剂。

产品的设计是以改善生活环境、提高生活质量为宗旨，即产品不仅不损害人体健康而且应有益于人体健康，产品具有多功能化，例如，抗菌、灭菌、防霉、除臭、隔热、阻燃、防火、调温、调湿、消声、消磁、防射线、抗静电等；产品可循环或回收再生利用，无污染环境的废物。

11.4　室内环境检测与治理行业的发展与现状

11.4.1　室内环境质量的评价

环境质量评价是对环境的优劣所进行的一种定性、定量描述，即按照一定的评价标准和评价方法对一特定区域范围内的环境质量进行说明、评定和预测。环境质量评价要明确回答该特定区域内环境是否受到污染和破坏，程度如何；区域内何处环境质量最差，污染最严重，何处环境质量最好、污染较轻；造成污染严重的原因何在，并说明环境质量的现状和发展趋势。

室内环境质量评价是认识室内环境的一种科学方法，是随着人们对室内环境重要性认识的不断加深所提出的新概念。在评价室内环境质量，一般采用量化检测和主观调查结合的手段，即采用客观评价和主观评价相结合的方法。

1. 客观评价

客观评价是指直接测量室内污染物浓度来衡量评价室内空气质量的方法。一般先认定评价因子，再进行检测和分析，对所取得的大量测定数据进行数理统计，求得具有科学性和代表性的统计值。选用适宜的评价模式，计算室内环境质量指数，据此来判断环境质量的优劣。由于涉及的低浓度污染物太多，不可能样样都测，需要选择具有代表性的污染物作为评价因子，以全面、公正地反映室内环境质量的动态，此外还要求这些作为评价因子的污染物长期存在、稳定、容易测到，且测试成本低廉。

我国室外空气质量的评价因子有 SO_2、NO_2、PM10。室内空气质量的评价因子可分为：烟雾评价因子，有 CO、SO_2、NO_2 和 PM10，在以人为主要污染源的场合中，CO_2 可以作为室内生物污染程度的评价因子，也可作为反映室内通风情况的评价因子；HCHO、VOC、Rn 浓度是评价建筑材料释放物对室内空气污染的主要因子；另外，以室内细菌总数作为室内空气细菌学的评价因子，也反映了室内人员密度、活动强度和通风状况。加上温度、相对湿度、风速作为背景测定指标，能够全面地、定量反映室内环境质量。一般情况下，客观评价选用 CO_2、CO、HCHO、可吸入颗粒物，加上温度、相对湿度、风速、照度及其噪声等 12 个指标，全面、定量地反映室内环境。当然，上述评价指标可以根据具体评价对象适当增减。

2. 主观评价

主观评价主要是通过对室内人员的询问得到的，即利用人体的感觉器官对环境进行描述与评价工作。室内人员对环境接受与否是属于评判性评价，对室内空气感受程度则属于描述性评价。良好的室内空气品质应该是"空气中没有已知的污染物达到公认的权威机构所确定的有害浓度指标，并且处于这种空气中的绝大多数人（80%）对此没有表示不满意"这一定义体现了人们认识上的飞跃，它把客观评价和主观评价结合起来。不久，美国建筑暖通空调工程师协会在其修订版 ASHRAE 62-1989R 中，又提出了可接受的室内空气品质和感官可接受的室内空气品质等概念。

可接受的室内空气品质在居住或工作环境内，绝大多数的人没有对空气表示不满意；同时空气内含有已知污染物的浓度足以严重威胁人体健康的可能性不大。感官可接受的室内空气品质在居住或工作环境内，绝大多数的人没有因为气味或刺激性而表示不满意。它是达到可接受的室内空气品质的必要而非充分条件。由于室内空气中有些气体，如 NH_3、CO 等没有气味，对人也没有刺激作用，不会被人感受到，但对人的危害却很大，因而仅用感官可接受的室内空气品质是不够的，必须同时引入可接受的室内空气品质。相对于其他定义，ASHRAE 62-1989R 中对室内空气品质的描述最明显的变化是它涵盖了客观指标和人的主观感受两个方面的内容，比较科学和合理。因此，尽管当前各国学者对室内空气质量的定义仍存在着一定的偏差，但基本上都认同 ASHRAE 62-1989R 中提出的这个定义。

室内环境质量评价按时间不同又可分为影响评价和现状评价。影响评价是指拟建项目对环境的影响评价，根据目前的环境条件、社会条件及其发展状况，采用预测的方法对未来某一时间的室内空气质量进行评定。现状评价是指对现在的环境质量状况进行评价，根据最近的环境检测结果和污染调查资料，对室内空气质量的变化及现状进行评定。

随着生活水平的不断提高，人们逐渐认识到室内环境空气质量评价的重要性，室内环境的检测与评价成为重要的工作内容。室内环境预评价起到了防患于未然的作用，在装修施工开始前，就采取措施避免使用不恰当的设计方案、建筑材料和施工工艺，来确保装修工程完成后有一个良好的室内环境质量。

11.4.2 室内空气检测与治理研究与行业发展

1. 室内环境检测与治理行业的形成

随着我国经济的迅速发展，人们在享受现代文明和社会繁荣的同时，也饱受室内空气污染之苦。因此，各种室内环境净化治理产品也应运而生，经过多年的发展，现在已经形成了一个新兴的行业——室内环境检测与治理行业。

迄今为止，我国室内环境检测与治理行业已经经历了多年的发展，中国室内环境净化协会作为行业组织，长期致力于室内环境治理的宣传及实践工作。

1）起步阶段

我国的室内环境检测与治理行业始于 20 世纪 80 年代，最早进入市场的净化治理产品是空气加湿器。1987 年国内第一家专业从事优化室内空气品质的高新技术企业——北京亚都科技股份有限公司成立，并在最初的几年里成为加湿器的代名词。

2）发展阶段

1997 年之前，进入室内环境治理行业的企业数量很少，这些企业的产品大多面向洁净度要求比较高的医院、厂房和一些公共场所，而用在家庭和办公场所的净化治理产品的品种和数量都非常少。1997 年以后，随着人们的室内环境质量意识的逐步提高许多厂家意识到室内净化治理行业蕴含的巨大商机，纷纷投身于室内空气净化治理产品的研制、生产或引进工作，在东部沿海的一些省份出现了数十家从事室内净化治理产品生产或代理的企业。此时的空气净化治理产品的品种也更加丰富，不仅包括各种类型的空气加湿器，室内空气净化器、新风换气机等产品也获得了快速发展。

3）迅速发展阶段

2000 年以后，在室内净化器类产品迅速发展的同时，室内空气净化材料开始投入市场，并获得了迅速的发展。2003年初，一场突如其来的"非典"极大地推动了人们室内环境质量意识的提高，推动着室内环境治理产业进入了新一轮快速发展阶段。2004年初，民政部批准的室内环境监测工作委员会正式成立，室内环境治理行业有了自己的行业组织，室内环境治理行业逐渐步入规范发展的新里程。

2. 室内环境检测与治理产品的现状

伴随着整个行业的发展，室内空气净化治理产品也经历了不断更新换代的过程。在空气净化器方面，产品的发展经历了以下几个阶段。

1）第一代产品

最早出现的空气加湿器是第一代室内污染治理产品。这些加湿器不但可以调节室内空气的湿度，其过滤功能也可以吸附室内空气中的悬浮物和小部分有害物质。

2）第二代产品

第二代产品以滤网式空气净化器为代表。这一代产品以物理性能设计的净化器，具有过滤、吸附处理等功能，可以有效地净化室内空气中的悬浮物和小部分有害物质。但是，对室内空气中的臭味、病原菌、病毒、微生物以及装饰装修造成的空气污染是无法消除的，而且，采用物理方法实施净化的产品，在过滤和吸附过程中会因饱和失去功效。同时，这类产品还必须定期清洗过滤网，以免造成二次污染。

3）第三代产品

第三代产品为复合式空气净化器。这是在第二代产品的物理性能的基础上，增加了静电除尘子集尘、负离子发生器、臭氧发生器灭菌等功能。这种多功能净化器不仅可以消烟除尘，而且具有消毒、杀菌、除臭去味和减少颜料色素以及消除一氧化碳等有害气体的功能。但第三代净化器不能分解有机污染物，而且臭氧发生器不能人机同室，使用不便。

4）第四代产品

第四代产品为采用分子络合技术的空气净化器。它将有毒气体通入水中，通过络合剂，使有毒气体分子络合后溶于水，达到净化空气的目的。分子络合技术已经达到了产品市场化的要求，且经过净化后的产物是二氧化碳和水，与活性炭相比，环保效果更为突出。但对释放量大、释放速度快的有毒气体效果欠佳。

5）第五代产品

第五代产品是广泛使用冷触媒、光催化等新技术的新一代净化器，这类产品可以在常温常压下使多种有害有味气体分解成无害无毒的物质，由单纯的物理吸附转变为化学吸附，边吸附边分解，增加了吸附污染颗粒物种类，提高了吸附效率和饱和容量，不产生二次污染，大大延长了吸附材料的使用寿命，是理想的全方位的空气净化器。这种产品目前还不成熟，尚处于研制过程中。

此外，在净化材料方面发展迅速，相继开发出了空气清新剂、异味清除剂、甲醛捕捉剂、苯清除剂等多种产品。目前，各种新型的光触媒、冷触媒成为新产品开发的热点，不断有新产品投入市场。

根据产品用途的不同，目前细化的空气净化治理产品主要有以下几种类型：一是普通空气净化器。这类产品主要包括空气加湿器、空气净化器、新风换气机，主要应用于家庭、办公室、室内公共场所等处；二是便携式空气净化装置。这类产品主要包括便携式净化器、车载净化器等，主要用于改善小的室内空间的空气质量；三是净化材料。产品主要包括各类空气清新剂、甲醛捕捉剂、苯、氨等有害物质清除剂，各种新型号空气净化、过滤材料和光催化材料等。

国内目前生产空气净化材料的企业数量比较多，多为中小型企业，所占市场份额较少，缺少龙头企业。由于城市化进程的加快、消费者环保意识的逐渐提高和生活水平的不断改善，中国室内环境净化治理产品的需求量将会稳步提高，尤其在未来的几年内，产品需求将会持续较快地增长；而在产品供给方面，纳米二氧化钛光催化、生态净化技术等新兴技术的广泛应用，将会有效提高空气净化产品的功效，更好地满足不同消费者的需求，有较好的市场发展前景。

3. 室内环境检测与治理行业的发展前景

随着城市化进程的加快、消费者环保意识的逐渐提高和生活水平的不断改善，室内环境保护行业发展已经从"净化产业"发展到了"净化经济"。所谓"净化经济"，由室内环境保护的产业分支，包括室内环境检测、净化服务、净化设备、空调清洗、洁净技术与设备等相关行业，通过行业结构调整发展成一条"净化"产业经济链，形成具有现代工业基础的高新技术产业结构链。

1）国际、国内市场发展潜力

根据调查结果，70％以上的业内人士认为室内环境检测与治理行业有非常好的发展前景，随着人们的生活水平逐渐提高，健康意识逐渐增强，同时国家对该行业扶持，大力宣传，因此十分看好该行业的发展机遇。

2）近年业务量的发展趋势

目前，室内环境检测与治理行业正面临着良好的发展机遇，几乎所有的被访厂家的业务量都在不断增长，平均年增长率达到28％。从行业的发展周期来看，仍然处于快速成长期，预计未来几年将逐渐步入行业发展的成熟期。由此可以判断，我国的室内环境检测与治理产品生产（代理）行业在未来的几年中仍将保持良好的发展势头。

3）未来的行业发展趋势

在人们环境保护意识发展的过程中，室内环境检测与治理行业及其从业人员越来越清晰地认识到：党和国家对生态环境高度重视，已经为这个新兴行业的发展打开了一扇大门；良好的政策条件，是室内环境保护与治理事业发展和壮大的保证。

12 室内环境检测

12.1 基本概念

12.1.1 室内环境检测

室内环境检测是指室内建材、装饰材料、家具等含有的对人体有害的物质释放到家居、工作等室内环境中造成室内空气污染，运用现代科学技术方法以相应的间歇或连续的形式定量地测定环境因子及有害于人体健康的室内空气污染物的浓度变化，观察并分析其影响过程与程度的室内环境检测活动。

室内环境现场检测是实施室内环境评价、规划与治理必要的前期工作。

1. 室内环境现场检测的目的

室内环境检测的目的是及时、准确、客观地反映室内环境质量的现状，为室内环境评价、规划、治理提供科学的数据，主要包括以下几个方面：

（1）寻找、追踪污染源，为发现治理污染源提供依据。针对污染源的治理是室内环境治理最为直接、有效、经济的途径。

（2）确定影响室内环境品质的环境因子，确定污染物及其浓度，为制订室内环境治理方案提供本底状况与具体的数据。

影响室内环境品质的环境因子有许多种，不同性质的室内环境中存在的污染物的种类与浓度也各不相同。在制订室内环境治理方案前，确定需要治理的污染物的种类及其浓度十分重要。《民用建筑工程室内环境污染控制标准》GB 50325-2020 规定室内环境需要控制的污染物有 7 种，即甲醛、苯、甲苯、二甲苯、氨、TVOC（总挥发性有机化合物）与氡。《室内空气质量标准》GB/T 18883-2022 规定室内环境需要控制的污染物有 15 种，分别为：甲醛、苯、甲苯、二甲苯、氨、TVOC（总挥发性有机化合物）、氡、苯并［a］芘、二氧化硫、二氧化碳、二氧化氮、一氧化碳、臭氧、可吸入颗粒物与细菌总数。对于不同种类、不同浓度的污染物，治理的方法与成本差别很大。一般的室内环境中，可能存在一种或几种污染物，但是几乎不可能存在全部污染物。因此，有必要在制订治理方案前，确定目标污染物的种类及其浓度，以便制订出最为合理、有效与经济的治理方案。

（3）为进行室内环境评价、规划，实施室内环境质量的达标控制、总量控制提供依据。

（4）为贯彻、实施室内环境的有关法规、标准提供依据。

（5）室内环境现场检测是室内环境建设与治理等项目验收时的重要依据。

2. 室内环境现场检测的要求

（1）快速：采用现代先进的传感与显示技术制作的现场简易测试仪，可以快速了解室内环境的污染源、污染物及其浓度，有利于开展室内环境评价、规划与治理等工作。

（2）真实：现场检测要求采样时间、采样地点以及采集的样品能够反映室内环境的真实情况。

（3）准确：现场检测的测定值应能够准确反映室内环境的真实情况，必须将测试误差减少到允许的范围内。

（4）全面：现场检测的方案与实施计划应当全面、完整，不要漏项、漏检，要保证采样数量和测定数据的完整、连续。

（5）可比：现场检测的方法与仪器应具有可比性，具有重复性，测试数据可以验证。

需要说明的是，目前用于现场快速检测的许多便携式仪器尚没有列入国家的规范。对于用以提供法定数据的检测，必须按照国家规定的测试方法进行现场采样与实验室分析。

3. 室内环境检测的必要性

据国际有关组织调查统计，世界上30%的建筑物中存在有害于健康的室内空气，这些有害气体已经引起全球性的人口发病率和死亡率的增加。

我国为了保障民用建筑工程室内环境能够达到基本健康条件，制定了相关法律、规范，在对民用建筑工程项目进行竣工验收时，必须提供室内环境检测报告作为验收的必备资料之一。民用建筑工程及室内装修工程按照现行国家规范要求，在工程完工至少7d以后、工程交付使用前对室内环境进行质量检测，检测工作由建设单位委托经有关部门认可的第三方检测机构进行，并出具室内环境污染物浓度检测报告，也就是说在民用建筑工程验收时对室内环境进行检测是强制性的要求。

4. 室内环境检测的类型

室内环境检测主要是通过采样和分析手段，掌握室内环境中有害物质的来源、组分、数量、转化和消长规律，它是以消除污染物的危害、改善室内环境质量和保护居民健康为目的的。

民用建筑工程根据控制室内环境污染的不同要求，划分为以下两类：

Ⅰ类民用建筑工程：住宅、医院、老年建筑、幼儿园、学校教室等民用建筑工程；

Ⅱ类民用建筑工程：办公楼、商店、旅馆、文化娱乐场所、书店、图书馆、展览馆、体育馆、公共交通等候室、餐厅、理发店等民用建筑工程。

室内环境检测的目的可分为室内污染源检测、室内空气质量检测和特定目的检测三大类。

1）室内污染源检测

这种检测主要通过调查，了解室内存在哪些污染源，然后检测各种污染源向室内环境释放一些污染物，各种污染物以什么样的方式、强度和规律从污染源向室内释放出来，以及由各个污染源所造成的室内空气污染程度。为控制室内空气污染，保护人体健康，污染源种类不同，检测方法也不完全相同，应按照国家有关规范和标准所规定的室内建筑和装饰装修材料中的有害物质限量的检验方法和具体操作。

2）室内空气质量检测

室内空气质量检测是以室内空气质量标准为依据，检测的对象不是污染源，而是某一特定的房间或场所内的环境空气，目的是了解和掌握室内环境空气污染状况（种类、水平、变化规律），对室内空气质量是否超过标准和是否有损人体健康进行评价。通过长期监测，逐步积累资料也为制定和修改环境质量标准及相关法规提供了依据。检测项目主要根据室内空气质量标准和相关法规，也可根据调查研究内容而定。室内空气污染物有一氧化碳（CO）、二氧化碳（CO_2）、二氧化硫（SO_2）、二氧化氮（NO_2）、臭氧（O_3）、可吸入颗粒物（PM2.5）、氨（NH_3）、甲醛（HCHO）、苯（C_6H_6）及苯系物、总挥发性有机化合物（TVOC）、细菌及其气体等；室内热环境参数有湿度、温度、风速和新风量等。

在进行室内空气质量检测时，首先要对室内外环境状况和污染源进行实地调查，根据目的确定监测方案，然后根据有关标准方法进行布点、采样和测定，填写各种调查和检测表格，并按室内空气质量标准和相关法规，应用所得到的检测结果对室内空气质量进行评价，出具检测和评价报告。在进行室内空气质量检测时，有一个非常重要的问题，就是如何取得能反映实际状况并有代表性的测定结果。这就需要对采样点、采样空间、采样效率、气象条件、现场情况以及采样方法、检测方法、检测仪器等进行设计，制定比较完善的监测方案，而且在方案实施时，要有从采样到报出结果实现全过程的质量保证体系。

3）特定目的检测

除了室内污染源和室内空气质量检测之外，根据某一特定目的而要求的检测内容很多，这里为改善室内空气质量所采取的各种措施，如通风、换气措施和空气净化器的效果评价检测为例来说明这类检测的目的和方法，以评价空气污染对人体健康影响为目的的个体接触量检测也属于这类检测。

12.1.2 室内空气污染

1. 室内空气污染的定义

室内空气污染是指在室内正常空气中引入能释放有害物质的污染源或室外环境通风不佳而导致室内空气中有害物质的数量、浓度和持续时间超过室内空气自净能力，导致空气质量恶化，对人们的健康和精神状态、生活、工作等方面产生影响的现象。由于人们长期在室内从事生活、学习和工作等活动，室内空气污染往往比室外污染的危害更为严重。主要原因是室内空气污染物的来源广、种类多，有限的室内空间和密闭程度的增加导致含有有毒有害的化学物质、细菌等在室内大量聚集，不能及时排出室外。

室内空气质量以装修型污染最为严重和普遍，除此之外室内空气质量污染的来源还包括消费品和化学品的使用，家用燃料的消耗和人类活动等。甲醛和苯是我国首要的装修型化学性室内空气污染物，在我国绝大多数（70%～95%）新装修家庭和办公室内都存在。装修产生的甲醛污染可以持续数年之久，并且甲醛的释放可随夏季环境温度和湿度的升高而大幅度增加。尤其是空调的普遍使用，要求建筑结构有良好的密闭性能，以达到节能的目的，而现行设计的空调系统多数新风量不足，在这种情况下造成室内空气质量的恶化。

2. 室内空气污染的特征

室内空气污染与室外空气污染由于所处的环境不同，其特征也有所不同。室内空气污染具有以下四个方面特征。

1）环境因素的累积性

室内环境是相对封闭的空间，其污染形成的特征之一是累积性。因污染物进入室内导致浓度升高。到排出室外浓度渐趋于零，大多需要经过较长的时间。室内的各种物品，包括建筑装饰材料、家具、地毯、复印机、打印机等都可以释放出一定的化学物质，如不采取有效措施。它们将在室内逐渐积累，导致污染物浓度增大，构成对人体的危害。

2）对人体影响的长期性

室内环境是人们生活、工作的主要场所。一天 24 小时中，在居室及室内工作场所的时间可达 12 小时以上，而家庭妇女、婴幼儿、老残病弱者在室内的时间则更长。一些调查表明，人们大部分时间处于室内，这样长时间暴露在有污染的室内环境中，即使浓度很低的污染物，在长期作用于人体后，也会对人体健康产生不利影响。污染物对人体作用不但时间长，而且累积的危害就更为严重。因此，长期性也是室内污染的重要特征之一。

3）室内环境污染物浓度比室外高、对人体损害程度比室外高

室内空间与室外空间相比是一个相对封闭的小空间环境，这不利于空气中污染物质的扩散，反而会因室内污染物无法扩散，积累在室内造成室内空气污染程度不断地加重。

4）室内环境污染物来源广、种类多

室内空气污染的多样性既包括污染物种类的多样性，又包括室内污染物来源的多样性。室内污染物来源有建筑物自身的污染、室内装饰装修材料及家具材料的污染，有家电办公器物的污染，有厨房、厕所、浴室所带来的污染，而人本身也是一个大污染源。污染物的种类有物理的、化学的、生物的、放射性的，种类繁多。

3. 室内空气污染物主要来源

室内空气污染物的种类很多，有不同的分类方法。根据室内污染物的性质，室内污染物可以分为以下三类。

1）化学性污染物

① 挥发性有机物醛、苯类。室内已检测出的挥发性有机物已达数百种，而建材（包括涂料、填料）以及日用化学品中的挥发性有机物也有几十种。

② 无机化合物。来源于燃烧及化学品、人为排放的 NH_3、CO、CO_2、O_3、NO_x、SO_2 等。

2）物理性污染物

① 放射性氡（Rn）及其子体。来源于地基、井水、石材、砖、混凝土、水泥等。

② 噪声与振动。来源于室内或室外。

③ 电磁污染。来源于家用电器和照明设备。

3）生物性污染物

虫螨、真菌类孢子花粉、宠物身上的细菌以及人体的代谢产物等。

根据各种污染物形成的原因和进入室内的不同渠道，室内空气污染主要来源有室外来源和室内来源两个方面。

1）室外污染源

① 室外空气污染。室外空气与室内空气流通，当室外空气受到污染后，污染物通过门窗、通风孔等途径直接进入室内，影响室内空气质量。特别是居住在工厂周围、马路附近的住宅受到这种危害最大，主要污染物有 SO_2、NO_x、颗粒物等。

② 房基地。有的房基地的地层或回填土中含有某些可逸出或挥发出有害物质，这些有害物可通过地基的缝隙逸入室内。这些有害物质的来源主要有三类：一是地层中固有的，例如，氡及其子体；二是地基在建房前已遭某些农药、化工原料、汞等污染；三是该房屋原已受污染，原使用者迁出后未予彻底清理，使后迁入者遭受危害。

③ 质量不合格的生活用水。生活用水往往用于饮用、室内淋浴、冷却空调、加湿空气等方面，以喷雾形式进入室内不合格的水中可能存在的致病菌或化学污染物可随着水喷雾进入室内空气中，例如，军团菌、苯等。

④ 人为带进室内。人们有各种各样的工作环境，经常出入不同的场所，当人们回家时，便把室外的污染物带入居室内。

⑤ 从邻近家中传来。由于楼房内的厨房排烟道受堵或设计不合理，下层厨房排出的烟气可随排烟道进入上层住户的厨房内，造成上层住户急性 CO 中毒。

2）室内污染源

① 由人体代谢排出。人体内大量代谢废物，主要通过呼出气、大小便、汗液等排出体外。同时，人在室内活动，会增加室内温度，促使细菌、病毒等微生物大量繁殖。特别是一些中小学校更加严重。人的呼出气体中主要含有 CO_2 和其代谢废气，如氨等内源性气态物质。呼吸道传染病患者和带菌者通过咳嗽、喷嚏、谈话等活动，可将病原体随飞沫喷出，污染室内空气，例如，流感病毒、结核杆菌、链球菌等。

② 室内燃料燃烧产物。目前我国常用的生活燃料有以下几种：固体燃料主要是原煤、蜂窝煤和煤球，用于炊事和取暖；气体燃料主要有天然气、煤气和液化石油气，气体燃料是我国城市居民的主要家用燃料。此外，少数农村地区，还有使用生物燃料作为家庭取暖和做饭的燃料。

③ 烹调油烟产生的污染物。我国人口众多，住房紧张，厨房面积通常较小，而且通风条件差，因而烹调是家庭居室内空气污染物的主要来源之一。烹调油烟是食用油加热后产生的，通常炒菜温度在 250℃ 以上，油中的物质会发生氧化、水解、聚合、裂解等反应，随沸腾的油挥发出来。烹调油烟中含有多种致突变性物质，它们主要来源于油脂中不饱和脂肪酸和高温氧化或聚合反应。研究认为，菜油、豆油含不饱和脂肪酸较多，具有致突变性；猪油中含量少，无致突变性。由于我国习惯于采用高温油烹调，而且随着生活水平的提高，食用油的消耗量不断上升，所以，应对烹调油烟的危害性引起重视。

④ 吸烟烟雾。吸烟产生的烟气是常见的室内空气污染物。烟草的烟雾成分复杂，目前已鉴定出 3000 多种化学物质，它们在空气中以气态、气溶胶状态存在，其中气态物质占 90% 以上，气态污染物有 CO、CO_2、NO_x、氟化氢、氨、甲醛、烷烃、烯烃、芳香烃、含氧烃、亚硝胺、联氨等。气溶胶状态物质主要成分是焦油和烟碱（尼古丁），每支香烟可产生 0.5～3.5mg 尼古丁。焦油中含有大量的致癌物质，如多环芳烃（2～7 环）、砷、镉、镍等。

⑤ 建筑材料和装饰材料。建筑材料是建筑工程中所使用的各种材料及其制品的总称，它是一切建筑工程的物质基础。建筑材料的种类繁多，有金属材料，如钢铁、铝材、铜材；非金属材料，如砂石、砖瓦、陶制品、石灰、水泥、混凝土制品、玻璃、矿物棉；植物材料，如木材、竹材；化学材料，如混凝土外加剂；合成高分子材料，如塑料、涂料、胶粘剂等。另外还有许多复合材料。

装饰材料是指用于建筑物表面（墙面、柱面、地面及顶棚等）起装饰效果的材料，也称饰面材料。一般它是在建筑主体工程（结构工程和管线安装等）完成后，在最后进入装饰阶段所使用的材料。用于装饰的材料很多，例如，地板砖、地板革、地毯、壁纸、挂毯等。随着建筑业的发展以及人们审美观的提高，各种新型的建筑材料和装饰材料不断涌现。人们的居住环境是由建筑材料和装饰材料所围成的与外环境隔开的微小环境，这些材料中的某些成分对室内环境质量有很大影响。近年来，由建筑或装饰材料造成的室内空气污染，使入住新居者发生不良反应甚至死亡的报道屡见不鲜。入住新居后，主要的不良反应表现为全身不适、皮疹、鼻塞、眼花、头痛、恶心、疲乏等。例如，有些石材和砖含有高本底的镭，镭可蜕变成放射性很强的氡，能引起肺癌。很多有机合成材料可向室内空气中释放许多挥发性有机物，例如，甲醛、苯、甲苯、醛类、酯类等污染室内空气，有人已在室内空气中检测出 500 多种有机化学物质，其中有 20 多种有致癌或突变作用。这些物质的浓度有时虽不是很高，但在它们的长期综合作用下，可使居住在被这些挥发性有机物污染的室内的人群出现病态建筑物综合征、建筑物相关疾患等疾病。尤其是在装有空调系统的建筑物内，由于室内污染物得不到及时清除，就更容易使人出现这些不良反应及疾病。

⑥ 家用化学品。在现代家庭生活中，洗涤剂、芳香剂和化妆品等已经成为必需品。

洗涤剂：洗涤剂是指用以去除物体表面污垢，使被清洁对象通过洗涤达到去污目的的专用配方产品，例如，洗衣皂、洗衣粉、洗发香波、沐浴露等天然洗涤剂对人的健康影响一般较小，如果其中加入了化学物质也可以对人体产生危害。

消毒剂：消毒剂是指用于杀灭传播媒介上的病原微生物，使其达到无害化要求的制剂。人们广泛使用消毒剂进行室内空气、物品的消毒。消毒剂可伤及人体组织器官，造成细菌的耐药性和变异等。

化妆品：化妆品包括美容修饰类，如口红、眉笔、眼影、粉饼等；护肤类，如各种雪花膏、润肤露、早晚霜等；洗发用类，如洗发香波、调理剂等；香水以及具有染发、烫发、育发、健美、防晒等特殊功能性的化妆品。一些劣质化妆品中含 Pb、Hg 等重金属、色素、防腐品等。其他可造成室内空气污染的日用品还有樟脑、卫生球、灭鼠剂、化肥、医药品、蜡烛等。

家用化学产品所带来的室内空气污染最突出的问题是，有些家庭常用的物品和材料中能释放出各种有机化合物，如苯、三氯乙烯、甲苯、氯仿和苯乙烯等，或者其本身含有害有毒物质（如铅、汞、砷等），给健康带来危害。

⑦ 现代办公用品。随着现代科学技术的进步，现代办公用品越来越普及，这些新型用品也会释放出污染物到室内空气中，如复印机、计算机，都可以释放出苯、臭氧、氯等污染物。

从中国当前的经济形势和居民住房现状来看，购房和装修房屋将是未来中国百姓的消费热点。随着人们生活水平的提高，室内空气污染物的来源和种类日益增多。同时，建筑物密闭程度的增加使得室内空气污染物的浓度增大，进一步提高了室内空气的污染程度。实际上，室内空气污染物的来源是非常广泛的，而且一种污染物也可以有多种来源，同一种污染源也可能产生多种污染物。掌握其各种来源是十分必要的，只有准确了解各种污染物的来源、形成原因以及进入室内的各种渠道，才能更有针对性、更有效地采取相应措施，切断接触途径，真正达到预防的目的。

12.2 室内环境检测依据

标准是对重复性事务和概念所作的统一规定，它以科学技术和实践经验的综合成果为基础，经有关方面协商一致，由主管机构批准，以特定形式发布，作为共同遵守的准则和依据。

国际标准：国际上通过一定的机构，例如，国际标准化组织（ISO）、国际电工委员会（IEC）、电气电子工程师（IEEE）等，研究制定的有关技术标准，建议各国参考采用，一般称之为国际标准。国际标准的采用和推行，增进了国际上同类产品的互换性，便于国际贸易和技术交流。

国家标准：对国家经济技术发展有重大意义的工农业产品、工程建设、各种计量单位，在全国范围内统一技术要求所做的技术规定，作为生产、建设、行政管理的一种共同依据。我国国家标准的代号是"GB"。

我国的标准一般分为4级，分别为：国家标准、部颁标准或地方标准、行业标准与企业标准。国家标准是四级标准中的主体。国家标准在全国范围内适用，其他各级标准不得与之相抵触。从性质上区分，我国的标准分为强制性标准和推荐性标准。强制性标准相当于我国的强制性法规，从这个意义上说，强制性标准为国家制定法律法规提供了技术上的依据。推荐性标准则相当于非强制性的法规。对于非强制性的标准，一旦国家的法律法规引用了以后，就具有了强制的作用。此外，在合同、协议中有约定条款，要求达到的推荐性标准也具有强制性作用。推荐性标准一经各方商定，同意纳入合同与协议中，就成为各方必须共同遵守的技术依据，具有法律上的约束性。国家在制定与执行法律法规时，其引用的技术标准与国家推荐性标准中的有关规定应是完全一致的。例如，当事人对某产品的质量有争议，仲裁者根据《合同法》进行裁定时，如果国家有强制性标准的，应服从国家标准；如果国家没有强制性标准的，服从当事人的协议；当事人协议不明确的，则服从国家推荐性标准。

12.2.1 室内环境检测标准

从目前来看，我国现阶段使用的与室内环境现场检测相关的国家标准与规范，如下表12-1归纳了与室内环境现场检测方法相关的国家标准与规范，它们是室内环境现场检测的依据，是检测人员制定方案选择治理方法的基础。

1. 室内环境现场检测相关的国家标准与规范

表12-1归纳了到目前为止的与室内环境现场检测相关的国家标准与规范，它们是室内环境现场检测的依据。

室内环境现场检测相关的国家标准与规范 表12-1

序号	标准名称	标准号
1	室内空气质量标准	GB/T 18883-2022
2	居室空气中甲醛的卫生标准	GB/T 16127-1995
3	民用建筑工程室内环境污染控制标准	GB 50325-2020
4	室内氡及其子体控制要求	GB/T 16146-2015
5	环境空气质量标准	GB 3095-2012
6	室内空气中二氧化碳卫生标准	GB/T 17094-1997

序号	标准名称	标准号
7	室内空气中二氧化硫卫生标准	GB/T 17097-1997
8	室内空气中氮氧化物卫生标准	GB/T 17096-1997
9	室内空气中臭氧卫生标准	GB/T 18202-2000
10	室内空气中细菌总数卫生标准	GB/T 17093-1997
11	室内空气中可吸入颗粒物卫生标准	GB/T 17095-1997
12	室内空气质量卫生规范	卫法监发〔2001〕255号
13	工业企业设计卫生标准	GBZ 1-2010
14	工作场所有害因素职业接触限值 第1部分：化学有害因素 工作场所有害因素职业接触限值 第2部分：物理因素	GBZ 2.1-2019 GBZ 2.2-2007
15	公共场所集中空调通风系统卫生管理办法	卫监督发〔2006〕53号
16	公共场所集中空调通风系统卫生规范	卫监督发〔2006〕58号
17	公共场所集中空调通风系统卫生学评价规范	卫监督发〔2006〕58号
18	公共场所集中空调通风系统清洗规范	卫监督发〔2006〕58号

　　不同室内环境的污染源与污染物存在较大的差异，在编制室内环境现场检测方案前，根据不同室内环境的性质，确定需要检测的污染源与污染物项目是十分必要的，表12-2为不同性质的室内环境常见的检测项目，表12-3是国家在室内环境现场检测方面的标准和规范。

室内环境常见的检测项目　　　　　　　　　　表 12-2

室内环境的性质		常见的检测项目	备注
住宅	普通住宅	甲醛、苯类、氨、TVOC、氡、可吸入颗粒物	(1) 重视装修污染； (2) 注意大气污染侵入室内； (3) 注意人与宠物可能产生的污染
	高层住宅	甲醛、苯类、氨、TVOC、可吸入颗粒物、噪声、二氧化碳	(1) 注意重视装修污染； (2) 注意室外噪声与可吸入颗粒物对室内的影响； (3) 高层住宅开窗受到限制，更注意室内空气中二氧化碳指标
	别墅	甲醛、苯类、氨、TVOC、氡、可吸入颗粒物、二氧化碳	(1) 别墅装修比较考究，应当更加重视装修污染； (2) 追求高质量的空气品质，注意可吸入颗粒物指标； (3) 别墅建筑结构密封性较好，要注意室内空气中二氧化碳指标
	移动住宅	甲醛、苯类、氨、TVOC、氡、可吸入颗粒物、二氧化硫、氮氧化物	(1) 不能轻视建筑材料的化学污染； (2) 移动住宅的密封性较差，要注意户外大气污染物侵入
	农村住宅	甲醛、苯类、TVOC、氡、可吸入颗粒物、二氧化硫、氮氧化物	(1) 农村住宅结构与装修逐渐接近城市要求，不能轻视建筑材料的化学污染； (2) 注意室内外燃烧物产生的污染物
办公楼	办公室	甲醛、苯类、氨、TVOC、氡、可吸入颗粒物、二氧化碳、臭氧、负离子、细菌总数	(1) 不能轻视建筑材料的化学污染； (2) 重视计算机、复印机、激光打印机等办公用品可能产生的污染； (3) 重视人与人的活动引起的室内空气污染

室内环境的性质		常见的检测项目	备注
办公楼	会议室	甲醛、苯类、氨、TVOC、氡、可吸入颗粒物、二氧化碳、负离子	(1) 不能轻视建筑材料的化学污染; (2) 重视人与人的活动引起的室内空气污染
	接待室	甲醛、苯类、氨、TVOC、氡、可吸入颗粒物、二氧化碳	(1) 豪华接待室要注意装修材料的化学污染; (2) 引入足够的新风,但要预防户外大气污染物侵入
	计算机室	甲醛、苯类、氨、TVOC、氡、可吸入颗粒物、二氧化硫、氮氧化物、二氧化碳、负离子	(1) 不能轻视建筑材料的化学污染; (2) 空气污染物会影响计算机的性能,增加故障率; (3) 使用空调的计算机房内正离子会增加,影响室内空气品质
	档案室	湿度、甲醛、苯类、氨、TVOC、氡、可吸入颗粒物、二氧化硫、氮氧化物、二氧化碳、细菌总数、湿度	(1) 不能轻视建筑材料的化学污染; (2) 空气污染物与湿度会影响档案、文物的收藏
公共场所	宾馆客房	甲醛、苯类、氨、TVOC、氡、可吸入颗粒物、细菌总数、二氧化碳	(1) 装饰装修材料会造成污染,特别是对于新开张的快捷酒店,不能轻视建筑材料的化学污染; (2) 开窗通风时要预防户外大气污染物侵入
	美容美发厅	甲醛、苯类、氨、TVOC、氡、可吸入颗粒物、细菌总数、二氧化碳	(1) 注意装饰装修引起的化学污染; (2) 特别要注意烫发材料引起的氨污染; (3) 注意环境微生物污染可能引起的感染
	餐厅	甲醛、苯类、氨、TVOC、氡、可吸入颗粒物、细菌总数、二氧化碳	(1) 不能轻视建筑材料的化学污染; (2) 保证足够的新风量和排风量,注意预防户外大气污染物侵入; (3) 重视人与人的活动可能造成的污染
	网吧	甲醛、苯类、氨、TVOC、氡、可吸入颗粒物、细菌总数、二氧化碳、负离子	(1) 注意装饰装修引起的化学污染; (2) 保证足够的新风量与排风量,注意预防户外大气污染物侵入; (3) 人员密集的计算机空调环境会造成室内正离子倍增; (4) 网吧内人员集中、密度高、逗留时间长,要注意空气品质与微生物对人体健康产生影响
	商场、超市	甲醛、苯类、氨、TVOC、氡、可吸入颗粒物、细菌总数、二氧化碳、温度	(1) 不能轻视建筑材料的化学污染; (2) 保证足够的新风量与排风量,注意预防室外大气污染物侵入; (3) 人员密集、流动性大,注意空气微生物造成的感染
	健身房	甲醛、苯类、氨、TVOC、氡、可吸入颗粒物、细菌总数、一氧化碳、负离子	(1) 不能轻视建筑材料的化学污染; (2) 保证足够的新风量与排风量,注意预防户外大气污染物侵入; (3) 室内空气中足够的负离子浓度有助于有氧健身
	图书馆、美术馆、展览馆、博物馆	甲醛、苯类、氨、TVOC、氡、可吸入颗粒物、二氧化硫、氮氧化物、细菌总数、二氧化碳、湿度	(1) 不能轻视建筑材料的化学污染; (2) 空气污染物与湿度会影响展品; (3) 注意预防户外大气污染物侵入; (4) 人员流动性大并密集时要考虑空气的品质与微生物可能引起的交叉感染
	体育馆	甲醛、苯类、氨、TVOC、氡、可吸入颗粒物、二氧化碳	(1) 不能轻视建筑材料的化学污染; (2) 保证足够的新风量和排风量,注意预防户外大气污染物侵入
	游泳馆	甲醛、苯类、氨、TVOC、氡、可吸入颗粒物、细菌总数、二氧化碳	(1) 不能轻视建筑材料的化学污染; (2) 注意建筑密闭环境中的空气品质; (3) 注意泳池的水质与卫生指标

142

室内环境的性质		常见的检测项目	备注
公共场所	中央空调通风系统	风管内表面积尘量、可吸入颗粒物、细菌总数、真菌总数等致病微生物	(1) 中央空调通风系统是室内空气最大的污染源; (2) 风管内的积尘成为细菌等微生物繁衍增长的温床; (3) 中央空调通风系统中可能存在传播疾病、影响公共卫生的潜在危害
交通设施	地铁	甲醛、苯类、氨、TVOC、氡、可吸入颗粒物、细菌总数、二氧化碳	(1) 新建地铁候车大厅应当重视建筑材料的化学污染; (2) 人员集中、流动性大,谨防人员与集中空调造成的流行病、传染病引起交叉感染; (3) 注意地铁废气排出口对周边环境的影响
	城市公路隧道	可吸入颗粒物、一氧化碳、二氧化氮、TVOC	(1) 主要是汽车尾气污染; (2) 注意隧道废气排出口对周边环境的影响
	停车场	可吸入颗粒物、一氧化碳、二氧化氮、TVOC、二氧化碳	(1) 主要是汽车尾气污染; (2) 注意通风质量; (3) 注意停车场废气排出口对周边环境的影响
卫生机构	医院门、急诊室	甲醛、苯类、氨、TVOC、氡、可吸入颗粒物、二氧化碳、细菌总数	(1) 要十分重视装饰装修引起的化学污染; (2) 要保证足够的通风次数与新风量,注意预防户外大气污染物侵入; (3) 本底环境的细菌总数十分重要
	幼儿园、老人院、疗养院与康复中心	甲醛、苯类、氨、TVOC、氡、可吸入颗粒物、细菌总数、二氧化碳、负离子	(1) 要十分重视装饰装修引起的化学污染; (2) 要保证足够的通风次数与新风量,注意预防户外大气污染物侵入; (3) 本底环境的细菌总数十分重要; (4) 要有足够的负离子浓度
	计划生疗中心	甲醛、苯类、氨、TVOC、氡、可吸入颗粒物、细菌总数、二氧化碳	(1) 要十分重视装饰装修引起的化学污染; (2) 要保证足够的通风次数与新风量,注意预防户外大气污染物侵入; (3) 本底环境的细菌总数十分重要
	法医检验机构	甲醛、苯类、氨、TVOC、氡、可吸入颗粒物、二氧化碳	(1) 不能轻视建筑材料的化学污染; (2) 要保证足够的通风次数与新风换气量,注意预防户外大气污染物侵入; (3) 重视可吸入颗粒物对检验环境与精密仪器的影响
金融机构	银行钞票处理中心	甲醛、苯类、氨、TVOC、氡、可吸入颗粒物、细菌总数	(1) 不能轻视建筑材料的化学污染; (2) 要重视钞票处理过程中弥散到空气中的细菌等微生物; (3) 注意可吸入颗粒物对计算机数钞设备的影响
	银行营业大厅	甲醛、苯类、氨、TVOC、氡、可吸入颗粒物、细菌总数,二氧化碳	(1) 不能轻视建筑材料的化学污染; (2) 要保证足够的通风次数与新风情况,注意预防户外大气污染物侵入; (3) 注意数钞机数钞过程中产生的细菌对环境、职员与用户的影响
	证券公司	甲醛、苯类、氨、TVOC、氡、可吸入颗粒物、细菌总数、二氧化碳	(1) 不能轻视建筑材料的化学污染; (2) 要保证足够的通风次数与新风量,注意预防户外大气污染物侵入; (3) 人员密集,注意预防空气微生物传播
科研机构	精密仪器室	甲醛、苯类、氨、TVOC、氡、可吸入颗粒物、二氧化硫、氮氧化物、细菌总数	(1) 注意建筑材料的化学污染; (2) 注意可吸入颗粒物与真菌对精密仪器的影响

143

室内环境的性质		常见的检测项目	备注
科研机构	微生物实验室	甲醛、苯类、氨、TVOC、氡、可吸入颗粒物、细菌总数	(1) 不能轻视建筑材料的化学污染； (2) 要保证足够的通风，预防试验微生物的泄漏与可能造成的感染
	动物实验室	甲醛、苯类、氨、TVOC、氡、可吸入颗粒物、细菌总数、二氧化碳、臭气强度	(1) 不能轻视建筑材料的化学污染； (2) 要保证足够的新风量与排风量，注意预防户外大气污染物侵入； (3) 注意预防空气微生物传播疾病； (4) 控制动物散发的恶臭，以免污染环境
教育部门	教室	甲醛、苯类、氨、TVOC、氡、可吸入颗粒物、细菌总数、二氧化碳	(1) 不能轻视建筑材料的化学污染； (2) 要保证足够的通风次数与新风量，注意预防户外大气污染物侵入； (3) 注意预防空气微生物传播疾病
	计算机室	甲醛、苯类、氨、TVOC、氡、可吸入颗粒物、二氧化碳、负离子	(1) 不能轻视建筑材料的化学污染； (2) 要保证足够的通风次数与新风量，注意预防户外大气污染物侵入； (3) 预防可吸入颗粒物对计算机的影响； (4) 保证足够的负离子浓度

与室内环境现场检测方法相关的国家标准与规范　　　　表 12-3

序号	测试项目	标准名称	标准号
1	甲醛	居住区大气中甲醛卫生检测标准方法分光光度法 空气质量 甲醛的测定乙酰丙酮分光光度法	GB/T 16129-1995 GB/T 15516-1995
2	氨	空气质量 氨的测定离子选择电极法	CB/T 14669-1993
3	苯、甲苯和二甲苯	气相色谱法	GB/T 18883-2022
4	氡	环境空气中氡的标准测量方法	GB/T 14582-1993
5	臭氧	化学发光法	HJ 1225-2021
6	苯并［a］芘	高效液相色谱法	GB/T 15439-1995
7	二氧化氮	环境空气 二氧化氮的测定 Saltzman 法	GB/T 15435-1995
8	二氧化硫	甲醛溶液吸收-盐酸副玫瑰苯胺分光光度法	GB/T 15262-1995
9	二氧化碳	不分光红外线气体分析法	GB/T 18204.2-2013
10	一氧化碳	不分光红外线气体分析法	GB/T 18204.2-2013
11	TVOC	气相色谱法	GB/T 18883-2022
12	可吸入颗粒物	室内空气中可吸入颗粒物卫生标准	GB/T 17095-1997
13	铅	居住区大气中铅卫生检验标准方法原子吸收分光光度法	GB/T 11739-1989
14	细菌总数	撞击法	GB/T 18883-2022
15	新风量	气体浓度测定仪	GB/T 18024.18-2000
16	温度	玻璃温度计（包括干湿球温度计）数字式温度计	GB/T 18024.13-2000
17	相对湿度	干湿球温度计 露点式氯化锂湿度计 电容式数字湿度计	GB/T 18024.14-2000
18	空气流速	热球式电风速计 热线式电风速计	GB/T 18024.15-2000

2. 室内空气质量检测的仪器

1）实验室仪器分析

图 12-1 气相色谱仪

图 12-2 分光光度计

常用的实验室仪器有气相色谱仪（图 12-1）、分光光度计（图 12-2）等。

2）便携式仪器

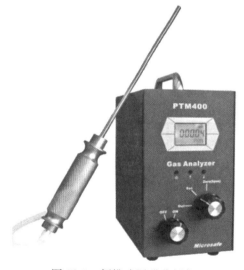

图 12-3 便携式甲醛分析仪

图 12-4 便携式臭氧分析仪

常用的便携式仪器有甲醛分析仪（图 12-3）、一氧化碳分析仪、二氧化碳分析仪、臭氧分析仪（图 12-4）等。

3）先进科研设备

有条件时可以使用 PTR-MS 质谱仪、INNOVA 气体分析仪、细颗粒物分析仪等先进科研设备。

12.2.2 《室内空气质量标准》GB/T 18883-2022

1. 适用范围

国家市场监督管理总局（国家标准化管理委员会）于 2022 年 7 月 11 日发布了新《室内空气质量标准》GB/T 18883-2022，自 2023 年 2 月 1 日起执行。它主要作为衡量房屋是否合乎人居环境和健康要求的标准。该标准规定了其适用范围为住宅和办公建筑物，其他室内环境可参照该标准执行。在此标准发布与执行之前，国家对医院、公共场所、车间、洁净室等特殊行业的室内空气质量已经颁布了有关标准。本标准除了对上述特殊行业室内空气质量标准进行补充之外，涵盖了其他所有的室内环境。该标准的出台，为我国室内空气质量的全面评价提供了科学依据，对控制室内空气污染，切实提高我国的室内空气质量，保护民众健康具有重要的意义。

2. 标准控制指标

《室内空气质量标准》从物理性、化学性、生物性、放射性四个参数类别 22 个检测指标对室内空气质量进行控制。既要控制影响室内环境质量的环境要素（温度、湿度、空气流动、空气交换等），还要控制家具、电器及生活过程、办公过程及人群自身等产生的污染物、装饰装修材料产生的污染物以及室外环境对室内环境的影响。对人们生产、工作及生活活动中的室内空气质量进行多方位、多角度的全面控制。

3. 《室内空气质量标准》GB/T 18883-2022 的主要内容

《室内空气质量标准》GB/T 18883-2022 的主要内容见表 12-4。

《室内空气质量标准》GB/T 18883-2022 的主要内容　　　　表 12-4

序号	内容性质	指标名称
1	基本要求	室内空气质量参数及检验方法
2	物理参数	温度、相对湿度、新风量、风速
3	污染物指标	可吸入颗粒物、甲醛、一氧化碳、二氧化碳、二氧化硫、氮氧化物、苯、甲苯、二甲苯、苯并 [a] 芘、氨、臭氧、总挥发性有机化合物、细颗粒物、三氯乙烯、四氯乙烯、氡以及细菌总数共 18 种

《室内空气质量标准》GB/T 18883-2022 对室内空气质量提出了基本要求，即提出了室内空气应无毒、无害、无异常气味。

《室内空气质量标准》GB/T 18883-2022 规定的需要控制的室内空气污染物共分成 4 大类，分别为物理、化学、生物和放射性性质的污染物，见表 12-5。

《室内空气质量标准》规定的需要控制的室内空气污染物分类　　　　表 12-5

序号	类别	名称
1	物理	温度、相对湿度、新风量、风速
2	化学	臭氧、二氧化硫、二氧化氮、二氧化碳、一氧化碳、氨、甲醛、苯、甲苯、二甲苯、总挥发性有机化合物（TVOC）、三氯乙烯、四氯乙烯、苯并 [a] 芘、可吸入颗粒物（PM10）、细颗粒物（PM2.5）
3	生物	细菌总数
4	放射性	氡

上述 22 项污染物都已被证实可能对人体健康产生影响。《室内空气质量标准》GB/T 18883-2022 对上述污染物规定了室内空气中允许的最高限值。

《室内空气质量标准》GB/T 18883-2022 对与室内空气品质有关的温度、相对湿度、新风量、风速等物理参数规定了标准范围。这些参数与人的舒适性有关，在制定时也考虑了节约能源的要求。

《室内空气质量标准》GB/T 18883-2022 还规定了室内空气污染物的采样与分析方法。

4.《室内空气质量标准》GB/T 18883-2022 的特点

我国制定的《室内空气质量标准》GB/T 18883-2022 具有以下特点：

（1）指标先进、合理。《室内空气质量标准》参考了发达国家的有关标准，并参考了已经实施的大气环境的空气质量标准与公共场所的卫生标准，因此具有先进性、合理性。

（2）指标选择恰当，内容丰富，能较全面地反映室内空气品质。

（3）指标值符合国情。

（4）监测方法科学，符合实际，可操作性强。

12.2.3 《民用建筑工程室内环境污染控制标准》GB 50325-2020

《民用建筑工程室内环境污染控制标准》GB 50325-2020 是针对新建、扩建和改建的民用建筑工程及其室内装修工程的环境污染控制，不适用于构筑物和有特殊净化卫生要求的民用建筑工程。此规范规定了建筑材料和装修材料用于民用建筑工程时，为控制由其产生的室内环境污染，对工程勘察设计、工程施工、工程检测及工程验收等阶段的规范性要求。其中实施污染控制的污染物有：放射性污染物氡，化学污染物甲醛、氨、苯及总挥发性有机物（TVOC），共计 5 项。新版《民用建筑工程室内环境污染控制标准》GB 50325-2020 于 2020 年 1 月 16 日经中华人民共和国住房和城乡建设部批准发布，将室内空气中污染物增加了甲苯和二甲苯，共计 7 项。

《民用建筑工程室内环境污染控制标准》GB 50325-2020 将民用建筑按不同室内环境要求划分为两类，如表 12-6 中所示。第 I 类指住宅、办公楼、医院病房、老年建筑、幼儿园、学校教室等民用建筑；第 II 类指办公楼、商店、旅店、文化娱乐场所、书店、图书馆、展览馆、体育馆、公共交通等候室、餐厅、理发店等民用建筑。

目前室内环境检测工作根据不同的服务对象和要求分别执行住房和城乡建设部制定的国家强制标准《民用建筑工程室内环境污染控制标准》GB 50325-2020（以下简称 GB 50325），国家市场监督管理总局（国家标准化管理委员会）国家推荐标准《室内空气质量标准》GB/T 18883-2022（以下简称 GB/T 18883）。在其条文中都很明确地规定了测试数据的取样条件，检测方法和检测使用的仪器。但是 GB 50325 和 GB/T 18883 也是有着一定区别的。

1）性质不同

GB 50325 是住房和城乡建设部发布的强制性标准，主要是从工程验收的角度出发，要求是在项目竣工后 1 个月以后监测，属工程标准。GB/T 18883 是国标推荐性标准，是一种指导性标准，属室内环境健康标准。

2）检测范围不同

GB 50325 主要规定了在建筑工程、装修工程方面最易引起污染的五个参数，可操作性强。GB/T 18883 是从保护人体健康的最低要求出发，将影响健康的物理参数和主要污染物全部纳入监测范围，系统全面。

3）限量值不同

GB 50325 将限量值划分为以住宅为主的 I 类建筑和以办公楼为主的 II 类建筑，分别予以规定（表 12-6）。

表 12-6

民用建筑工程室内环境污染物浓度限量 GB 50325-2020

污染物		Ⅰ类民用建筑工程	Ⅱ类民用建筑工程
氡	（Bq/m³）	≤150	≤150
甲醛	（mg/m³）	≤0.07	≤0.08
苯	（mg/m³）	≤0.06	≤0.09
氨	（mg/m³）	≤0.15	≤0.20
TVOC	（mg/m³）	≤0.45	≤0.50
甲苯	（mg/m³）	≤0.15	≤0.20
二甲苯	（mg/m³）	≤0.20	≤0.20

注：①表中污染物浓度限量，除氡外均指室内污染物浓度测量值扣除室外上风向空气中污染物浓度测量值（本底值）后的测量值。②表中污染物浓度测量值的极限值判定，采用全数值比较法。

GB/T 18883 不对检测对象进行等级划分，采用统一的标准，见表 12-7。

室内空气质量标准 GB/T 18883-2022

表 12-7

序号	参数类别	参数	单位	标准值	备注
1	物理性	温度	℃	22～28	夏季
				16～24	冬季
2		相对湿度	%	40～80	夏季
				30～60	冬季
3		风速	m/s	≤0.3	夏季
				≤0.2	冬季
4		新风量	m³/(h·人)	≥30	—
5	化学性	二氧化硫（SO_2）	mg/m³	≤0.50	1h 均值
6		二氧化氮（NO_2）	mg/m³	≤0.20	1h 均值
7		一氧化碳（CO）	mg/m³	≤10	1h 均值
8		二氧化碳（CO_2）	%	≤0.10	1h 均值
9		氨（NH_3）	mg/m³	≤0.20	1h 均值
10		臭氧（O_3）	mg/m³	≤0.16	1h 均值
11		甲醛（HCHO）	mg/m³	≤0.08	1h 均值
12		苯（C_6H_6）	mg/m³	≤0.03	1h 均值
13		甲苯（C_7H_8）	mg/m³	≤0.20	1h 均值
14		二甲苯（C_8H_{10}）	mg/m³	≤0.20	1h 均值
15		三氯乙烯（C_2HCl_3）	mg/m³	≤0.006	8h 均值
16		四氯乙烯（C_2Cl_4）	mg/m³	≤0.12	8h 均值
17		总挥发性有机物 TVOC	mg/m³	≤0.60	8h 均值
18		苯并［a］B（a）P	mg/m³	≤1.00	24h 平均值
19		可吸入颗粒（PM10）	mg/m³	≤0.10	24h 平均值
20		细颗粒物（PM2.5）	mg/m³	≤0.05	24h 平均值
21	生物性	菌落总数	CFU/m³	≤1500	
22	放射性	氡（^{222}Rn）	Bq/m³	≤300	年平均值（参考水平）

4）采样条件不同

对于两个标准中相同的六个检测对象，两个国标要求的检测方法一样，但规定的采样条件有较大差异。

从以上两个标准的区别中可以看出，在进行室内环境检测时应明确检测的目的。如果检测结果是用于建筑工程竣工验收或装饰装修工程的验收，应以 GB 50325 为准，因为在民用建筑工程室内环境污染控制方面，GB 50325 是对建筑商和装修商具有强制性的工程验收标准。如果是为了了解生活、工作环境的空气质量，以便采取必要措施时，可以 GB/T 18883 为标准，因为 GB/T 18883 实质上是一个健康人居环境的基本标准，目前对建筑开发商、装修公司、家具商并没有强制约束力。

12.3 室内环境检测

12.3.1 检测业务的开展

1. 了解并记录客户相关信息资料

接待咨询是室内环境检测与治理业务进行的第一步，它对开展室内环境检测与治理业务为客户有效、经济地做好室内环境治理工作，预防室内环境污染物对人们健康造成伤害具有十分重要的意义。室内环境检测人员在接待咨询时，应作较详细的记录，并予以保存。其作用主要是：便于掌握客户信息，如发现问题，能够及时与客户取得联系；为下一步制定治理方案提供原始的背景材料；在以后室内环境治理业务的开展以及跟踪服务中，作为质量检查的可追溯资料。

接待咨询实务操作主要需要记录以下有关信息：

（1）有关客户的信息资料；

（2）有关室内环境的基本信息；

（3）有关室内装修材料的基本信息；

（4）有关室内污染及对人体健康影响的信息；

（5）有关室内环境检测治理的信息；

（6）有关室内环境污染表现的信息。

在接待客户时，需要详细询问并正确回答客户提出的有关室内环境治理的问题（表 12-8）。

客户基本信息表　　　　　　　　　　　　　　　　　　表 12-8

记录日期		记录人		表格编号	
姓名		性别		年龄	
单位名称					
单位（或住宅）地址				邮编	
联系电话		传真		手机	

室内环境的性质：

☐一般住宅

☐交通工具内 　　　☐商场、超市

☐别墅 　　　　　　☐办公楼 　　　　　☐宾馆客房 　　　　　☐美容美发场所

☐沐浴场所 　　　　☐游泳场所 　　　　☐候车（机、船）场所

☐幼儿园 　　　　　☐医院门、急诊环境 ☐计算机房 　　　　☐网吧

☐博物馆、展览馆 　☐体育场馆 　　　　☐餐厅 　　　　　　☐娱乐场所 　☐其他

按客户反馈填写表 12-9。

室内空间情况 　　　　　　　　　　　　　　　　　　　　表 12-9

位置	室内空间情况		
房间 1	面积：	m²；层高：	用途：
房间 2	面积：	m²；层高：	用途：
房间 3	面积：	m²；层高：	用途：
房间 4	面积：	m²；层高：	用途：
房间 5	面积：	m²；层高：	用途：

根据咨询了解情况，详细填写相关信息，见表 12-10，以便进一步搜集数据，拟定检测方案。

室内环境与装修的信息表 　　　　　　　　　　　　　　　表 12-10

类别	项目	记录
建筑结构	房间平面布置图	
装修情况	墙： 顶： 地面：	
空调		
通风		
家具		
办公用品		
建筑物周围情况	是否靠近公路 是否位于闹市中心 是否有建筑工地 是否有工厂排放烟尘 是否有餐厅的厨房排放油烟废气 小区的生态环境如何 是否受到公共通道影响污染（如邻居的厨房油烟排放、卫生间异味等）	（如没有或影响不严重，可以不填）
装修完成至今时间		
是否豢养宠物		
室内是否种植花草		
人员情况	常住人数： 有否弱势群体：☐老人与儿童 ☐孕妇 　☐病人 　☐过敏体质者 ☐成员中是否有哮喘等过敏性疾病病史	
吸烟情况		

2. 室内环境的分类和基本信息

1）室内环境的分类

目前常见的需要治理的室内环境分类见表12-11。

常见的需要治理的室内环境分类　　　　　　　表 12-11

类别	名称
住宅	高层住宅、别墅、移动住宅
办公楼	政府办公楼、企事业办公楼、会议室、接待室、计算机室、档案室
公共场所	宾馆、美容厅、娱乐场所、餐厅、咖啡厅、网吧、商场、超市、健身房、图书馆、博物馆、展览馆
卫生机构	医院急诊、门诊室、普通病房、疾病预防控制中心、幼儿园、老人院、疗养院、康复中心、血站、计生中心、法医检验
金融机构	银行钞票处理中心、银行营业大厅、造币厂、证券公司、保险公司
科研、实验机构	精密仪器实验室、微生物实验室、动物实验室
工厂企业	印刷厂、化妆品厂、保健品厂、钢铁厂、化工厂、电厂、石油基地、电信大楼、电子工厂、制药厂

随着人们环境意识的持续提高和室内环境质量标准的不断完善，我国室内环境治理的市场正保持上升态势。未来几年，我国室内环境治理的服务对象主要为公共场所、住宅和现代化办公楼宇，其他有专业特殊要求的行业的室内环境治理也将趋于规范化，例如，银行钞票处理中心、档案馆、微生物实验室等。

2）室内环境的基本信息

表12-12为室内环境治理员在接待客户咨询提问时，需要了解的有关的室内环境基本信息。

室内环境基本信息表　　　　　　　表 12-12

序号	类别	项目
1	建筑结构	房间平面布置图、各房间的面积、层高
2	建筑物周围情况①	是否靠近公路 是否位于闹市中心 是否有建筑工地 是否有工厂排放烟尘 是否有餐厅的厨房排放油烟废气 小区的生态环境如何② 是否受到公共通道影响污染③（如邻居的厨房油烟排放、卫生间异味等）
3	装修情况	墙、天花板、地面、门窗、家具
4	装修材料	涂料、油漆、胶粘剂、木制品、壁纸、地毯、混凝土外加剂④、天然石材⑤
5	装修时间	
6	人员情况	有无老、弱、病、残、孕、婴、幼等弱势人群？成员中有无哮喘等过敏性疾病病史
7	人员感官情况	有无感觉有异味、灰尘烟雾特别大
8	人员健康状况	呼吸道有无不适，有无喉咙痛、痒、咳嗽等症状，有无皮肤丘疹、哮喘等过敏症状，有无乏力、困倦、头晕等症状
9	宠物情况⑥	所养宠物的类型，宠物是否有异常情况
10	植物情况⑦	

続表

序号	类别	项目
11	燃料	使用煤气、煤还是液化气
12	气雾剂	是否经常使用气雾类的化妆品、清洁剂或杀虫剂
13	吸烟情况	

注：① 室内环境中的污染物大都来自于室外，室外的空气污染物可通过门、窗以及建筑物的缝隙进入室内；
② 小区生态环境好也可能产生花粉污染；
③ 建筑结构中的公共通道可能传播空气污染物；
④ 混凝土外加剂可能产生的氨污染，一般在我国北方冬季施工时容易发生；
⑤ 天然石材有可能产生氡及其子体污染；
⑥ 宠物会传染人畜患病；
⑦ 有些植物有害，不适宜在室内养植。

3. 记录客户室内环境对人体健康影响的相关信息资料

根据来访或来电咨询了解情况，详细填写客户居室环境对人体健康影响的相关信息，见表12-13，以便进一步跟踪服务。

客户居室环境对人体健康影响的相关信息表　　　　表 12-13

项目	情况记录
人员感官情况	
人员健康情况	

人员感官情况主要指环境污染物对眼、鼻、耳、咽喉、皮肤的刺激作用。一般情况下，如人员靠感官觉察到环境的污染问题，则污染已经达到可能影响人体健康的程度。需要注意的是：如果人员感官没有觉察环境的污染，不能说明室内环境就一定没有污染。室内环境中的可吸入颗粒物、细菌等微生物、花粉、一氧化碳、二氧化碳、氡等污染物不一定会直接作用于人的感官，但会对人体造成潜在的危害。

人员健康状况分三种：第一种指人员的既往病史，例如，呼吸系统、神经系统、血液系统等方面的疾病，室内环境污染会引发与加重这些疾病；第二种指人员的家族病史，例如，过敏性疾病、癌症等，室内环境污染会诱发这些疾病；第三种指人员没有既往病史也没有家族病史，是由于室内环境污染引发的疾病，例如，军团病、办公室综合征等。

4. 了解并记录客户反映的室内环境质量检测与治理的问题

在接待客户询问并记录有关室内环境污染的相关信息后，进一步了解并记录客户对室内环境检测和已采取的治理手段等问题就变得十分重要。

对于不同的室内场合、不同的污染状况，需要检测的污染物的项目是不同的。测试项目选择不当或漏检某些引起室内环境污染的主要污染物，都可能给以后制定治理方案带来困难，甚至会使室内环境质量的评估得出错误的结论。表12-14为针对不同的室内环境提出的需要检测的项目。

不同的室内环境需要检测的项目　　　　表 12-14

检测项目	甲醛	苯、甲苯、二甲苯	氨	TVOC	二氧化碳	一氧化碳	可吸入颗粒物	细菌	氡
住宅	√	√		√					√
办公室	√	√		√	√		√	√	

检测项目	甲醛	苯、甲苯、二甲苯	氨	TVOC	二氧化碳	一氧化碳	可吸入颗粒物	细菌	氡
商场	√			√	√		√	√	
宾馆客房	√				√	√	√	√	
咖啡厅	√				√	√	√		
地铁				√			√	√	√
银行	√						√		
美容院	√	√							
幼儿园	√						√	√	

表 12-15、表 12-16 为针对不同的室内情况提出的需要检测的项目。

不同的室内情况需要检测的项目　　　　　　　　**表 12-15**

项目	甲醛	苯类	TVOC	二氧化碳	一氧化碳	可吸入颗粒物	细菌	臭氧	苯并[a]芘	氡	氨
中央空调				√		√	√				
人员密集				√		√	√				
新装修后	√	√	√								
新车	√	√	√								
吸烟				√	√	√			√		

室内装饰装修材料提出的需要检测的项目　　　　　　　　**表 12-16**

检测项目	甲醛	苯类	TVOC	氡	氨	甲苯二异氰酸脂	可溶性重金属	氯乙烯	其他
人造板及其制品	√								
溶剂性木器涂料			√			√	√		
混凝土防冻剂					√				
内墙涂料	√		√				√		
胶粘剂	√	√			√				
木家具					√		√		
壁纸	√		√				√	√	
聚氯乙烯卷材地板	√		√				√	√	
大理石			√						
地毯	√		√						√

12.3.2　编制室内环境现场检测的方案

室内环境现场检测是为室内环境评价、规划与治理提供依据的必要的前期工作，因此，科学地编制室内环境现场检测的方案十分重要。

1. 判断室内环境的性质

根据对室内环境的初步了解与客户提供的信息，确定室内环境的性质（表 12-17）。根据室内环境的性质，初步确定需要现场测试的项目。

<table>
<tr><td colspan="2" align="center">判断室内环境的性质</td><td align="right">表 12-17</td></tr>
</table>

室内环境的性质	□一般住宅　□别墅　□办公楼　□宾馆客房
	□美容美发所□交通工具□沐浴场所□游泳场所
	□候（机、船）场所□商场、超市□幼儿园
	□医院门、急诊环境□计算机房□网吧□博物馆、展览馆
	□体育场馆□餐厅□娱乐场所□其他

2. 现场勘查，核对室内环境基本情况

通过现场勘查与客户提供的信息，核对室内环境的基本情况（表 12-18），以便进一步确定具体测试的房间与测试的项目。

室内环境基本情况　　　　　表 12-18

项目	需要了解的信息
建筑结构	房间平面布置图 各房间的面积与性质 层高
建筑周围情况	是否靠近公路？是否位于闹市中心？ 附近是否有建筑工地？附近是否有工厂排放烟尘？ 附近是否有餐厅的厨房排放油烟废气？小区的生态环境如何？是否受到公共通道污染的影响 （如邻居的厨房排放油烟、卫生间异味等）
装修情况	墙、天花板、地面、门窗、家具
装修材料	人造板、涂料、油漆、胶粘剂、木制品、壁纸、地毯、混凝土外加剂、天然石材
装修时间	
人员情况	有无老、弱、病、残、孕、婴、幼等弱势人群？成员中是否有人有哮喘等过敏性疾病病史
空调情况	集中式中央空调、分体式空调、窗式空调
人员感官情况	有否感觉有异味、灰尘烟雾特别大
人员健康情况	呼吸道有无不适，有无喉咙痛、喉咙痒、咳嗽等症状，有无皮肤丘疹、哮喘等过敏症状，有无乏力、困倦、头晕等症状
宠物情况	所养宠物的类型，宠物是否有异常情况
植物情况	室内种植的植物是否有生长不正常的情况
燃料	使用煤气、煤还是液化气
气雾剂	是否经常使用气雾类的化妆品、清洁剂或杀虫剂
吸烟情况	

3. 确定检测项目的内容和所需要的时间、人员配备

需要确定的检测项目包括检测点总数及其名称、每一个需要检测的污染物的名称以及需要配备的测试仪器与材料、工具等。确定检测项目后，还需要确定每一个检测项目所需要的时间、人员配备（表 12-19）。

检测项目的内容和所需要的时间、人员配备　　　表 12-19

检测点编号	检测点 1	检测点 2	检测点 3	检测点 4	……
检测点名称					
检测污染物名称					

检测点编号	检测点 1	检测点 2	检测点 3	检测点 4	……
检测仪器名称					
材料、工具					
预计测试时间/h					
人员配备					

【实例 12-1】 编制办公室的室内环境现场检测方案

（1）了解室内环境的性质

确定室内环境的性质是办公室。

（2）现场勘查，核实室内环境基本情况（表 12-20）

办公室室内环境基本情况　　表 12-20

项目	信息
建筑结构	房间平面布置图； 钢筋混凝土板式结构，高 14 层； 各房间的性质与面积：房间 1（员工办公室）100m²，房间 2（总经理办公室）35m²； 房间 3（接待室）40m²，房间 4（会议室）40m²； 层高：2.6m
建筑周围情况	位于闹市中心，小区的生态环境比较好
装修情况	墙、天花板、地面、门窗、家具
装修材料	使用较多的人造板，使用水性涂料，地坪为聚氯乙烯卷材，没有使用混凝土外加剂与天然石材
装修时间	装修后 1 年
空调情况	分体式空调，没有定期清洗
人员情况	房间 1（员工办公室）：经常有 20 多人上班，使用计算机； 房间 2（总经理办公室）：总经理工作一天大量时间在室内工作； 房间 3（接待室）：有接待外宾任务，允许吸烟； 房间 4（会议室）：开会时最多有 20 多人参加，禁止吸烟
人员感官情况	感觉有异味
人员健康情况	午后有乏力、困倦、头晕等症状

（3）确定检测项目的内容和所需要的时间、人员配备与费用（表 12-21）

办公室室内环境现场检测项目的内容和所需要的时间、人员配备与费用　　表 12-21

检测点编号	检测点 1	检测点 2	检测点 3	检测点 4
检测点名称	员工办公室	总经理办公室	接待室	会议室
检测污染物名称	甲醛、TVOC、二氧化碳、可吸入颗粒物、负离子浓度	甲醛、TVOC、二氧化碳、可吸入颗粒物、负离子浓度	甲醛、TVOC、二氧化碳、可吸入颗粒物	甲醛、TVOC、二氧化碳、可吸入颗粒物
检测仪器名称	相应的快速测试仪	相应的快速测试仪	相应的快速测试仪	相应的快速测试仪
材料、工具				
预计测试时间/1h	1	0.5	0.5	0.5
人员配备	2 人			
预计测试费用	略			

【案例 12-2】 编制幼儿园的室内环境现场检测方案

（1）了解室内环境的性质

确定室内环境的性质是幼儿园。

（2）现场勘查，了解室内环境基本情况（表 12-22）

幼儿园室内环境基本情况　　　　　　　　　　表 12-22

项目	了解到的信息
建筑结构	房间平面布置图（略）； 二层砖式结构； 各房间的性质与面积：活动室 1（幼托班）80m²，活动室 2（小班）80m²，活动室 3（中班）80m²，活动室 4（大班）80m²； 层高：3m
建筑周围情况	位于闹市中心，小区的生态环境比较好
装修情况	墙、天花板、地面、门窗、家具
装修材料	使用较多的人造板，使用水性涂料，地坪为水磨石，没有使用混凝土外加剂与天然石材
装修时间	装修后 1 年
空调情况	分体式空调，没有定期清洗
人员情况	活动室 1（幼托班）：约有 30 名幼儿与 2 名老师； 活动室 2（小班）：约有 30 名幼儿与 2 名老师； 活动室 3（中班）：约有 30 名幼儿与 2 名老师； 活动室 4（大班）：约有 30 名幼儿与 2 名老师
人员感官情况	感觉有异味
人员健康情况	流行病季节有幼儿感染情况
其他	定期采用过氧乙酸对地面、玩具与家具进行消毒

（3）确定检测项目的内容和所需要的时间、人员配备与费用（表 12-23）

幼儿园室内环境现场检测项目的内容和所需要的时间、人员配备与费用　　表 12-23

检测点编号	检测点 1	检测点 2	检测点 3	检测点 4
检测点名称	活动室 1（幼托班）	活动室 2（小班）	活动室 3（中班）	活动室 4（大班）
检测污染物名称	甲醛、TVOC、二氧化碳、可吸入颗粒物、负离子浓度	甲醛、TVOC、二氧化碳、可吸入颗粒物、负离子浓度	甲醛、TVOC、二氧化碳、可吸入颗粒物	甲醛、TVOC、二氧化碳、可吸入颗粒物
检测仪器名称	相应的快速测试仪	相应的快速测试仪	相应的快速测试仪	相应的快速测试仪
材料、工具				
预计测试时间/h	1	0.5	0.5	0.5
人员配备	2 人			
预计测试费用	略			

12.3.3　室内空气检测的采样技术

室内空气质量检测首要环节就是对室内空气的采样，采样的最基本要求是具有代表性、完整性及准确性。

1. 室内空气气态污染物采样方法原理

室内空气气态污染物成分复杂、来源广泛，气态污染物在空气中的含量各不相同，对室内空气现场采样就要根据所检测对象特点、检测场所等因素选择适当的采样方法，常用方法有直接采样法和富集采样法。

1）直接采样法

当空气中的被测组分浓度较高，或所用的检测方法灵敏度很高时，可选用直接采集少量气体样品的采样法。用该方法测得的结果是瞬时或者短时间内的平均浓度，快速检测出结果。常用的采样器有注射器、塑料袋、采气管和真空瓶等。

（1）注射器采样。如图12-5（a）所示，用100mL的注射器直接连接一个三通活塞。采样时，先用现场空气抽洗注射器3~5次，然后抽样，密封进样口，将注射器进气口朝下，垂直放置，使注射器的内压略大于大气压，送检测室分析。要注意样品的存放时间不宜太长，一般要当天检测完。注射器要做磨口密封性的检查，有时需要对注射器的刻度进行校准。此法多用于有机蒸汽的采集。

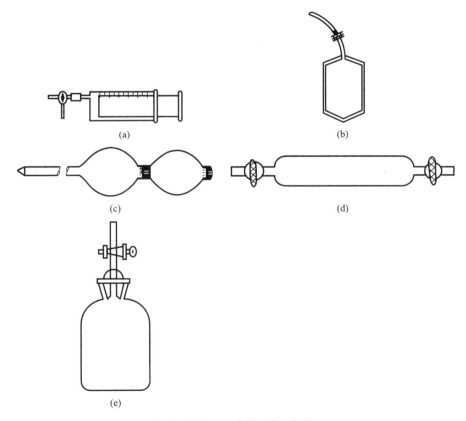

图12-5 直接采样法常用仪器

（2）塑料袋采样。选择与样品组分不发生化学反应、吸附、不渗漏的塑料袋，如图12-5（b）所示。常用的塑料袋有聚乙烯、聚氯乙烯和聚四氟乙烯袋等。用金属衬里（铝箔等）的袋子采样，能防止样品的渗透。为了检验对样品的吸附或渗透，首先对塑料袋进行样品稳定性试验。稳定性较差的，用已知浓度的待测物在与样品相同的条件下保存，计算出吸附损失后，对分析结果进行校正。

使用前要做气密性检查：充足气后，密封进气口，将其置于水中，不应冒气泡。塑料袋取气用 100mL 注射器或者用如图 12-5（c）所示的双联球充气。双联球是把橡皮制握球和空气储球连接起来的两个橡皮球，储球一端接橡皮管，握球有一个只进气不能出气的活动阀膜。塑料袋适用于采集少量气体样品（100～500mL），如用以采集一氧化碳的空气样品时，可用二联球充气采样。采样时，先用二连球打进现场气体冲洗 3～5 次，再充样气，夹封进气口，带回检测室检测。

（3）采气管采样。如图 12-5（d）所示，采气管是两端具有旋塞的管式玻璃容器，其容积为 100～500mL。采样时，打开两端旋塞，将双联球或抽气泵接在管的一端，迅速抽进比采气管大 6～10 倍的预采气体，使采气管中原有的气体被完全置换出，关上两端旋塞，采气体积即为采气管的容积。

（4）真空瓶采样。如图 12-5（e）所示，真空瓶是一种用耐压玻璃制成的固定容器，容积为 500～1000mL。采样前，先用抽气真空装置将采气瓶内抽至剩余压力达 1.33kPa 左右，如瓶内预先装入吸收液，可抽至溶液冒泡为止，关闭旋塞。采样时，打开旋塞，被采空气即进入瓶内，关闭旋塞，送检测室检测，采样体积为真空采样瓶的容积，如图 12-6 所示。如果采气瓶内真空达不到 1.33kPa，实际采样体积要根据剩余压力进行计算。

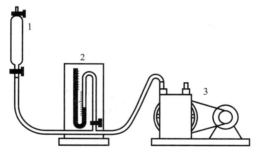

图 12-6　真空采气管的抽真空装置
1—真空采气瓶；2—闭管压力计；3—真空泵

2）富集采样法

室内空气中的污染物浓度一般都比较低（10^{-9}～10^{-10} 数量级），尽管出现了许多高灵敏度的自动测定仪器，直接采样法远远不能满足分析的要求，需要用富集采样法对室内空气中的污染物进行浓缩，使之满足分析方法灵敏度的要求。另一方面，浓缩采样时间一般比较长，测得结果代表采样时段的平均浓度，更能反映室内空气污染的真实情况。

富集采样法包括液体吸收法、固体吸附法和低温冷凝法。

（1）液体吸收法

用一个气体吸收管，内装吸收液，后面接有抽气装置，以一定的气体流量，通过吸收管抽入样品。当样品通过吸收液时，在气泡和液体的界面上，被测组分的分子被吸收在溶液中。采样结束后倒出吸收液，检测吸收液中被测物的含量。根据采样体积和含量计算室内空气中污染物的浓度。这种方法是气态污染物检测中最常用的样品浓缩方法，它主要用于采集气态、蒸汽态及某些气溶胶态污染物。

溶液吸收法的吸收效率主要取决于吸收速度和样品与吸收液的接触面积。

① 吸收管。选择结构适宜的吸收管（瓶）是增大被采气体与吸收液接触面积的有效措施。

如图12-7所示，常用的吸收管有气泡吸收管、冲击式吸收管、多孔筛板吸收管、玻璃筛板吸收瓶。气泡吸收管适用于采集气态和蒸汽态物质，不适合采集气溶胶态物质，管内可装5～10mL吸收液。冲击式吸收管适宜采集气溶胶态或易溶解的样品，而不适合采集气态和蒸汽态物质。这种吸收管有小型（装5～10mL吸收液，采样流量为3L/min）和大型（装50～100mL吸收液，采样流量为30L/min）。该管的进气管喷嘴孔径小，距瓶底又近，采样时，气样迅速从喷嘴喷出冲向管底，气溶胶颗粒因惯性作用冲击到管底被分散，从而易被吸收液吸收。多孔筛板吸收管和玻璃筛板吸收可用于采集气态、蒸汽态及雾态气溶胶物质，该吸收管可装5～10mL吸收液，采样流量为0.1～1.0L/min，吸收瓶有小型（装10～30mL吸收液，采样流量为0.5～2.0L/min）和大型（装50～100mL吸收液，采样流量为30L/min）。当气体通过吸收管的筛板后，被分散成很小的气泡，且滞留时间长，大大增加了气液接触面积，从而提高了吸收效果。

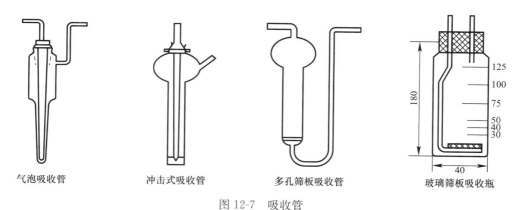

气泡吸收管　　　　冲击式吸收管　　　　多孔筛板吸收管　　　　玻璃筛板吸收瓶

图12-7　吸收管

② 吸收液的选择。欲提高吸收速度，必须根据被吸收污染物的性质选择效能好的吸收液。吸收液的选择原则是：

a. 与待测物质发生化学反应快或对其溶解度大；

b. 被吸收的待测物质，有足够的稳定时间；

c. 被吸收的待测物质，应有利于下一步测定；

d. 吸收液毒性小、价格低、易于购买，且尽可能回收利用。

常用的吸收液有水、水溶液和有机溶剂等，使用溶液吸收法时，应注意以下几个问题：

a. 当采样流量一定时，为使气液接触面积增大，提高吸收效率，应尽可能地使气泡直径变小，液体高度加大，尖嘴部的气泡速度减慢。但不宜过度，否则管路内压增加，无法采样，建议通过试验测定实际吸收效率来进行选择。

b. 由于加工工艺等问题，应对吸收管的吸收效率进行检查，选择吸收效率为90%以上的吸收管，尤其是使用气泡吸收管和冲击式吸收管。

c. 新购置的吸收管要进行气密性检查。将吸收管内装适量的水，接至水抽气瓶上，两个水瓶的水面差为1m密封进气口，抽气至吸收管内无气泡出现，待抽气瓶水面稳定后，静置10min，抽气瓶水面应无明显降低。

d. 部分方法的吸收液或吸收待测污染物后的溶液稳定性较差，易受空气氧化、日光照射而分解或随现场温度的变化而分解等，应严格按操作规程采取密封、避光或恒温采样等措施，并尽快分析。

e. 吸收管路的内压不宜过大或过小，要进行阻力测试。采样时，吸收管要垂直放置，进气管要置于中心的位置。

f. 现场采样时，要注意观察不能有泡沫抽出。采样后，用样品溶液洗涤进气口内壁3次，再倒出分析。

（2）固体吸附法

① 原理。固体吸附法又称填充柱采样法。填充柱采样管用一根长6～10cm、内径3～5cm的玻璃管或塑料管，内装颗粒状填充剂制成。填充剂可以用吸附剂或在颗粒状的单体上涂以某种化学试剂。采样时，让气体以一定流速通过填充柱，被测组分因吸附、溶解或化学反应等作用被滞留在填充剂上，达到浓缩采样的目的。采样后，通过解吸或溶剂洗脱，使被测组分从填充剂上释放出来进行测定。

② 固体吸附法的类型。固体吸附法的类型有吸附型、分配型、反应型。吸附型填充剂是颗粒状固体吸附剂，如活性炭、硅胶、分子筛、高分子多孔微球等。它们都是多孔物质，表面积大，对气体和蒸汽有较强的吸附能力。有两种表面吸附作用，一种是由于分子间引力引起的物理吸附，吸附力较弱；另一种是由于剩余价键力引起的化学吸附，吸附力较强。极性吸附剂，如硅胶等，对极性化合物有较强的吸附能力；非极性吸附剂，如活性炭等，对非极性化合物有较强的吸附能力。一般来说，吸附能力越强，采样效率越高，但这往往会给解吸带来困难。因此，在选择吸附剂时，既要考虑吸附效率，又要考虑易于解吸。

分配型填充柱的填充剂是表面高沸点的有机溶剂（如异十三烷）的惰性多孔颗粒物（如硅藻土），类似于气液色谱柱中的固定相，只是有机溶剂的用量比色谱固定相大。当被采集气样通过填充柱时，在有机溶剂中分配系数大的组分保留在填充剂上而被富集。

反应型填充柱的填充物是由惰性多孔颗粒物（如石英砂、玻璃微球）或纤维状物（如滤纸、玻璃棉）表面涂渍能与被测组分发生化学反应的试剂制成。也可以用能和被测组分发生化学反应的纯金属丝毛或细粒作填充剂。气样通过填充柱时，被测组分在填充剂表面因发生化学反应而被阻留，采样后，将反应产物用适宜的溶剂洗脱或加热吹气解吸下来进行分析。

使用固体吸附法时应注意：可以长时间采样，用于空气中污染物日平均浓度的测定；选择合适的固体填充剂对于蒸汽和气溶胶都有较好的采样效率；污染物浓缩在填充剂上的稳定性一般都比吸收在溶液中要长得多，有时可放几天甚至几周不变；在现场采样时，填充柱比溶液吸收管方便得多，样品发生再污染、洒漏的机会要小得多；填充柱的吸附效率受温度等因素的影响较大，温度升高，最大采样体积将会减少。水分和二氧化碳的浓度较待测组分大得多，用填充柱采样时对它们的影响要特别留意，尤其对湿度（含水量）。由于气候等条件的变化，湿度对最大采样体积的影响更为严重，必要时，可在采样管前接一个干燥管；为了检查填充柱采样管的采样效率，可在一根管内分前、后段填装滤料，如前段装100mg，后段装50mg，中间用玻璃棉相隔。但前段采样管的采样效率应在90%以上。

（3）低温冷凝法

空气中某些沸点比较低的气态物质如烯烃类、醛类等，在常温下用固体吸附剂很难完全被阻留，但用制冷剂可以将其冷凝下来，浓缩效果较好。制冷方法有制冷剂法和半导体制冷器法。常用的制冷剂有冰—食盐（$-4℃$）、干冰—乙醇（$-72℃$）、干冰（$-78.5℃$）、液氧（$-183℃$）等。此法是将 U 形或蛇形采样管插入冷阱中，分别连接采样入口和泵，当大气流经采样管时，被测组分因冷凝而凝结在采样管底部。收集后，可送检测室移去冷阱进行分析测试。低温冷凝法采样，在不加填充剂的情况下，制冷温度至少要低于被浓缩组分的沸点 $80\sim100℃$，否则效率很低。

采样过程中，为了防止气样中的微量水、二氧化碳在冷凝时同时被冷凝下来，产生分析误差，可在采样管的进气端装过滤器（内装氯化钙、碱石灰、高氯酸镁等）除去水分和二氧化碳。

2. 颗粒及气溶胶样品的采样方法

室内空气中颗粒及气溶胶样品的最基本的采集方法是自然沉降法和滤料法。

1）自然沉降法

（1）自然沉降法是利用颗粒物受重力场的作用，沉降在一个敞开的容器中，采集的是较大粒径的颗粒物。自然沉降法主要用于采集颗粒物粒径大于 $30\,\mu m$ 的尘粒，是测定室外大气降尘的方法，而室内测定很少使用，结果用单位面积、单位时间内从空气中自然沉降的颗粒物质量 $[t/(km^2 \cdot 月)]$ 表示。这种方法虽然比较简便，但易受环境气象条件（如风速）的影响，误差较大。

（2）静电沉降，空气样品通过 $(1.2\sim2.0)\times10V$ 电场时，由电晕放电产生的离子附着在气溶胶的颗粒上，使颗粒带电荷。带电荷粒子在电场作用下，沉降在极性相反的收集极上。此法收集效率高，无阻力。采样后，取下收集极表面沉降物质，送检测室检测用。注意静电采样器不能用于易燃易爆的场合采样，以免发生危险。

2）滤料法

（1）原理，滤料法根据粒子切割器和采样流速的不同，分别用于采集空气中不同粒径的颗粒物。该方法是将过滤材料（如滤膜）放在采样夹上，用抽气装置抽气，则空气中的颗粒物被阻留在过滤材料上。称量过滤材料上富集的颗粒物质量。根据采样体积即可计算（图 12-8、图 12-9）。

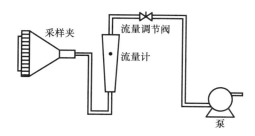

图 12-8　滤料采样装置

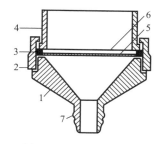

图 12-9　颗粒物采样夹

1—底座；2—紧固圈；3—密封圈；4—接座圈；
5—支撑网；6—滤膜；7—抽气接口

滤料法主要用于采集空气中的气溶胶。用滤料采集空气中颗粒物质基于直接阻挡、惯性碰撞、扩散沉降、静电引力和重力沉降等作用。滤料的采集效率除与自身性质有关外，还与采样速度、颗粒物的大小等因素有关。低速采样，以扩散沉降为主，对细小颗粒物的采集效率高；高速采样，以惯性碰撞作用为主，对较大颗粒物的采集效率高。空气中的大小颗粒物是同时并存的，当采样速度一定时，就可能使一部分粒径小的颗粒物采集效率偏低。此外，在采样过程中，还可能发生颗粒物从滤料上弹回或吹走的现象。

（2）滤料，常用的滤料有：①纤维状滤料，如定量滤纸、玻璃纤维滤膜、过氯乙烯滤膜等；②筛孔状滤料，如微孔滤膜、直孔滤膜等。

定量滤纸（中速和慢速）是采集颗粒物质的常用滤料。它具有价格便宜、灰分低、纯度高、机械强度大、不易破裂等优点，但是抽气阻力大，有时孔隙不均匀。由于定量滤纸吸水性比较大，不宜用重量法测定悬浮颗粒物浓度。

玻璃纤维滤纸是用玻璃纤维做成，其价格比定量滤纸贵，机械强度差，但它具有吸水性小、耐高温、阻力小等优点，可用酸或有机溶剂等将采集在滤纸上的颗粒物中的某些成分提取下来，进行检测。常用它来采集空气中的悬浮颗粒物，用重量法测定其浓度，再分割做各种成分检测。

合成纤维滤料是由直径在 $1\mu m$ 以下的聚苯乙烯、聚氯乙烯或聚四氟乙烯合成纤维交织而成的，对气流阻力和吸水性比定量滤纸要小得多，且由于它带静电荷，采样效率也比滤纸高，因此被广泛用于悬浮颗粒物采样。除四氟乙烯纤维之外，此种滤料用重量法测定其浓度后，还可用乙酸丁酯等有机溶剂溶成溶液，在显微镜下进行颗粒分散度的测定，也可以做其他化学成分检测。缺点是机械强度差，需要有一个带支持筛网的采样夹固定。

过氯乙烯滤膜核心原材料为过氯乙烯（CPVC），属于合成纤维类，具有静电性、憎水性、阻力小、耐酸碱和重量轻等特点，适用于对大气 TSP 中微量元素的分析。吸尘效率达 99.99% 以上，其检测结果较为精确。

选择滤膜时，应根据采样目的，选择采样效率高、性能稳定、空白值低、易于处理和采样后易于分析测定的滤膜。

（3）采样要求，所选用的滤料和采样条件要能保证有足够高的采样效率，滤料中某些元素的含量低而稳定，滤料的阻力要小，要考虑分析的目的和要求，另外要考虑滤料的机械强度、本身的质量和价格。

（4）被动式采样方法，被动式采样器是基于气体分子扩散或渗透原理采集空气中气态或蒸汽态污染物的一种采样方法，由于它不用任何电源或抽气动力，所以又称无泵采样器。这种采样器体积小，非常轻便，可制成一支钢笔或一枚徽章大小，用作个体接触剂量评价的检测，也可放在预测场所连续采样，间接用作环境空气质量评价的检测。

① 定点采样。被动式采样器与有泵采样器放在同一采样点，取同一环境空气，并维持在方法所规定的环境条件范围之内，如风速大于 20cm/s 进行平行配对采样，连续的直读仪器也可以作为参比方法，以显示在采样过程中的浓度变化。

② 个体采样。将一个被动式采样器和一个有泵采样器配对，戴在人体同一侧的上衣口袋处，进行个体采样。按有没有采样动力，则可分为有动力式采样法和无动力采样法。有动力式采样法有抽气泵作为动力控制采样时空气流速、流量，如室内空气中检测氨的靛酚蓝法，检测甲醛的酚试剂法，检测苯的气相色谱法等。无动力采样法主要是以空气扩散

的方式进行采样，如室内空气中氨的检测等。

《室内空气质量标准》GB/T 18883-2022 中所列举的采样方法，筛选法、累积法是根据采样时间长短确定的。

筛选法：采样前关闭门窗 12h，采样时关闭门窗，至少采样 45min。

累积法：当采用筛选法采样达不到本标准要求时，采用累积法（按年平均、日平均、8h 平均值）的要求采样，年平均浓度至少采样 3 个月，日平均浓度至少采样 18h，8h 平均浓度至少采 6h，采样时间应涵盖通风最差的时间段。

12.3.4 室内空气检测设备

室内环境检测中所使用仪器的可靠性是极其重要的环节，相关检测仪器必须经过国家或省级质量技术监督部门计量认可后才可以使用（具备检测仪器性能合格证书），而且每年要定期到计量部门进行年检，经检验合格标贴计量合格标识后方可继续用于检测用途。

《环境空气采样器技术要求及检测方法》HJ/T 375-2007 规定了环境空气采样器的主要技术要求和检测方法，适用于进行环境空气样品采集的采样器，标准自 2008 年 3 月 1 日实施，原《环境空气采样器技术要求》HBC2-2001 同时废止。

1. 采样仪器的组成

用于室内空气检测所用的采样仪器由流量计、收集器、采样动力三部分组成，如图 12-10 所示。

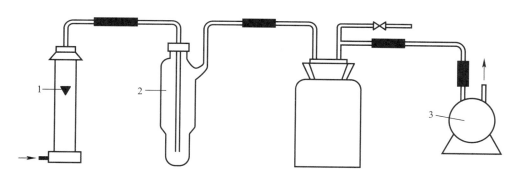

图 12-10　空气采样器组成

1—流量计；2—收集器；3—采样动力

1）流量计

流量计是测定气体流量的仪器，流量是计算采集气体体积的参数。常用的流量计有孔口流量计、转子流量计和限流孔等。

孔口流量计有隔板式和毛细管式两种，当气体通过隔板或毛细管小孔时，因阻力而产生压力差；气体流量越大，阻力越大，产生的压力差也越大，由下部的 U 形管两侧的液柱差，可直接读出气体的流量。

转子流量计由一个上粗下细的锥形玻璃管和一个金属制转子组成。当气体由玻璃管下端进入时，由于转子下端的环形孔隙截面积大于转子上端的环形孔隙截面积，所以转子下端气体的流速小于上端的流速，下端的压力大于上端的压力，使转子上升，直到上、下两端的压力差与转子的重力相等，转子停止不动。气体流量越大，转子升得越高，可直接从转子上沿位置读出流量。当空气湿度大时，需在进气口前连接一个干燥管，否则，转子吸附水分后重力增加，会影响测量结果。

限流孔实际上是一根长度一定的毛细管，如果两端维持足够的压力差，则通过限流孔的气流就能维持恒定。此时的流量称为临界状态下的流量，其大小取决于毛细管孔径的大小，使用不同孔径的毛细管，可获得不同的流量。这种流量计使用方便，价格便宜，被广泛用于大气采样器和自动检测仪器上以控制流量。限流孔可以用注射器针头代替，使用中要防止被堵塞。

流量计在使用前应进行校准，以保证刻度值的准确性。校正方法是将皂膜流量计串接在采样系统中，以皂膜流量计或标准流量计的读数标定被校流量计。

2）收集器

收集器是捕集室内空气中预测物质的装置，主要有吸收瓶、填充柱、滤料采样夹等。应根据被捕集物质的状态、理化性质等选用适宜的收集器。

3）采样动力

采样动力应根据所需采样流量、采样体积、所用收集器及采样点的条件进行选择。一般应选择质量小、体积小、抽气动力大、流量稳定、连续运行能力强及噪声小的采样动力。常用的采气动力有玻璃注射器、双联球、电动抽气泵。

（1）玻璃注射器选用100mL磨口医用玻璃注射器，使用前需检查是否严密、不漏气，一般用于采集空气中的有机气体。

（2）双联球一般选用带有单向进气阀门的橡胶双联球，它适合采集空气的组成气体，如一氧化碳等。

（3）电动抽气泵常用于采样速度较大，采样时间较长的场合，主要有薄膜泵和电磁泵两大类。

2. 常用的采样器

便携式空气采样器能用于流量为 0.5～2.0L/min 的气态污染物的采样（图12-11）。

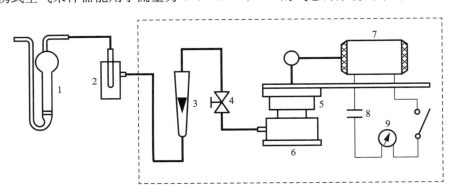

图12-11　恒温恒流携带式空气采样器

1—吸收管；2—滤水井；3—流量计；4—流量调节阀；5—抽气泵；6—稳流计；

7—电动机；8—电源；9—定时器

1）采集室内空气中颗粒物质

采样器按流量大小可分为大流量（约 1m³/min）采样器、中流量（约 100L/min）采样器、小流量（约 10L/min）采样器，在各种流量采样器的气样入口处加一个特定粒径范围的切割器，就构成了特定用途的采样器，如总悬浮物颗粒物（TSP）采样器、可吸入颗粒物（IP）采样器、胸部颗粒物（TP）和呼吸性颗粒物（RP）采样器以及各种分级采样器（图 12-12）。

（1）大流量采样器 大流量采样器只用于室外采样，流量范围为 $1.1\sim1.7\text{m}^3/\text{min}$，采样夹可安装 $200\text{mm}\times250\text{mm}$ 的玻璃纤维滤纸，采集 $0.1\sim100.0\mu\text{m}$ 的总悬浮物颗粒物（TSP）。用重量法测定总悬浮颗粒物后，将样品滤纸切成 5 个部分。50% 用于提取有机物。测定多环芳香烃和苯并［a］芘等，20% 用于金属分析，10% 做水溶性物质硫酸盐、硝酸盐、氯化物及氨盐的测定，余下 20% 保留备用。如果悬浮颗粒中成分是以金属为主，则应切取 50%～70% 做金属元素分析用。

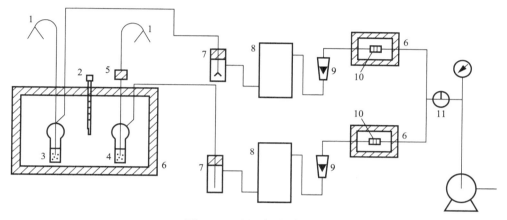

图 12-12　恒温恒流采样器

1—进气口；2—温度计；3—二氧化硫吸收瓶；4—氮氧化物吸收瓶；
5—三氧化铬-沙子氧化管；6—恒温装置；7—滤水井；8—干燥器；9—转子流量计；
10—微孔滤膜及限流孔；11—三通阀

（2）中流量采样器 此采样器由空气入口防护罩、采样夹、气体转子流量计和吸尘机或其他抽气动力以及支架所组成。中流量采样器一般使用铝或不锈钢制采样夹，其有效集尘面的直径约 100mm，滤料用玻璃纤维滤纸或有机纤维滤膜。使用前，用标准流量计校准采样系列中的流量计在采样前和采样后的流量，流量误差应小于 5%。在采样过程中用流量调节孔随时调节到指定的流量值，采样时间为 8～24h。采样后，用重量法测定 TSP 含量。

（3）小流量采样器 小流量采样器结构与中流量采样器相似。采样夹可装上直径为 44mm 的滤纸或滤膜，采气流量为 20～30L/min。由于采气量少，需较长时间的采样，才能获得足够分析用的样品，而且只适宜作单项组分分析。它实际是可吸入颗粒物（TP）采样器，切割粒径为 $D_{50}=10\mu\text{m}$，又称 PM10 采样器。

采样器的入口处加一粒径分离切割器就构成了分级采样器。分级采样器有二段式和多段式两种类型；二段式主要用于测定 TSP 和 TP 或 TP 和 RP（PM）；多段式可分级采集不同粒径范围的颗粒物，用于测定颗粒物的粒度分布。粒径分离切割器的工作原理有撞击式、旋风式和向心式等多种形式。

2）个体采样器

个体采样器用以评估人体对污染物的接触量。

（1）主动式个体采样器 主动式个体采样器由样品收集器、流量计量装置、抽气泵与电源几部分组成，是一种随身携带的微型采样装置。抽气泵多用耗电量小、性能稳定的微型薄膜泵或电磁泵，电源常用可反复充电的镍镉电池，可供连续 8h 采样。样品收集器一般由固体吸附柱、活性炭管、滤膜夹及滤膜组成。

主动式个体采样器的技术要求为：质量不大于 550g，长度不超过 150mm，宽度小于 75mm，厚度不超过 50mm；连续工作时间不少于 8h；系统阻力为 305mm 水柱时流量采样可达 2.8L/min，功率损失小于 20%；电池工作温度为 30~600℃，最好可反复充电使用；抽气泵恒速，耐腐蚀、耐有机蒸汽的影响；携带或佩戴方便。

（2）被动式个体采样器 被动式个体采样器又称无动力采样器，污染物通过扩散或渗透作用与采样器中的吸收介质反应，以达到采样的目的。因此，被动式个体采样器分为扩散式与渗透式两种。这种采样器体积小、质量轻、结构简单、使用方便、价格低廉，是一种新型的采样工具，适用于气态和蒸汽态的污染物采样。

① 扩散式个体采样器。其基本结构包括外壳、扩散层、收集剂三部分，有圆盒形、方盒形、圆筒形等，壳体一面或两面打有许多通气孔，污染物通过扩散作用，经通气孔通过扩散层，被收集剂吸收或吸附。常用的吸附剂有活性炭、硅胶、多孔树脂、浸渍滤纸、浸渍的金属筛网等。

② 渗透式个体采样器。其基本结构包括外壳、渗透膜和收集剂三部分，与扩散式相类似，只是以渗透膜取代扩散层。这种采样器是利用气态污染物分子的渗透作用来完成采样的目的。污染物分子经渗透膜进入收集剂，收集剂可以是固体的吸附剂（活性炭、硅胶等），也可以是液体的吸收液，可按各种污染物的不同要求进行选择。渗透膜一般是有机合成的薄膜，如二甲基硅酮、硅酮聚碳酸酯、硅酮酯纤维膜、聚乙烯氟化物等，厚度为 0.025~0.25mm。

12.3.5 采样技术要求

目前广泛使用的 GB 50325 和 GB/T 18883 中关于室内空气采样的技术均有明确要求（表 12-24）。

室内空气采样技术要求　　　　　　　　　　　表 12-24

执行标准	GB 50325-2020		GB/T 18883-2022	
	房间使用面积（m²）	检测点数（个）	房间使用面积（m²）	检测点数（个）
采样点数量			＜25	1
	＜50	1	≥25，＜50	2~3
	≥50，＜100	2	≥50，＜100	3~5
	≥100，＜500	不小于 3	≥100	至少 5
	≥500，＜1000	不小于 5		
	≥1000	≥ 1000m² 的部分，每增加 1000m² 增设 1，增加面积不足 1000m² 时按增加 1000m² 计算		

执行标准	GB 50325-2020	GB/T 18883-2022
采样点位置	距室内地面高度：0.8～1.5m	距室内地面高度：0.5～1.5m
	距室内墙面不小于0.5m	
	分布均匀、采样点应避开通风道和通风口	
采样要求	自然通风的工程应在对外门窗封闭1h后进行（氨除外）	采样前关闭门窗、空气净化设备和新风系统至少12h，采样时关闭门窗、空气净化设备；使用空调的室内环境应保持空调正常运转
室外空白采样	室外采样与室内采样同步进行；在被测建筑物上风向处采样	
室内检测要求	装修工程完成的固定式家具应保持正常使用状态	采样时间应涵盖通风最差时间段

注：GB 50325-2020中氨的检测，对采用自然通风的民用建筑工程验收，应在房间对外门窗关闭24h后进行。

民用建筑工程验收检测：抽检有代表性的房间室内环境污染物浓度，抽检房间数量不得少于5%，并不得少于3间；房间总数少于3间时，应全数检测。

1. 采样点布设要求

采样点的布设不科学，会直接影响室内污染物检测的准确性，所得的检测数据并不能准确地反映室内空气质量。

1）布点原则

（1）代表性

代表性应根据检测目的与对象来决定，以不同的目的来选择各自典型的代表。如可按居住类型分类、燃料结构分类、净化措施分类等。

（2）可比性

为便于对检测结果进行比较，各个采样点的各种条件应尽可能相类似，所用的采样器及采样方法，应作具体规定，采样点一旦选定后，一般不要轻易改动。

（3）可行性

由于采样的器材较多，应尽量选择有一定空间可供利用的地方。为避免影响居住者的日常生活，宜选用低噪声、有足够电源的小型采样器材。

2）采样环境

（1）温度、湿度、大气压

对于大多数气体污染物，当温度较高时容易挥发，使室内该项污染物浓度升高。气体的体积受大气压力影响，进而影响其在室内空气中的浓度。

（2）室外空气质量

室内空气污染不仅来源于室内，也会从室外渗入，当室外环境中存在污染源时，室内相应污染物的浓度有可能较高。

（3）室内封闭状况

在室外空气质量较好的情况下，如果室内长期处于封闭状态，没有与外界进行空气流通，一些室内空气污染物的浓度会较高；反之，则会偏低。

3）布点方法

应根据检测目的与对象进行布点，布点的数量视人力、物力和财力情况量力而行。

① 根据检测对象的面积大小和现场情况来决定采样点的数量，正确反映室内空气污染的水平。室内采样点布设如图 12-13 所示。当房间内有 2 个及以上检测点时，应采用对角线、斜线、梅花状均衡布点，并取各点检测结果的平均值作为该房间的检测值。

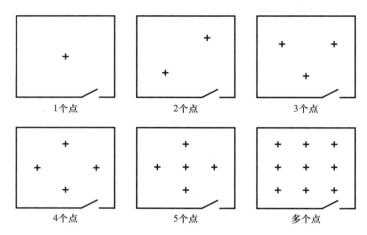

图 12-13　室内采样点布设形式

② 采样点的分布

除特殊目的外，一般采样点分布应均匀，并与门、窗有一定距离，以免局部微小气候对检测数据造成影响。在做污染源逸散水平检测时，可以污染源为中心，在与之不同的距离（2cm、5cm、10cm）处设置。

③ 采样点的高度

采样点的高度一般距地面 0.5～1.5m，与人的呼吸带高度基本一致。

④ 室外对照采样点的设置

在进行室内污染物检测的同时，为了掌握室内外污染物的关系，以室外的污染物浓度为对照，应在同一区域的室外设置 1～2 个对照点。

2. 采样时间、采样频率、采样效率和采样方式

1）采样时间

采样时间是指每次采样从开始到结束的时间，也称采样时段。采样时间短，样品缺乏代表性，检测结果不能反映污染物浓度随时间的变化，仅适用于事故性污染调查等情况的应急检测。

为增加采样时间，一是可以增加采样频率，即每隔一定时间采样测定 1 次。取多个样品测定结果的平均值为代表值；二是使用自动采样仪器进行连续自动采样。若再配用污染物组分连续或间歇自动检测仪器，其检测结果能很好地反映污染物浓度的变化，得到任何一段时间的代表值。

2）采样频率

采样频率是指在一定时间范围内的采样次数。采样时间和采样频率根据检测目的、污染物分布特征及人力、物力等因素来确定。

（1）平均浓度的检测

检测年平均浓度时至少采样 3 个月；检测日平均浓度时至少采样 18h；8h 平均浓度时

至少采样 6h；检测 1h 平均浓度时至少采样 45min。采样时间应涵盖通风最差的时间段。

（2）长期累计浓度的检测

此种检测多用于对人体健康影响的研究，一般采样需 24h 以上。甚至连续几天进行累计性的采样，以得出一定时间内的平均浓度。由于是累计式的采样，故样品检测方法的灵敏度要求就较低，缺点是对样品和检测仪器的稳定性要求较高。另外。样品的本底与空白的变异，对结果的评价会带来一定的困难，更不能反映浓度的波动情况和日变化曲线。

（3）短期浓度的检测

为了了解瞬时或短时间内室内污染物浓度的变化，可采用短时间的采样方法。或用间歇式或抽样检验的方法，采样时间为几分钟至 1h。短期浓度检测可反映瞬时的浓度变化，按小时浓度变化绘制浓度的日变化曲线，主要用于公共场所及室内污染的研究。本法对仪器及测定方法的灵敏度要求较高并受日变化及局部污染变化的影响较大。

3）采样效率

（1）气密性检验

有动力采样器在采样前应对采样系统进行气密性检查，不得漏气。

（2）流量校准

采样系统流量要能保持恒定，采样前和采样后要用一级皂膜计校准采样系统进气流量，误差不超过 5%。记录校准时的大气压力和温度，必要时换算成标准状态下的流量。

（3）空白检验

在一批现场采样管中，应留有两个采样管不采样，并按其他样品管一样对待，作为采样过程中的空白检验。若空白检验超过控制范围，则这批样品作废。

（4）仪器校准

仪器使用前，应按说明书对仪器进行检验和标定。

（5）计算公式

在计算浓度时，应将采样体积换算成标准状态下的体积。

4）采样方式

（1）筛选法

采样前关闭门窗 12h，采样时关闭门窗，至少采样 45min。

（2）累积法

当采用筛选法采样达不到室内空气质量标准中室内空气检测技术导则规定的要求时，必须采用累积法（按年平均、日平均、8h 平均法）的要求采样。

12.3.6　采样样品保存与运输

溶液吸收法采集的样品，保存时间较短，要及时送回化验室内分析。夏天长时间采样时，采样过程中溶剂挥发，应补加溶剂至原体积。

某些被测物被吸收到吸收液中后，由于温度高或受日光照射，容易被氧化或分解。如采集氮氧化物的吸收液受光照射后呈浅粉色，应将吸收管放在黑布袋中，避光运输。

运输过程中还要防止吸收管的损坏和样品被污染。

12.3.7　采样记录

采样过程获取的第一手资料，对于检测结果分析、环境质量评价、事故原因分析具有重要的参考价值。在实际工作中，不重视采样记录，往往会导致由于采样记录不完整而使一大堆检测数据无法统计而报废。采样记录是要对现场情况、各种污染物以及采样表格中采样日期、时间、地点、数量、布点方式、大气压力、气温、相对湿度、风速以及采样者签字等做出详细记录，随样品一同报到实验室。因此，检测过程中必须规范采样记录管理，认真填写采样记录。采样记录与检测室测定记录同等重要。记录内容：采集样品被测污染物的名称及编号；采样地点和采样时间；采样流量、采样体积；采样时的温度、大气压力和天气状况；采样仪器，吸收液及采样时周围情况；采样者、审核者姓名等。某环境检测站采样记录如表 12-25，空气采样与样品交接记录表 12-26 所示。

空气检测采样记录表 表 12-25

采样时间：　年　月　日

样品编号	检测项目	采样点名称	采样计时		采样时间 t(min)	流量计（L/min）		采样体积 V＝QsXz
			开始	结束		读数 Qt	校准流量	

采样人（签字）：	样品接收人（签字）：
委托人（单位）：	采样器型号及编号：
检测地址：	封闭时间（h）：
采样点大气压（kPa）：	室温（℃）：

空气采样及样品交接记录 表 12-26

任务来源		采样地点及编号采样		天气	
日期		采样高度/m			
采样器型号及编号					
采样时段					
项目名称					
样品编号					
采样流量/(L/min)					
采样时间/min					
采样体积/L					
大气温度/℃					
大气压力/kPa					
标准体积换算系数					
风向					
风速/(m/s)					
相对湿度/%					
备注					

12.4 室内空气污染中常见物质的检测

12.4.1 甲醛检测

随着人们物质文化生活水平的提高和住房条件的改善，室内装修已成为一种时尚，而建筑、装修和家具造成的室内环境污染也成为人类健康的大敌。其中，甲醛的污染最为普遍和严重，它对人体的健康影响主要表现在使人记忆力下降，嗅觉、肺、肝、免疫功能异常，对儿童、孕妇和老人的危害尤为严重。因此，应密切监视室内空气中甲醛的含量，尽早采取措施减少室内空气污染。甲醛检测的目的是完成对室内环境中甲醛污染程度的检测。

1. 物质简介

甲醛（HCHO）是无色、具有强烈气味的刺激性气体。相对分子质量为 30.03，相对密实度 0.815g/cm³，略重于空气，易溶于水、醇和醚中。其 35%～40% 水溶液称福尔马林，此溶液在室温下极易挥发，加热更甚。甲醛易聚合成多聚甲醛，这是甲醛水溶液混浊的原因。甲醛的聚合物受热易发生解聚作用，室温下能放出微量的气态甲醛。化学性质活泼，可以发生加成反应、缩合反应、氧化和还原反应，利用这些反应，甲醛的测定方法有多种。

1）人体危害

甲醛可以致癌，也可能导致胎儿畸形。甲醛浓度达到 0.06～0.07mg/m³ 时，儿童就会发生轻微气喘。当室内空气中甲醛含量为 0.1mg/m³ 时，就有异味和不适感；达到 0.5mg/m³ 时，可刺激眼睛，引起流泪，达到 0.6mg/m³ 时，可引起咽喉不适或疼痛；浓度更高时，可引起恶心呕吐，咳嗽胸闷，气喘甚至肺水肿；达到 30mg/m³ 时，会立即致人死亡。通常，人类在居室中接触的一般为低浓度甲醛，但长期接触低浓度 0.017～0.068mg/m³ 的甲醛，虽然引起的症状强度较弱，但也会对人的健康产生较严重的影响。

甲醛的主要危害表现为对皮肤黏膜的刺激作用。甲醛在室内达到一定浓度时，人就有不适感，大于 0.08mg/m² 的甲醛浓度可引起眼红、眼痒、咽喉不适或疼痛、声音嘶哑、喷嚏、胸闷、气喘、皮炎等。新装修的房间甲醛含量较高，是导致众多疾病的主要原因。

（1）急性中毒。甲醛浓度过高会引起急性中毒，表现为咽喉烧灼痛、呼吸困难、肺水肿、过敏性紫癜、过敏性皮炎、肝转氨酶升高、黄疸等。

（2）慢性危害。甲醛有刺激性气味，低浓度即可嗅到，人对甲醛的嗅觉阈通常是 0.06～0.07mg/m³。但有较大的个体差异性，有人可达 2.66mg/m³。长期、低浓度接触甲醛会引起头痛、头晕、乏力、感觉障碍、免疫力降低，并可出现瞌睡、记忆力减退或神经衰弱、精神抑郁；慢性中毒对呼吸系统的危害也是巨大的，长期接触甲醛可引发呼吸功能障碍和肝中毒性病变，表现为肝细胞损伤、肝辐射能异常等。

（3）导致基因突变。研究发现，甲醛能引起哺乳动物细胞核的基因突变和染色体损伤。甲醛与其他多环芳烃有联合作用，如与苯并［a］芘的联合作用会使毒性增强。

（4）致癌。研究动物发现，大鼠暴露于 15μg/m² 甲醛的环境中 11 个月，可致鼻癌。美国国家癌症研究所 2009 年 5 月 12 日公布的一项最新研究成果显示，频繁接触甲醛的化工厂工人死于血癌、淋巴癌等癌症的概率比接触甲醛机会较少的工人高很多。研究人员调查了2.5万名生产甲醛和甲醛树脂的化工厂工人，结果发现，工人中接触甲醛机会最多者比机会最少者的死亡率高37%。研究人员分析，长期接触甲醛增大了患霍奇金淋巴瘤、多发性骨髓瘤、骨髓性白血病等特殊癌症的概率。

2）来源

（1）使用人造板的家具、壁橱、天花板、地板、护墙板等。生产人造板使用的胶粘剂如果以甲醛为主要原料，板材中残留的和未参与反应的甲醛会逐渐向周围环境释放，是室内空气中甲醛的主要来源。

（2）含有甲醛成分并有可能向外界散发的装修材料，例如，油漆、涂料、胶粘剂、保温材料、隔热材料和吸声材料等。

（3）有可能散发甲醛的装饰物，例如，墙纸、墙布、化纤地毯、挂毯、人造革等。

（4）燃烧后会散发甲醛的某些材料，如香烟及一些有机材料。

此外，室外空气中的甲醛主要来源于工业废气、汽车尾气、光化学烟雾等，它们在一定程度上均可排放或产生一定量的甲醛，但是这一部分含量很少。城市空气中甲醛的年平均浓度大约是 $0.005\sim0.01mg/m^3$，一般不超过 $0.03mg/m^3$，这部分气体在一些时候可进入室内，是构成室内甲醛污染的一个来源。

3）甲醛检测相关标准与规范

室内环境与人的身体健康有着密切的关系。甲醛是室内环境污染最大的来源之一，对居民的身体健康造成巨大的威胁和破坏，被称为室内隐形杀手。

室内环境中甲醛的检测需要针对任务及室内装修简易、材料选用等情况，明确采样时间，采样点的位置、数量，并采用适当的方法检测。

甲醛的测定方法有多种，主要有 AHMT 分光光度法、酚试剂分光光度法、乙酰丙酮分光光度法、气相色谱法、定电位电解法和气体检测管法等。针对不同的检测对象，根据实际情况选择检测方法。由国家市场监督管理总局、国家卫生部、生态环境部发布的《室内空气质量标准》GB/T 18883-2022 中规定，室内空气中甲醛的 1h 均值标准值为小于 $0.08mg/m^3$，选择 AHMT 分光光度法、酚试剂分光光度法、乙酰丙酮分光光度法和气相色谱法作为室内甲醛的测定方法。

根据《民用建筑工程室内环境污染控制规范》GB 50325-2020 规定，当民用建筑工程室内空气中甲醛检测结果发生争议时，应以现行国家标准《公共场所卫生检验方法　第2部分：化学污染物》GB/T 18204.2-2014 中酚试剂分光光度法的测定结果为准。

2. 检测方法

根据中华人民共和国住房和城乡建设部与国家市场监督管理总局联合发布的《民用建筑工程室内环境污染控制标准》GB 50325-2020（以下简称《规范》）中规定，Ⅰ类民用建筑工程室内甲醛浓度≤0.07mg/m³，Ⅱ类民用建筑工程室内甲醛浓度≤0.08mg/m³。同时，规范中规定民用建筑工程室内空气中甲醛的检测方法，应符合现行国家标准《公共场所卫生检验方法第2部分：化学污染物》GB/T 18204.2-2014 中酚试剂分光光度法的规定。

甲醛的测定方法有：4-氨基-3-联氨-5-巯基-1，2，4-三氮杂茂（简称 AHMT）分光光度法、乙酰丙酮分光光度法、酚试剂分光光度法、变色酸分光光度法、盐酸副玫瑰苯胺分光光度法等化学法；还有气相色谱法、高效液相色谱法、电化学法等仪器法。

《空气质量 甲醛的测定乙酰丙酮分光光度法》GB/T 15516-1995，操作简易、重现性好，共存的酚和乙醛等对测定无干扰；变色酸分光光度法显色稳定，但需要使用浓硫酸，操作不便，且共存的酚有干扰测定；酚试剂分光光度法可在常温下显色，且灵敏度比上述两种方法都好，但对酚试剂质量要求较高；气相色谱法选择性好，干扰因素小。酚试剂分光光度法、气相色谱法均被作为公共场所空气中甲醛卫生检验标准方法。AHMT 法在室温下就能显色，且空气中 SO_2、NO_2 共存时不干扰测定，灵敏度比前述分光光度法均好，已作为居住区大气中甲醛卫生检验的标准方法。

目前国内普遍使用的电化学甲醛分析仪，可以直接在现场测定甲醛浓度，当场显示，操作方便，适用于室内甲醛浓度的现场测定，也适用于环境测试舱法测定木质板材中的甲醛释放量。我国室内空气质量标准规定 AHMT 分光光度法、酚试剂分光光度法、乙酰丙酮分光光度法和气相色谱法为测定室内空气中甲醛的标准方法。对于室内空气中甲醛的检测方法，《民用建筑工程室内环境污染控制标准》GB 50325-2020 规定的有酚试剂分光光度法，也可采用简便取样仪器检测方法。

1) AHMT 分光光度法

AHMT 分光光度法多用于居室中对甲醛检测，其优点是特异性和选择性均较好，在室温下就能显色，且 SO_3^{2-}、N_2^- 共存时不干扰测定，灵敏度比较高，同时在大量乙醛、丙醛、苯甲醛等醛类和甲醇、乙醇等醇类物质共存时对该方法均无影响；缺点是在操作过程中显色液随时间逐渐加深，标准溶液的显色反应和样品溶液的显色反应时间必须严格统一，重现性较差，不易操作。由于日光照射能使甲醛氧化，在采样时，要尽量选用棕色吸收管，管放过程中，都应该采取避光措施，此外，AHMT 有毒，用完要洗手。

2) 酚试剂分光光度法

酚试剂分光光度法操作简便，灵敏度高且可信，适合微量甲醛的测定，最佳的 pH 范围为 4～5。由于酚试剂的稳定性不高，因此显色剂在 4℃ 的冰箱内能够保存 3d，这种方法比较适合室内空气中甲醛的检测。此外，采样后的样品建议在 24h 内加以分析，样品测定的过程要将样品的溶液都转入到比色管中，选择少量吸收液洗吸收管，使总体积在 5mL 左右。而在分析的过程中，需要注意相关因素的干扰，并予以排除，二氧化硫共存的情况下会使测定的结果相对偏低，事先需借助硫酸锰纸过滤器将其滤掉，但对于室内空气来说，二氧化硫含量很低，可以不用硫酸锰纸。同时室温低于 15℃ 时，显色不完全，应在 25℃ 水浴保温操作。

3) 现场快速检测法

在很多情况下，需要对室内环境的空气质量与卫生状况作出迅速的判断和评价，要求使用现场快速检测方法，尽快得出测定结果。现场检测方法通常是在工作场所进行实时检测，即在短时间内测得空气中是否存在毒物及其浓度大小。现场检测方法要求用于现场检测的仪器或试剂有较高的灵敏度、采集空气样品量少、有一定的准确度、操作简便快速、便于携带。有些检测方法不能完全达到快速、灵敏和准确等要求，但只要反应快速，灵敏度和准确度稍差些，仍有实用意义，特别对于污染物浓度高的情况是适用的。现场检测方法还可以用于连续检测空气中毒物的浓度，有的还具有报警功能，即当空气中毒物浓度超过一定限值时，可以发出警报，以便立即采取相应措施。

便携式甲醛比色测定仪是根据国家标准《室内空气质量标准》GB/T 18883-2022 原理而设计的。用该仪器采集样品后，在现场直接进行比色测定。

（1）仪器原理

空气中甲醛被酚试剂溶液吸收，反应生成嗪，嗪在酸性溶液中被高铁离子氧化形成蓝绿色化合物。根据颜色深浅，在波长 630nm 处，比色定量。

（2）仪器技术指标和工作要求

① 测定下限 0.03mg/L（液体样品），0.02mg/m³（气体样品）；

② 测定范围 0.00~0.03mg/L（液体样品），0.00~1.00mg/m³（气体样品）；

③ 测定精度≤5%；

④ 光源采用 LED 硅光二极管，波长为 630nm；

⑤ 电源采用 9V 直流电池，可使用 40h 以上。停止使用后，10min 自动关闭仪器；

⑥ 工作环境温度为 5~40℃。

（3）检测步骤

① 把三脚架打开，放在平稳的地面上，把大气采样器放在三脚架上。

② 把气泡瓶和缓冲瓶用胶管连接，如使用碳管，打开碳管两端，用胶管连接到采样器的进气孔。

③ 开机，选择气路通道，目前市面有单气路、双气路、三气路和四气路等多种采样器，可同时选择采集甲醛和碳管。旋转旋钮，把流量计的浮珠调整到 0.5L 的位置，点击"启动"，开始采样。

④ 采样完毕，把样本倒入玻璃瓶中，滴入显色液，摇匀后静置 15 分钟。

⑤ 把甲醛分析仪拿出来，开机。

⑥ 开机后取一只比色皿，加入纯净水，放到分析仪的数据分光孔中，点击校零。

⑦ 校零成功后，把变色的样本倒入另外一只比色皿，把变色的样本放入分析仪的数据分光孔中，点击检测，点击打印数据，操作完毕。

现场检测是近年来迅速发展起来的检测技术，目前已大量用于各种场合的室内环境检测。现场检测采用的仪器检测方法虽然不同于《室内空气质量标准》规定的检测方法，但其简易、动态、快速的特点，为现场判别污染源与污染程度，检验治理的效率提供了很大的方便。由于微电子、激光、微波、自动化等技术的高速发展，现代分析检测仪器在近 20 年来产生了很大的变革。特别是传感器与数字化技术在分析仪器方法上得到大应用，从而使分析仪器的采样误差越来越小、测试速度越来越快、操作越来越简便、设备的体积越来越小。现代现场检测仪器相当于将整个实验室微型化、将人工操作自动化、将分析计算机化，实现了现场采样、实时分析、即出报告。

12.4.2 室内空气中 TVOC 的检测

随着人们物质文化生活水平的提高和住房条件的改善，室内装修已成为一种时尚，而建筑、装修和家具造成的室内环境污染也成为人类健康的大敌，其中 TVOC 的污染，它的毒性、刺激性、致癌性和特殊的气味性会影响皮肤和黏膜，对人体产生急性损害。TVOC 能引起机体免疫水平失调，影响中枢神经系统功能，出现头晕、头痛、嗜睡、无力、胸闷等自觉症状，还可能影响消化系统，出现食欲不振、恶心等，严重时可损伤肝脏和造血系统，出现变态反应等。因此，应密切监测室内空气中 TVOC 的含量，尽早采取措施减少室内空气污染。

1. 物质简介

总挥发性有机化合物（Total Volatile Organic Compounds，TVOC）是一种混合物，组成极其复杂，其中除醛类外，常见的还有苯、甲苯、二甲苯、三氯乙烯、三氯甲烷、萘、二异氰酸酯类等，主要来源于各种涂料、粘合剂及各种人造材料等。所以从广义上说，任何液体或固体在常温常压下自然挥发出来的有机物都可以算是总挥发性有机化合物。

《室内空气质量标准》GB/T 18883-2022 "术语和定义"中规定，总挥发性有机化合物是指利用 TenaxGC 或 TenaxTA 采样，非极性色谱柱（极性指数<10）进行分析，保留时间在正己烷和正十六烷之间的挥发性有机化合物。

《民用建筑工程室内环境污染控制规范》GB 50325-2020 中所说的 TVOC，是指在特定的试验条件下，所测定的材料和空气中挥发性有机化合物的总量。挥发性有机化合物（Volatile Organic Compounds，VOC）是非工业环境中最常见的空气污染物之一。常见的 VOC，有苯乙烯、丙二醇、甘烷、酚、甲苯、乙苯、二甲苯、甲醛等。所以 VOC 与 TVOC 是既有区别又相类似的两个概念。

两者之间的关系表述比较明确的是：TVOC 是欧盟用来表征 VOC 总量所定义出来的一个值。也就是说 VOC 是一大类化合物，TVOC 是检测时来表征 VOC 总量的一个数值，特别是在室内环境检测方面，现在已经被普遍采用。

1）对人体危害

TVOC 是对室内空气品质影响较为严重的一种。TVOC 是指室温下饱和蒸汽压超过了 133.32Pa 的有机物，其沸点在 50～260℃，所以在常温下可以蒸发的形式存在于空气中，它的毒性、刺激性、致癌性和特殊的气味性会影响皮肤和黏膜，对人体产生急性损害。TVOC 的主要成分是烃类、卤代烃、氧烃和氮烃，它包括：苯系物、有机氯化物、氟利昂系列、有机酮、胺、醇、醚、酯、酸和石油烃化合物等。

一般 TVOC 是作为室内 IAQ 的指示指标来评价暴露的 VOC 产生的健康和不舒适反应，VOC 确定的和怀疑的危害主要包括五个方面：嗅觉不舒适（确定）、感觉性刺激（确定）、局部组织炎症反应（怀疑）、过敏反应（怀疑）、神经毒害作用（怀疑）。VOC 暴露与健康效应的剂量反应关系见表 12-27。

TVOC 剂量与健康效应 表 12-27

TVOC(mg/m³)	健康效应	分类
<0.2	无刺激，无不适反应	不影响健康
0.2～3.0	与其他因素联合作用，可能出现刺激与不适	有感
3.0～25	出现刺激与不适，出现联合作用时，头痛、头昏	不适
>25	头痛、头昏，出现其他神经毒害作用	中毒

2）来源

TVOC 在室外主要来自燃料燃烧和交通运输，而在室内则主要来自燃煤和天然气等燃烧产物、吸烟、供暖和烹调等的烟雾，建筑和装饰材料、家具、家用电器、清洁剂和人体本身的排放等，有近千种之多。在室内装饰过程中，TVOC 主要来自油漆涂料和胶粘剂。室内多种芳香烃和烷烃主要来自汽车尾气（76%～92%）。一般油漆中 TVOC 含量 0.4～1.0mg/m³，由于 TVOC 具有强挥发性，一般情况下油漆施工后的 10h 内可挥发出 90%，而溶剂中的 TVOC 则在油漆风干过程只释放总量的 25%（表 12-28）。

室内空气中 VOC 污染物的来源 表 12-28

序号	来源	说明
1	室外污染排放	涉及 VOC 企业生产过程中的不达标排放
2	汽车尾气	汽车尾气排放，烷烃、芳烃占室内该组分比例较大
3	有机溶剂	油漆、胶粘剂、涂料、化妆品、洗涤剂等
4	建筑材料	人造板及其制品、泡沫隔热材料、塑料板材等
5	装饰材料	地毯、壁纸、各种装饰品等
6	生活、办公用品	消毒剂、杀虫剂、清洁剂等化学品；电视机、复印机等电器
7	燃烧烹饪	取暖、烹饪等煤气、天然气的燃烧排气
8	吸烟	香烟烟雾

3）执行标准规范及基本要点

室内空气中 TVOC 的检测，是现场采样后，将采样管带回实验室，经热解吸后经气相色谱分析，其执行标准及基本要点见表 12-29。

室内空气中 TVOC 检测标准及基本要点 表 12-29

执行标准	GB 50325-2020	GB/T 18883-2022
检测方法	附录 E《室内空气中总挥发性有机化合物（TVOC）的测定》	附录 D《室内空气中总挥发性有机化合物（TVOC）的检测方法（固体吸附-热解吸-气相色谱质谱法）》
依据流程	参考 ISO 16017-1，简化流程：吸附管→热解吸仪→色谱柱	ISO 16017-1，标准流程：吸附管→热解吸仪→冷阱（预浓缩）→加热（快速解吸）→色谱柱
采样体积	1～15L	1～10L
采样管吸附剂	玻璃管或不锈钢管；Tenax-TA：内装 200mg	不锈钢管 Tenax-Ga 或者 Tenax-TA
毛细管柱固定液	管长 50m，内径 0.32mm 或 0.53mm 石英柱，内涂覆二甲苯聚硅氧烷，膜厚 1～5μg	50m×0.22mm 石英柱，内涂覆二甲苯聚硅氧烷，或 7% 的氰基丙烷、7% 的苯基、84% 的甲苯硅氧烷，膜厚 1～5μm
热解吸后进样方法	热解吸后直接进样，以一定分流比进色谱柱；热解吸后一定体积，取 1mL 样品进样	热解吸后直接进样，以一定分流比进色谱柱
标准品	苯、甲苯、对（间）二甲苯、邻二甲苯、苯乙烯、乙苯、乙酸丁酯、十一烷	苯、甲苯、对（间）二甲苯、邻二甲苯、苯乙烯、乙苯、乙酸丁酯、十一烷

2. 检测方法

TVOC 的检测比较复杂，可分为现场检测和实验室检测两种，其中现场检测精度稍低，可用于样品初筛或精准度要求不高的检测，实验室检测对设备要求较高，根据《民用建筑工程室内环境污染控制标准》GB 50325-2020 要求使用气相色谱法。

采样前处理和活化采样管和吸附剂，使干扰减到最小；选择合适的色谱柱和分析条件，本法能将多种挥发性有机物分离，使共存物干扰问题得以解决。

测定范围：本法适用于浓度范围为 $0.5 \sim 100 mg/m^3$ 之间的空气中 VOC 的测定。

适用场所：室内环境和工作场所空气，也适用于评价小型或大型测试舱室内材料的释放。

12.4.3　室内空气中苯的检测

苯和苯系物是一种常用的化工原材料，通常被用作油漆、涂料、填料的有机溶剂，例如，"天那水"和"稀料"，它们的主要成分就是苯、甲苯或二甲苯。苯系物质具有很强的挥发性，装修使用后会迅速释放到室内空气中造成污染。室内的苯主要来自建筑装饰中使用的大量化工原材料，如涂料、填料及各种有机溶剂等，都含大量有机化合物，经装修后释放到室内。装修中用到的各种胶粘剂是"苯"的另外一个主要来源。目前溶剂型胶粘剂在装饰行业仍有市场，而其中使用的溶剂多数为甲苯。其中含有 30% 以上的苯，但因为价格、溶解性、粘结性等原因，仍然被一些企业采用。一些家庭购买的沙发释放出大量的苯，主要原因是生产中使用了含苯高的胶粘剂。装修中使用的防水材料，特别是一些用原粉加稀料配制成防水涂料，施工后 15h 进行检测，室内空气中苯含量仍然超过国家允许最高浓度的 14.7 倍。最后一些低档和假冒的涂料中也存在苯，也是造成室内空气中苯含量超标的重要原因。

苯系物质目前已成为我国室内装饰空气中占前两位的主要污染物，它不仅污染水平高，而且生物毒性大。装修污染苯对人体的危害主要有以下几种形式：

① 慢性苯中毒主要是对皮肤、眼睛和上呼吸道有刺激作用。经常接触苯，皮肤可因脱脂而变干燥脱屑，有的出现过敏性湿疹。有些患过敏性皮炎、喉头水肿、支气管炎及血小板下降等均与室内存在有害气体苯有关。

② 长期吸入苯能导致再生障碍贫血。初期时齿龈和鼻黏膜处有类似坏血病的出血症，并出现神经衰弱等症状，表现为头昏、失眠、乏力等症状。以后出现白细胞减少和血小板减少，导致再生障碍性贫血。

③ 女性对苯及其同系物危害较男性敏感，甲苯、二甲苯、对生殖功能有一定影响。孕期接触甲苯、二甲苯及苯系物时，妊娠高血压综合征、妊娠贫血等症发病率显著增高。

④ 苯及甲苯、二甲苯可导致胎儿的先天性缺陷，这个问题已引起了国内外专家的关注。西方学者曾报道，在整个妊娠间吸入大量苯及甲苯、二甲苯的妇女，她们的婴儿多有小头畸形、中枢神经系统功能障碍及生长发育迟缓等缺陷。

国家标准《室内空气质量标准》GB/T 18883—2022 规定，室内空气苯的限值为 $0.03 mg/m^3$，甲苯的限值为 $0.20 mg/m^3$，二甲苯的限值为 $0.20 mg/m^3$。室内空气中苯系物的检测非常重要，因此我国室内环境检测中苯是必须检测的项目之一。目前主要方法是气相色谱法。

气相色谱法可以同时分别测定苯、甲苯和二甲苯，但是不能直接测定室内空气样品，必须用吸附剂进行浓缩，根据解吸方法不同，可以分为溶剂解吸和热解吸两种。由于溶剂解吸使用的二硫化碳溶剂毒性较大，不利于分析人员的健康，应慎用，建议优先选用热解吸方法。

12.4.4　其他污染物的检测

1. 氨（NH_3）的测定

室内空气中氨主要来源为生物性废物，如粪、尿、人呼出气和汗液等。理发店所使用的烫发水中含有氨，在使用时可以挥发出来，污染室内空气。近年来，在北方建筑施工时用尿素作为水泥的防冻剂，造成室内氨的严重污染。

氨的化学测定方法有：纳氏试剂比色法、靛酚蓝比色法、亚硝酸盐比色法等。纳氏试剂比色法因操作简便，一般多采用此法，但此法呈色胶体不十分稳定，易受醛类和硫化物的干扰。靛酚蓝比色法灵敏度高，呈色较为稳定，干扰小，但要求操作条件严格，蒸馏水和试剂本底值的增高是影响测定值的主要误差来源。亚硝酸盐比色法灵敏度高、干扰小，但操作复杂，氨转变成亚硝酸盐的系数问题尚需进一步验证。此外，将纯铜丝在 340℃ 的温度下能定量地将氨转化成氧化氮，这样可用化学发光法氮氧化物分析仪进行连续测定。当然，此仪器在有氮氧化物存在时，需考虑氧化氮干扰的排除问题。

我国室内空气质量标准中规定室内空气中氨的限值为 $0.15mg/m^3$，推荐的测定方法为靛酚蓝比色法和纳氏试剂比色法。

2. 菌落总数的测定

微生物指标是评价室内空气质量的重要标准。空气中微生物质量的好坏往往以菌落总数指标来衡量。空气中细菌总数用 CFU/m^3 来计量，即每立方米空气落下的细菌数，通常用个数表示，称之为"菌落"（Colong forming units，CFU），一般情况下空气中的菌落总数越高，存在致病性微生物（细菌、真菌、病毒）的可能性越高，可使人感染而致病。很多因素影响室内空气中菌落数量，如房间大小、室内人员多少、通风换气情况、采光、室内温度、湿度、灰尘含量、周围环境等。因此，室内菌落总数值变化较大。

根据检测方法不同，对空气中菌落总数有两种表示方法。一种是按暴露于空气一定时间的标准平板上生长的菌落数来表示；另一种按每立方米空气中的菌落数表示。前者的采样方法为自然沉降法，后者通常采用撞击法。自然沉降法是指采用直径 9cm 的营养琼脂平板在采样点暴露 5min，经 37℃、48h 培养后计数生长的细菌菌数的采样测定方法。由于自然沉降法受周围环境影响较大，所得数据不稳定。此外该方法只能采集到培养基上方有限范围内具有一定质量的带菌粒子，无法准确反映空气中细菌含量。为了对居室及办公场所空气中微生物质量作出准确测定和评价，宜采用撞击式空气微生物采样器采样，求出单位体积空气中细菌菌落总数。

3. 氡的测量方法

建筑物主要以岩石土壤为原料制成的砖、水泥、石灰等建筑材料建造的，一般情况下室内空气中氡浓度高于室外，室内氡浓度高于室外原因之一是由于建筑材料中天然放射性核素放射的氡所致。门窗封闭，室内通风不良也使室内氡浓度增高，加之还有利用含天然放射性较高的废矿渣、煤渣、煤矸石作为建筑材料的，因此造成室内空气中氡浓度高于室外的情况更加突出。

要进行空气中氡浓度的测量，首先要了解室内氡的特性。氡不像其他化学气体，挥发一段时间后会明显降低。而是由于镭在长期衰变中，不断地向空气中释放氡，故任何地方的空气中都有氡的存在，只是浓度有差异。

国际上和我国已制定了一些室内氡和氡子体测量方法的标准或规范，对室内氡的测量具有指导意义。目前市场上各类氡的测量仪器很多，采用的技术也不相同。在选择测量方法时，应根据监测目的和要求与现场实际情况来决定。室内空气的浓度很不稳定，受到时间、季节、通风、气象条件等因素的影响，具有低浓度、高差异、大波动的特点。如果测量方法选择不当或操作不当，得到的结果会与实际情况有很大出入。用这样的结果评价房屋中的氡水平会导致严重的偏离，甚至会造成不必要的损失。

13 室内环境治理

随着社会的进步，人们逐渐认识到环境的重要性，国家也提出了可持续发展、环境友好型社会等战略构想。治理室内空气污染刻不容缓，是关系到国计民生的大事，要从快从严治理。

13.1 治理方案的编制

13.1.1 确定各种室内环境污染物治理方法（表 13-1）

常规室内空气污染物的来源与治理方法 表 13-1

室内常见污染物	主要来源	常见治理办法
甲醛	人造板（如家具、壁橱、天花板、地板、护墙板等）	1. 板材前期预处理：涂敷甲醛消除剂、热压 2. 板材事后处理：封边、涂敷甲醛消除剂、喷涂光催化剂 3. 现场综合治理：升温（冬季治理）、通风、使用空气净化器（除甲醛类）、种植芦荟、吊兰、龙舌兰、仙人掌
	装修材料（如油漆、涂料、胶粘剂、保温、隔热和吸声材料等）	1. 通风 2. 使用空气净化器（除甲醛类）
	装饰物（如墙纸、墙布、化纤地毯、挂毯、人造革等）	1. 涂敷甲醛消除剂 2. 喷涂光催化剂 3. 通风 4. 使用空气净化器（除甲醛类）
	化学制品：化妆品、清洁剂、杀虫剂、防腐剂	1. 通风 2. 使用空气净化器（除甲醛类）
苯系物	装修材料（如油漆、涂料、稀释剂、胶粘剂等）	1. 通风 2. 升温（冬季治理） 3. 喷涂光催化剂 4. 使用空气净化器（除吸附类） 5. 种植扶郎花、菊花、月季和铁树等绿色植物
TVOC	装修材料（如油漆、涂料、胶粘剂、人造板、家具、壁橱、天花板、地板、护墙板、隔热材料、防水材料等）	1. 通风 2. 喷涂光催化剂 3. 使用空气净化器（除挥发性有机气体类） 4. 室内绿化
	装饰物（如墙纸、墙布、化纤地毯、挂毯、人造革等）	1. 通风 2. 使用空气净化器（除挥发性有机气体类）
	化学制品（如化妆品、清新剂、杀虫剂、防腐剂等）	1. 通风 2. 涂敷甲醛消除剂 3. 喷涂光催化剂 4. 使用空气净化器（除挥发性有机气体类）
	办公用品（如复印机、打印机等）	1. 通风 2. 使用空气净化器（除挥发性有机气体类）

室内常见污染物	主要来源	常见治理办法
二氧化碳	呼吸	加强通风
	燃烧	室内绿化：种植洋绣球、秋海棠、文竹、仙人掌
	吸烟	禁止在室内吸烟
一氧化碳	煤气泄漏或不完全燃烧	1. 加强通风 2. 新风装置 3. 室内绿化；种植吊兰、仙人掌
	吸烟	1. 禁止在室内吸烟 2. 通风
氨	阻燃剂、增白剂、混凝土外加防冻剂	1. 加强通风 2. 新风装置 3. 使用空气净化器（化学吸附类，化学吸收类）
	美容店使用的喷发胶	1. 加强通风 2. 新风装置 3. 使用空气净化器（化学吸附类、化学吸收类）
	卫生间	1. 加强通风 2. 使用空气净化器（化学吸附类、化学吸收类）
	宅基地和土壤	1. 地基处理：铺垫隔离层、加强防渗层结构、密封地面接缝处 2. 通风稀释 3. 使用空气净化器（除尘类） 4. 安装新风净化装置使室内形成正压
氡	建筑材料	1. 严禁使用放射性核素超标的建筑材料 2. 加强通风 3. 安装新风装置 4. 使用空气净化器（除尘类）
臭氧	办公用品（如复印机、激光印刷机以及具有高压发生装置的家用电器等）	1. 修理或更换释放过量臭氧的各类装置 2. 加强通风 3. 使用空气净化器（化学吸附类、化学吸收类）
	净化、消毒装置	1. 修理或更换释放过量臭氧的各类装置 2. 加强通风
	大气侵入	使用新风净化装置（化学吸附类、化学吸收类）
二氧化硫	燃煤	1. 加强通风 2. 使用空气净化器（化学吸附类、化学吸收类） 3. 室内绿化：种植栀子花、石榴花、洋绣球、秋海棠、文竹、仙人掌、杜鹃、木槿、紫薇等
	大气侵入	使用新风净化装置（化学吸附类、化学吸收类）
二氧化氮	燃煤	1. 加强通风 2. 使用空气净化器（化学吸附类、化学吸收类）
	大气侵入	使用新风净化装置（化学吸附类、化学吸收类）

室内常见污染物	主要来源	常见治理办法
可吸入颗粒物	空调或中央空调	1. 定期清洗通风系统 2. 安装通风系统空气净化装置 3. 使用空气净化器（除尘类） 4. 安装新风净化装置 5. 湿法清扫表面浮尘
	人与人的活动	1. 使用空气净化器（除尘类） 2. 湿法清扫表面浮尘
	厨房油烟	1. 加强排风 2. 安装厨房油烟净化装置（除油烟、油雾、除油呛味类）
	吸烟	1. 禁止在室内吸烟 2. 使用空气净化器（除尘类）
	大气侵入	安装新风净化装置
细菌	空调或中央空调	1. 定期清洗、消毒通风系统 2. 控制冷凝水 3. 安装通风系统空气净化消毒装置 4. 使用空气净化器（除尘除菌类） 5. 安装新风净化消毒装置 6. 湿法清扫表面浮尘，控制扬尘
	人与人的活动	1. 使用空气净化器（除尘除菌类） 2. 湿法清扫表面浮尘 3. 及时清除生活垃圾
	建筑结构	1. 加强通风 2. 控制室内相对湿度≤70% 3. 加强厨房、卫生间、阳台地漏水封 4. 保持厨房、卫生间环境干燥 5. 预防天井拔风形成窜气 6. 预防下水道污染 7. 安装新风净化消毒装置使室内形成正压 8. 喷涂光催化剂 9. 使用抗菌装修材料
	大气侵入	安装新风净化消毒装置

1. 甲醛治理办法的合理性判别

甲醛是装饰装修造成的首要室内环境污染物。由于甲醛常常深藏在人造板家具与装饰物之中，散发的时间可以长达 3～15 年，因此给治理带来不小的困难。治理室内甲醛污染有很多办法。各种治理甲醛方法的要点、合理性与存在的缺陷见表 13-2。

甲醛治理方法及优缺点

表 13-2

治理方法	治理方法要点	合理性	缺陷
通风法	利用引入新风稀释室内空气中的甲醛浓度，利用通风系统的过滤材料除甲醛	大气中甲醛含量几乎为零，充分利用大气自净能力带走室内甲醛，净化成本最低	同时引入大气污染物（PM2.5、氮氧化物、二氧化硫等），引起室内温、湿度变化，加重空调的负担

治理方法	治理方法要点	合理性	缺陷
涂敷法	针对污染源进行治理,特别是在人造板的封边处涂敷药剂	有助于从源头上控制甲醛的散发采用化学方法,例如,氧化、还原、催化,使甲醛变成无害的其他物质	有严格的施工工艺要求,对于一些犄角旮旯儿处难以使用药剂,一次施工可能难以保证质量,存在反弹的风险
气溶胶喷雾法	采用植物性的吸收剂喷雾形成气溶胶,吸收逸散在空气中的甲醛分子,形成无害的其他物质	喷雾形成的气溶胶能够长时间悬浮在空气中,植物性吸收剂具有极性分子的性质,可以与甲醛分子发生反应	气溶胶本身可能具有 PM2.5 尘粒污染的特性,不能在有人的情况下使用,不能连续净化甲醛污染
净化设备法	采用吸附、吸收、络合、催化、等离子等技术的空气净化器都能有效去除甲醛	甲醛分子容易被吸收、吸附,或被氧化、还原、络合;除了净化效率指标外,空气净化器的循环处理风量、设备的有效净化时间也必须十分重视	设备成本较高,需要经常维护
植物法	芦荟、吊兰、虎尾兰、龟背竹是天然的清道夫,有去除空气中甲醛的作用	一些绿色植物可以吸收甲醛	效率较低,难以达标,一般作为辅助办法

2. 苯系物治理方法的合理性判别

苯系物也是装饰装修造成的重要的室内环境污染物。装饰装修造成的苯系物包括苯、甲苯与二甲苯。苯的毒性最强,甲苯次之,二甲苯最小。目前,很多城市的装饰装修工艺已经不再采用苯作为溶剂。许多原先采用苯作为溶剂的工业工程,例如,橡胶、制鞋、印刷工艺等,已经采用甲苯与二甲苯来代替苯。虽然甲苯与二甲苯的毒性比苯小,但其仍对健康存在着威胁。苯系物各种治理方法的要点、合理性与存在的缺陷见表 13-3。

苯系物治理方法及优缺点　　　　　　　　　　　　　　表 13-3

治理方法	治理方法要点	合理性	缺陷
通风法	利用引入新风稀释室内空气中的苯系物浓度,利用通风系统的过滤材料去除苯系物	大气中苯系含量几乎为零,充分利用大气自净能力带走室内苯系物,净化成本最低,苯系物一般在装饰材料的表面,很容易通过通风去除	同时引入大气污染物(PM2.5、氮氧化物、二氧化硫等),引起室内温、湿度变化,加重空调的负担
涂敷法	针对污染源表面进行治理	从源头上控制苯系物的散发。采用化学方法,例如,氧化、催化使苯系物变成无害的其他物质	有严格的施工工艺要求;可能会损坏被涂敷物件
气溶胶喷雾法	采用植物性的吸收剂喷雾形成气溶胶,吸收逸散在空气中的苯系物分子,形成无害的其他物质	喷雾形成的气溶胶能够长时间悬浮在空气中,植物性吸收剂具有极性分子的性质,可以与苯系物分子发生反应	气溶胶本身可能具有 PM2.5 粒子污染的特性,不能在有人的情况下使用,不能连续净化苯系物污染
净化设备法	采用吸附、吸收、络合、催化、等离子等技术的空气净化器都能有效去除苯系物	苯系物分子容易被吸收、吸附,或被氧化、还原、络合;除了净化效率指标外,空气净化器的循环处理风量、设备的有效净化时间也必须十分重视	设备成本较高,需要经常维护
植物法	芦荟、吊兰、月季是天然的清道夫,对空气中的苯系物有吸收的作用	一些绿色植物可以吸收	效率较低,难以达标,一般作为辅助方法,夜间没有净化作用

3. 微生物污染治理方法的合理性判别

室内微生物污染十分常见，主要来自人和宠物的活动。人与宠物的皮屑饲养着上百万的螨虫。螨虫以及代谢物与碎片会成为典型的过敏源。厨房、卫生间阴湿的地方会滋生繁殖大量的细菌和真菌。室内的中央空调或分体式空调的管道、换热器、过滤网上也聚集着大量的细菌。微生物各种治理方法的要点、合理性与存在的缺陷见表13-4。

微生物治理方法及优缺点　　　　　　　　　　　　　　　　表13-4

治理方法	治理方法要点	合理性	缺陷
通风法	流动的空气不利于细菌繁殖，利用通风系统的过滤材料可以滤除细菌	新风可以稀释室内空气中的细菌总数。带过滤器的通风装置可以有效控制室内空气中的细菌总数达到安全卫生的标准	同时引入大气污染物（PM2.5、氮氧化物、二氧化硫等），引起室内温、湿度变化，加重空调的负担
清洗消毒法	采用过氧乙酸等配方消毒剂对表面进行擦拭消毒，灭活细菌等微生物。清洁表面，去除细菌赖以生存的粒状污染物	依靠药剂的毒性直接破坏细菌的细胞壁，破坏细菌的生存环境	有化学药剂毒性残留，造成细菌耐药性
双极离子法	将正负离子群释放到空气中，直接捕获与杀灭细菌	正负离子在细菌表面中和，中和能量足以破坏细菌的细胞壁	效率较低，可能引起重度离子污染
空气净化消毒设备法	有静电吸附和紫外线循环风两种动态空气消毒方法	速效高效、安全可靠、广谱无毒、动态连续	设备成本较高，需要经常维护

4. 氨治理方法的合理性判别

室内空气中的氨主要来自北方冬季建筑施工时使用的防冻剂；在南方，因为防冻剂造成的氨污染不突出。美容美发场所使用的美发材料也会产生氨污染。居室、办公室以及公共场所卫生间的氨污染比较严重，这类场所的氨治理可能归到恶臭与异味的治理更为确切。氨是典型的恶臭物质之一。氨的各种治理方法的要点、合理性与存在的缺陷见表13-5。

氨治理方法及优缺点　　　　　　　　　　　　　　　　表13-5

治理方法	治理方法要点	合理性	缺陷
通风法	利用引入新风稀释室内空气中的氨浓度，利用通风系统的过滤材料去除氨	大气中氨含量几乎为零，充分利用大气自净能力带走室内氨，净化成本最低	同时引入大气污染物（PM2.5、氮氧化物、二氧化硫等），引起室内温、湿度变化，加重空调的负担
气溶胶喷雾法	采用植物性的吸收剂喷雾形成气溶胶，吸收逸散在空气中的氨分子，形成无害的其他物质	喷雾形成的气溶胶能够长时间悬浮在空气中，植物性吸收剂具有极性分子的性质，可以与氨分子发生反应	气溶胶本身可能具有PM2.5粒子污染的特性，不能在有人的情况下使用，不能连续净化氨污染
净化设备法	采用吸附、吸收、催化、等离子等技术的空气净化器都能有效去除氨	氨分子容易被吸收、吸附，或被氧化，除了净化效率指标外，空气净化器的循环处理风量，设备的有效净化时间也必须十分重视	设备成本较高，需要经常维护

5. 总挥发性有机化合物（TVOC）治理方法的合理性判别

室内TVOC来源比较广，几乎所有的塑料、橡胶、油漆制品都会缓慢地挥发一些低分子的添加剂，厨房烹调油烟以及室外大气中的TVOC都可能侵入居室，对人体健康构成威胁。各种 TVOC 治理方法的要点、合理性与存在的缺陷见表 13-6。

TVOC 治理方法及优缺点　　　　　　　　　　　　　　表 13-6

治理方法	治理方法要点	合理性	缺陷
通风法	利用引入新风稀释室内空气中的 TVOC 浓度，利用通风系统的过滤材料去除 TVOC	大气中 TVOC 含量很小，充分利用大气自净能力带走室内 VOC，净化成本最低	同时引入大气污染物（PM2.5、氮氧化物、二氧化硫等），引起室内温、湿度变化，加重空调的负担
气溶胶喷雾法	采用植物性的吸收剂喷雾形成气溶胶，吸收逸散在空气中的 TVOC 分子，形成无害的其他物质	喷雾形成的气溶胶能够长时间悬浮在空气中，植物性吸收剂具有极性分子的性质，可以与 TVOC 分子发生反应	气溶胶本身可能具有 PM2.5 粒子污染的特性，不能在有人的情况下使用，不能连续净化 TVOC 污染
净化设备法	采用吸附、吸收、催化、等离子等技术的空气净化器都能有效去除 TVOC	TVOC 分子容易被吸收、吸附，或被氧化，除了净化效率指标外，空气净化器的循环处理风量、设备的有效净化时间也必须十分重视	设备成本较高，需要经常维护

6. 氡治理方法的合理性判别

室内氡来源主要为天然大理石与陶瓷等建材。在选购此类建材时，必须严格把关，选择合格的建材，一旦将氡含量超标的建材用到室内，无疑是引狼入室，后患无穷。氡污染还可能来自宅基地与外界污染物的侵入。微量的氡污染一经发现，必须采取措施进行治理，因为氡及其气体在人的体内会积聚，会构成长期的潜在的危害。各种氡治理方法的要点、合理性与存在的缺陷见表 13-7。

氡治理方法及优缺点　　　　　　　　　　　　　　表 13-7

治理方法	治理方法要点	合理性	缺陷
通风法	利用引入新风稀释室内宅气中的氡浓度，利用通风系统的过滤材料去除氡尘	放射性氡及其子体，在室内以 PM2.5 形态出现，用此除尘办法可以控制室内的氡放射性粒子浓度。大气中氡含量很小，充分利用大气自净能力带走室内氡，净化成本最低	同时引入大气污染物（PM2.5、氮、氧化物、二氧化硫等），引起室内温、湿度变化，加重空调的负荷
涂敷法	喷涂特殊的防氡涂料	利用材料吸收放射性物质的特殊功能	不能除本，根本方法是加强建筑的放射性评价和建筑材料的卫生监督
净化设备法	采用吸附、吸收、高效过滤等技术的空气净化器都能有效去除氡	含碘活性炭、高效过滤器（HEPA）、静电除尘装置具有控制氡的作用；除了净化效率指标外，空气净化器的循环处理风量、设备的有效净化时间也必须十分重视	设备成本较高，需要经常维护

7. PM2.5 治理方法的合理性判别

室内 PM2.5 在全球范围内被称为首要的空气杀手。世界卫生组织指出，由于 PM2.5 的污染，全球每年因此非正常死亡的人数超过了 150 万人，主要集中在发展中国家。大多数城市 PM2.5 严重污染的情况下，室内 PM2.5 污染也比较严重，来源主要来自室外大气污染物的侵入。室内吸烟、厨房油烟、燃煤燃油灶台也是 PM2.5 的主要来源。人与宠物的活动产生的 PM2.5 也不可轻视。人与宠物每天从户外携带进入室内的尘埃、每天抖落的皮屑以及活动造成的扬尘足以使室内空气中 PM2.5 的浓度超过世界卫生组织规定的安全限值（世界卫生组织规定的 24hPM2.5 的安全限值为 0.025g/ms）。各种 PM2.5 治理方法的要点、合理性与存在的缺陷见表 13-8。

PM2.5 治理方法及优缺点 表 13-8

治理方法	治理方法要点	合理性	缺陷
通风法	当室内空气中 PM2.5 浓度高于室外时，引进新风可以稀释室内 PM2.5 的浓度，利用通风系统的过滤材料可以有效控制 PM2.5	带有过滤器的通风装置可以有效控制室内空气中的 PM2.5，达到安全卫生的标准和满足洁净度的要求	同时引入大气污染物（氮氧化物、二氧化硫等），引起室内温、湿度变化，加重空调的负担
清洗法	采用擦拭清洁表面的方法，可以去除表面的降尘	预防室内物体表面的降尘由于掀动造成二次扬尘，使污染物重新回到空气中	无法有效去除空气中的 PM2.5
净化设备法	有静电除尘和高效过滤两种控制 PM2.5 的净化设备	采用除尘的方法高效控制粒径大于 0.1μm 的 PM2.5 污染物	成本较高，需要经常维护，静电除尘有导致臭氧超标形成污染的风险

13.1.2　室内环境污染物治理方案的审查

审查室内环境污染物治理方案应当以顾客的治理目标为中心，通过审查背景资料、污染源调查报告、方案报告与实施可行性报告，得出审查结论。根据治理目标制定的治理方案具有针对性。治理方案制定过程中的每一个环节都和治理方案有密切的关系，必须掌握确切的数据、资料，对所有的数据与资料都要进行认真的审查，最后得出审查结论。

1. 审查室内环境治理方案的合理性

治理方案是治理项目建设过程中承上启下的重要阶段。当治理项目立项之后，方案是将决策和设想变为现实的唯一方式，同时方案又是指导治理项目实施的经济技术性文件，从而在整个治理项目实施过程中起承上启下的关键作用。

治理方案的审查是室内环境治理进入实务操作的最后一道程序。审查时，要求审查人员从更全面、更系统、更专业的层面对治理方案作出判断。

2. 审查治理方案选用标准的合理性（表 13-9）

室内环境治理常用标准 表 13-9

室内环境性质	参考标准名称	标准号	需要控制的污染物名称
住宅/办公楼	室内空气质量标准	GB/T 18883-2022	甲醛，苯，甲苯，二甲苯，氨，TVOC，氡，可吸入颗粒物，二氧化碳，一氧化碳，二氧化硫，二氧化氮，三氯乙烯、四氯乙烯，臭氧，细菌总数，苯并（a）芘、细颗粒物
	民用建筑工程室内环境污染控制标准	GB 50325-2020	甲醛，苯，甲苯，二甲苯，氨，TVOC，氡

室内环境性质		参考标准名称	标准号	需要控制的污染物名称
公共场所	宾馆客房	公共场所设计卫生规范. 第2部分：住宿场所	GB 37489.2-2019	甲醛，氨，可吸入颗粒物，细菌总数，二氧化碳，一氧化碳
	美容美发厅	公共场所卫生管理规范 公共场所卫生指标及限制要求 公共场所设计卫生规范. 第1部分：总则	GB 37487-2019 GB 37488-2019 GB 37489.1-2019	甲醛，氨，可吸入颗粒物，细菌总数，二氧化碳，一氧化碳
	餐厅	公共场所卫生指标及限制要求	GB 37488-2019	甲醛，苯类，氨、TVOC，氧，可吸入颗粒物，细菌总数，二氧化碳
	商场、书店	公共场所设计卫生规范. 第1部分：总则	GB 37489.1-2019	甲醛，可吸入颗粒物，细菌总数，二氧化碳，一氧化碳
	图书馆、美术馆、展览馆、博物馆	公共场所卫生管理规范 公共场所设计卫生规范. 第1部分：总则	GB 37487-2019 GB 37489.1-2019	甲醛，可吸入颗粒物，细菌总数，二氧化碳
	体育馆	公共场所卫生管理规范 公共场所设计卫生规范. 第1部分：总则	GB 37487-2019 GB 37489.1-2019	甲醛，可吸入颗粒物，细菌总数，二氧化碳
	游泳馆	公共场所卫生管理规范 公共场所设计卫生规范. 第1部分：总则 公共场所设计卫生规范. 第3部分：人工游泳场所	GB 37487-2019 GB 37489.1-2019 GB 37489.3-2019	甲醛，可吸入颗粒物，细菌总数，二氧化碳
	候机、候车大厅	公共场所卫生管理规范 公共场所卫生指标及限值要求 公共场所设计卫生规范. 第1部分：总则	GB 37487-2019 GB 37488-2019 GB 37489.1-2019	甲醛，可吸入颗粒物，细菌总数，二氧化碳，一氧化碳
	飞机、火车、长途汽车	公共场所卫生管理规范 公共场所卫生指标及限值要求	GB 37487-2019 GB 37488-2019	甲醛，可吸入颗粒物，细菌总数，二氧化碳，一氧化碳
	中央空调通风系统	公共场所集中空调通风系统卫生规范	WS 10013-2023	风管内表面积尘量，PM10、细菌总数、真菌总数、β-溶血性链球菌等致病微生物
卫生机构	医院普通手术室、ICU等I类、II类科室	医院消毒卫生标准	GB 15982-2012	细菌总数
	医院门、急诊室	公共场所卫生管理规范 公共场所卫生指标及限值要求 公共场所设计卫生规范. 第1部分：总则	GB 37487-2019 GB 37488-2019 GB 37489.1-2019	甲醛，可吸入颗粒物，细菌总数，二氧化碳，一氧化碳

3. 审查污染源调查报告

审查污染源调查报告的第一步即要从建筑物的不同环节出发，调查和识别可能造成室内污染的污染物及其来源，在一定的环境单元内进行可疑污染源识别和存在状态调查，了解室内存在的污染物种类、来源、在室内的消减规律、室内人群的健康状况等基础资料，掌握室内环境中污染程度到底有多严重，这是后续要采取的控制改善措施的工作基础（表13-10、表13-11）。

审查室内污染源调查报告 表13-10

序号	步骤	污染源调查内容	审查要点
1	建筑结构	房间平面布置图、各房间的面积、层高	确认建筑每个需要治理的房间的空间大小。当选择采取通风法治理时，换气风量和新风量的计算与空间的体积有关
2	建筑周围情况	是否靠近公路；是否位于闹市中心附近；是否有建筑工地附近；是否有工厂排放烟尘附近；是否有餐厅的厨房排放油烟废气；小区的生态环境如何；是否受到公共通道影响污染（如邻居的厨房油烟排放、卫生间异味等）	审查是否遗漏了建筑周围的污染源，例如，公路、建筑工地、工厂排放的固定污染源、餐厅厨房油烟排放源、小区绿化以及是否存在花粉污染等。审查是否有特别注明的周围大气、噪声、土壤和辐射等污染，如周围没有特别需要注明的污染情况，审查报告中可以提示治理方案不必作特别的考虑。反之，则应在审查报告中作相应提示。例如，在日本，对于高速公路附近的住宅建筑，必须考虑汽车尾气侵入室内的防控措施
3	装修情况	墙、天花板、地面、门、窗、家具	审查时特别要确认使用的所有的人造板的位置与甲醛释放的情况。审查天然大理石、陶瓷以及瓷砖是否具备氡污染物达标的证明
4	装修材料	人造板、涂料、油漆、胶粘剂、木制品、壁纸、地毯、混凝土外加剂、天然石材	依照《室内装饰装修材料 人造板及其制品中甲醛释放限量》GB 18580-2017、《木器涂料中有害物质限量》GB 18581-2020、《建筑用墙面涂料中有害物质限量》GB 18582-2020、《室内装饰装修材料 胶粘剂中有害物质限量》GB 18583-2008、《室内装饰装修材料 木家具中有害物质限量》GB 18584-2001、《室内装饰装修材料 壁纸中有害物质限量》GB 18585-2001、《室内装饰装修材料 聚氯乙烯卷材地板中有害物质限量》GB 18586-2001、《室内装饰装修材料 地毯、地毯衬垫及地毯胶粘剂中有害物质限量》GB 18587-2001、《混凝土外加剂中释放氨的限制》GB 18588-2001、《建筑材料放射性核素限量》GB 6566-2010 审查所有的装饰装修材料是否全部符合标准规定的污染物限值。审查每一项装修材料是否符合标准规定的限值要求，室内各种材料集中在一起使用，是否会有污染物叠加效应，如有，必须重点指出
5	装修后入住的时间	特别要注意新装修的房间	审查时要求确认装修与入住至今的时间。对于使用较大量人造板的室内，甲醛污染可能持续3~15年
6	家电和办公用品	电视机、计算机、冰箱、微波炉、消毒柜等家用电器以及复印机、激光打印机等办公用具	审查环境单元中所使用的家电与办公用品设备是否产生污染，其产生的污染物名称与程度如何
7	通风情况	厨房、卫生间的排风装置	审查厨房卫生间的排风装置排风性能如何，能否有效排除厨房、卫生间的污染
8	空调情况	中央空调、分体式空调、窗式空调，是否定期清洗	首先要审查居室空调的配置情况。审查使用时间较长而不定期清洗的空调是否成了室内最主要的污染源
9	人员情况	是否有老、弱、病、残、孕、婴、幼等弱势人群，成员中有哮喘等过敏性疾病病史	审查时，特别关注左列所示的弱势人群，如有这方面的信息，应当在治理方案中着重写明应当采取的有针对性的有效治理措施

序号	步骤	污染源调查内容	审查要点
10	人员感官情况	是否感觉有异味、灰尘烟雾特别大	审查时，应当留意用户的主观评价感觉
11	人员健康情况	呼吸道有无不适，有无喉咙痛、喉咙痒、咳嗽等症状，有无皮肤丘疹、哮喘等过敏症状，有无乏力、困倦、头晕等症状	审查时，应当留意用户的有关的健康状况，分析是否与室内环境质量有关。对于有类似症状感觉的用户反映，应当在治理方案中着重写明应当采取的有针对性的治理措施
12	宠物情况	所养宠物的类型，宠物是否有异常情况	审查时，对于豢养宠物的用户应当留意用户是否有过敏等体质特点。在治理方案中应当着重提示罹患人畜共患病的风险，并写明应当采取的有针对性的治理措施
13	植物情况	所养植物的类型，植物是否有异常情况	审查时，若发现种植的绿色植物有异常情况，需要分析室内空气中是否存在影响植物生长的污染物
14	燃料	使用煤气、煤、天然气还是液化气	审查用户厨房使用何种燃料
15	气雾剂	是否经常使用气雾类的化妆品、清洁剂或杀虫剂	审查室内气雾剂可能使用的种类与频次，要有防控气雾剂污染的提示、告诫与措施
16	吸烟情况	吸烟者吸烟史、是否在房间中吸烟、是否存在二手烟污染	审查时要了解用户吸烟状况，必须有防控吸烟污染的治理措施

审查室外可能造成室内环境污染的因素　　　　表 13-11

序号	调查内容	可能造成影响的室外因素
1	当地气候气象	沙尘暴、雾霾、酸雨、光化学烟雾发生的可能性与发生的频次
2	是否靠近公路	汽车尾气、噪声、可吸入颗粒物
3	是否位于闹市	汽车尾气、噪声、可吸入颗粒物、细菌等
4	附近是否有建筑工地	噪声、可吸入颗粒物
5	附近是否有工厂排放烟尘	可吸入颗粒物、二氧化硫、恶臭、铅等重金属颗粒物及其他有害废气
6	附近是否有垃圾焚烧场、垃圾填埋场、垃圾中转站、废水处理站	可吸入颗粒物、二氧化硫、二氧化氮、恶臭、金属颗粒物及其他有害废气
7	附近是否有隧道、地铁、立体停车场的排气口	汽车尾气、可吸入颗粒物、二氧化硫、二氧化氮、恶臭、金属颗粒物及其他有害废气
8	附近是否有餐厅的厨房排放油烟废气	可吸入颗粒物、厨房
9	小区的生态环境	可吸入颗粒物、微生物、蚊蝇等飞虫
10	是否有花粉污染	花粉引发过敏
11	是否受到公共通道影响污染（如邻居的厨房油烟排放、卫生间异味等）	可吸入颗粒物、厨房油烟与异味、微生物

4. 审查室内环境质量检测与评估报告

室内环境质量检测与评估报告是制定治理方案的重要依据。审查工作的重点是审查检测报告与评估报告的真实性、完整性与有效性。

现以某住宅环境质量检测内容汇总报告为例，说明审查检测结果是否达标，见表 13-12。审查评估报告根据现场情况，对室内空气品质进行评价。

审查检测结果是否达标

表 13-12

检测项目	房间名称	检测结果	对照标准
甲醛（mg/m³）	主卧室	0.11	0.07
	客卧室	0.15	0.07
	客厅	0.18	0.07
	儿童房	0.09	0.03
审查要点	甲醛是室内环境装修污染的重点控制项目，必须严格审查其检测结果，判定达标情况。《民用建筑工程室内环境污染控制标准》GB 50325-2020 适用于新建、扩建和改建的民用建筑工程及其室内装修工程，Ⅰ类民用建筑工程的甲醛限值浓度为小于等于 0.07mg/m³。《室内空气质量标准》GB/T 18883-2022 适用于人们在正常活动情况下的住宅和办公建筑。甲醛限值浓度为小于等于 0.08mg/m³。甲醛污染对儿童的影响特别大，在审查时，可以根据测试报告，与用户作充分的沟通，确定每个房间的甲醛的目标控制浓度		

检测项目	房间名称	检测结果	对照标准
TVOC（mg/m³）	主卧室	0.55	0.45
	客卧室	0.55	0.45
	客厅	0.65	0.45
	儿童房	0.55	0.2
审查要点	TVOC 是室内常见的环境污染物。《民用建筑工程室内环境污染控制标准》GB 50325-2020 适用于新建、扩建和改建的民用建筑工程及其室内装修工程，Ⅰ类民用建筑工程的 TVOVC 限值浓度为小于等于 0.45mg/m³。《室内空气质量标准》GB/T 18883-2022 适用于人们在正常活动情况下的住宅和办公建筑。TVOC 限值浓度为小于等于 0.6mg/m³。TVOC 对儿童的影响比较大，在审查时，可以根据测试报告，与用户作充分的沟通，确定每个房间的 TVOC 的目标控制浓度		

检测项目	房间名称	检测结果	对照标准
PM2.5（mg/m³）	主卧室	0.10	0.035
	客卧室	0.10	0.035
	客厅	0.10	0.035
	儿童房	0.10	0.01
审查要点	PM2.5 是室内环境必须重点控制的项目，必须严格审查其检测结果，判定达标情况。我国即将制定 PM2.5 的控制限位浓度，美国等发达国家控制 PM2.5 的限值标准为 0.035mg/m³。PM2.5 污染对儿童的影响特别大，在审查时，可以根据测试报告，与用户作充分的沟通，确定每个房间的 PM2.5 的目标控制浓度		

检测项目	房间名称	检测结果	对照标准
二氧化碳（mg/m³）	主卧室	1.2×10^{-3}	1.0×10^{-3}
	客卧室	1.2×10^{-3}	1.0×10^{-3}
	客厅	1.5×10^{-3}	1.0×10^{-3}
	主卧室	1.2×10^{-3}	1.0×10^{-3}
审查要点	二氧化碳是室内环境质量重点控制项目，必须严格审查其检测结果，判定达标情况。《室内空气质量标准》GB/T 18883-2022 适用于人们在正常活动情况下的住宅和办公建筑。二氧化碳限值浓度为小于等于 0.10%² 在审查时，可以根据测试报告，与用户做充分的沟通，确定每个房间的二氧化碳的目标控制浓度		

检测项目	房间名称	检测结果	对照标准
细菌总数 （CFU/m³）	主卧室	2500	500
	客卧室	2500	500
	客厅	3500	500
	儿童房	1000	500
审查要点	细菌总数是室内环境质量的重点控制项目，必须严格审查其检测结果，判定达标情况。室内空气卫生指标适用于人们在正常活动情况下的住宅和办公建筑。细菌总数限值浓度为500CFU/m³。细菌总数对老人、儿童、孕妇、病人的影响特别大，更严格的标准为200CFU/m³，这样就不会发生空气细菌可能引起的感染。在审查时，可以根据测试报告，与用户作充分的沟通，确定每个房间的细菌总数的目标控制浓度		

13.1.3　对治理方案提出修改意见

室内环境污染物治理方案的修改主要体现在治理原理与方法是否正确，是否可行和对环境是否有效等方面。

根据背景情况制定有关室内环境污染物治理方案中有关治理原理方面的修改要点，见表13-13。针对室内空气中污染物及其来源、常用治理方法的修改要点见表13-14。

可以看出，不同的污染物，来源不同，采取的治理方法与制定的治理方案都会有所区别，对于与治理原理有冲突的治理方法，应当进行符合原理的修改。

有关治理原理的修改要点　　　　　　　　　　　　　　表 13-13

背景情况	治理方案	修改要点
某公共场所，甲醛超标30%，甲苯超标20%，TVOC超标30%。空调中发现了军团菌	引进新风，新风量为每人每小时30m³，每天开窗通风3h	进行污染源治理。空调需要清洗消毒，空调新风口和回风口需要安装净化消毒装置。使用具有有效控制细菌、甲醛、甲苯、TVOC等气态污染物的空气净化装置
某新装修居室，使用人造板家具与吊顶、墙面采用水性涂料、房间铺设地毯、使用分体式空调，经过检测，甲醛浓度为0.25mg/m³，PM2.5为80µg/m³	（1）引进新风装置，新风量为居室体积的1%，24h工作； （2）墙面喷涂光催化剂； （3）采用释放臭氧方法对居室空间进行消毒	需要对引入的新风进行处理，对PM2.5的控制要求达到10µg/m³。墙面为水性涂料，不可喷涂光催化剂。臭氧机需要在无人的情况下使用，每次需要处理30min左右，处理完毕后，要开启门窗通风1h以上，人方可入内。需要对污染源进行甲醛治理使用具有有效控制甲醛、PM2.5的空气净化装置
装置某豢养宠物居室，细菌总数为2600cfu/m³，PM2.5为100µg/m³，有明显的令人不愉快的气味	（1）喷洒植物除味剂； （2）安装排气装置； （3）喷雾消毒	安装新风净化装置，有效引入新风稀释室内污染。同时设置排风装置，使室内换气次数达到8次/m³。使用具有有效去除细菌、PM2.5以及异味的空气净化装置
某幼儿园活动室，采用人造板家具、环氧树脂地坪、油漆墙面，使用分体式空调，经检测空气中甲醛浓度为0.10mg/m³，细菌总数为1000cfu/m³，PM2.5为100µg/m³，儿童中出现手足口疫病感染	（1）喷涂甲醛清除剂治理人造板家具； （2）采用光催化剂喷涂环氧树脂地坪； （3）每天强力通风1h； （4）采用过氧乙酸消毒剂擦拭桌面与地板； （5）采用植物性消毒剂喷雾	安装新风净化装置，新风量要求达到4倍室内空间体积，新风净化机组要求出风口的细菌总数为500cfu/m³，PM2.5为10µg/m³。在没有人的情况下，采用臭氧机净化地坪并对室内环境进行消毒。使用具有有效去除细菌、PM2.5的空气净化装置

室内来源	常用治理方法	修改要点
人造板，家具、壁橱、天花板、地板、护墙板	(1) 涂敷甲醛消除剂； (2) 喷涂光催化剂； (3) 封边； (4) 通风； (5) 使用空气净化器（除甲醛类）； (6) 室内绿化	(1) 人造板板材前期预处理：加热促使挥发后通风；封边；涂敷甲醛消除剂； (2) 人造板板材事后处理：涂敷甲醛消除剂、通风； (3) 现场综合治理：升温（冬季治理）、通风、使用空气净化器（除甲醛类）、室内绿化（效果有限）
装修材料：油漆、涂料、胶粘剂、保温、隔热和吸声材料	(1) 通风； (2) 植物去味剂喷雾； (3) 喷涂光催化剂； (4) 臭氧	(1) 安装新风净化装置； (2) 使用空气净化器（除甲醛，TVOC，苯系物）； (3) 注意预防臭氧对橡胶、塑料的老化破坏作用
装饰物：墙纸、墙布、化纤地毯、挂毯、人造革	(1) 涂敷甲醛消除剂； (2) 喷涂光催化剂； (3) 通风	(1) 安装新风净化装置； (2) 使用臭氧机对地毯进行治理； (3) 使用空气净化器（除甲醛，TVOC，苯系物）； (4) 注意预防臭氧对橡胶、塑料的老化破坏作用
化学制品：化妆品、清洁剂、杀虫剂、防腐剂	通风	(1) 安装新风净化装置 (2) 使用臭氧机对地毯进行治理 (3) 使用空气净化器（除甲醛，TVOC，苯系物） (4) 注意预防臭氧对橡胶、塑料的老化破坏作用
吸烟	(1) 禁止在室内吸烟； (2) 通风	(1) 安装新风净化装置； (2) 使用控烟型空气净化器（有效控制吸烟产生的 PM2.5、尼古丁、焦油与有害气体）

13.2　室内治理施工组织方案

室内环境治理牵涉的面较广，工程项目建设也越来越复杂，用户面临着复杂的环境污染问题和健康问题，需要专业咨询机构提供全方位、综合性的方案、服务和建议。

13.2.1　编制治理施工方案

1. 室内环境污染治理施工方案的要点

施工方案主要应包括下列 6 个方面的内容：制定施工程序、施工准备工作组织管理、进料及时检查、物料存放场所应保持干净、治理施工现场的清理以及培训与交底。

1）制定施工程序

对于一个特定的室内环境治理项目，需要编制完整的施工方案，以保证治理项目圆满地完成并达到预想的治理效果。

制定施工程序包括：总体监控计划、工作范围、相应的采购和工作任务、施工时限、工程的工作人员数量、工程进度表、设备的验证、工程将使用的方法、使用的清洗剂、安全计划。

说明：制定施工程序应结合具体工程的特点，制定出严密的施工程序和进度计划，并严格执行，施工程序中尤其要体现出交叉作业的紧密配合（图 13-1）。

图 13-1　室内环境治理施工的人员配备

2）施工准备工作组织管理

（1）建立健全的施工现场组织机构，明确每个人的工作岗位和工作范围。

（2）在施工组织设计指导下，及时编制施工方案和质量保证技术措施。

（3）做好各专业的准备工作。

（4）配备专职人员负责管理施工图样、标准图集，修改设计和技术核定等技术文件。

（5）组织施工人员进行技术培训，操作资格审查或考核。

（6）施工机具、试验设备、测量仪器和计量器具的准备。

（7）做好施工人员技术交底。

（8）按工种设计、施工设计或规范要求，做好工艺评定试验的项目。

（9）做好接受第三方质量监督的准备，为第三方监督创造必要的条件。

3）进料及时检查

进料及时检查的主要内容如下：设备外观、型号规格、数量、标识、标签、产品合格证、产地证明、说明书、技术文件资料、检验设备性能。

说明：凡进料和设备应有专人及时检查，如果等到安装时再检查，若出现问题或有不合格发生，退货、再订货就会延误工期。检验设备性能是否达到设计要求和国家标准的规定。

4）物料存放场所应保持干净

准备干净的密闭性较好的空间作为物料堆放场所。凡属高效过滤器的净化设备以及为安装这些设备所用的材料，除了要求干净外，还不能在高湿、低温的环境下存放。风管、部件及其他设备也要妥善保管，避免积尘和损坏。

5）治理施工现场的清理

治理前须将现场清理擦拭干净，治理过程中也应保持现场干净，以防止系统和设备受到污染。

6）培训与交底

治理施工人员一定要进行治理知识的教育和技能培训。同时，有关负责人也要在治理施工前向具体治理施工人员进行技术交底，讲明作业要求和注意事项。

2. 室内空气治理常用药剂及工具设备

1）常用药剂

（1）二氧化氯

① 理化性质。二氧化氯（ClO_2）是一种强氧化剂，属于无毒产品，不致癌，无致畸形及无突变作用。二氧化氯在水中的溶解度是氯的 5 倍，20℃，10kPa 分压时达 8.3g/L，在水中溶解成黄色的溶液。与氯气不同，它在水中既不水解，也不聚合。二氧化氯的其他性质见表 13-15。

二氧化氯的性质   表 13-15

项目	指标
外观	无色或略带黄色透明液体
活化物含量	$\geqslant 2.0\%$
相对分子质量	67.45
密度（20℃）	$\geqslant 1.02g/cm^3$
pH 值	$\geqslant 8.0$

二氧化氯与氯气相比具有以下优点：不仅能杀死一般微生物，而且还具有杀真菌孢子、杀病毒等作用。二氧化氯不与氨、酚和不饱和化合物发生作用，特别适用于化肥厂循环水的消毒。二氧化氯可以完全代替氯气和非氧化性杀生剂。

二氧化氯（ClO_2）中含氯 52.6%，氧化能力是氯气的 2.5 倍左右。二氧化氯是一种强氧化剂，而不是氯化剂。作为一种强氧化剂，它能有效破坏水体中的微量有机污染物，如苯并芘、氯仿、四氯化碳、酚、氯酚、氰化物、硫化氢及有机硫化物，可氧化有机物而不发生氯化反应。由于二氧化氯的高效、安全、无毒特性，在美国，用于饮用水处理已超过 50 年。

② 用途。作为一种新一代安全型多功能的杀菌消毒剂，二氧化氯可广泛用于饮用水、循环冷却水、环境消毒、食品保鲜、除臭、医疗器械消毒等。

③ 使用方法。本品在循环冷却水中作杀菌灭藻剂时可替代氯气，每 2～3 天投加 30～50mg/L。在使用前用酸活化处理 5～10min，然后投入循环水泵的吸入口。作黏泥剥离处理用时可投加 100～200mg/L 二氧化氯经活化后，当天应使用完。

（2）光催化剂

① 理化性质。光催化剂指在特定波长光源（例如，紫外线）作用下能在常温下参与催化反应的物质。二氧化钛（TiO_2）即为一种典型的光催化剂物质。在特定波长光源作用下，光源的能量激发 TiO_2 周围的分子产生活性极强的自由基。这些氧化能力极强的自由基几乎可以分解绝大部分有机物质和部分无机物质，生成对人体无害的二氧化碳与水。自由基还能破坏细菌的细胞膜，使细胞质流失，进而氧化细胞核，杀死细菌。光催化剂的主要特征见表 13-16。

光催化剂的主要特征   表 13-16

特征	说明
安全无毒	对人体没有危害，可以作为食品添加剂，主要用于口香糖、巧克力、饮料等制作
持久有效	可与被施工物体表面牢固结合，能经受一般硬度硬物的刮涂。光催化剂本身不参与化学反应，因此，使用寿命很长
无损基材	采用特殊的技术措施，可以保护被施工物体表面的基材不受影响
施工性能好	具有十分优良的易涂性、附着性、流平性以及快干等特性

影响光催化剂性能的因素有：纳米二氧化钛光催化剂制备技术；光催化剂材料复合技术；光催化剂固化技术；施工工艺及设备；光源波长；光源照度与作用时间；空气流动和湿度状况；尘埃粒子浓度；与污染物的接触时间。

② 用途。光催化剂的主要用途见表 13-17。

光催化剂的主要用途   表 13-17

主要用途	说明
分解空气中的有害物质	可将空气中的有机有害气体（甲醛、苯、甲苯、二甲苯、TVOC 等）和部分无机有害物分解成二氧化碳和水，并随着空气流动而逐渐消失，从而达到净化空气的效果
抗菌防霉	对大肠杆菌、金黄色葡萄球菌、铜绿假单胞菌、肺炎克雷伯氏菌等具有极强的杀伤力；对黑曲霉、黄曲霉、赛氏曲霉、土曲霉、焦曲霉、球毛壳霉、多主枝孢霉、拟青霉、绿色木霉等霉菌的防霉指标可以达到 0 级
抗污除臭	可将油污和有机污染物分解，并不易被污染；分解生物臭、烟臭、垃圾臭、生活臭等
亲水自清	在被喷表面形成"水膜"，使污垢浮在水膜上，容易被雨水或清水冲掉；喷涂在玻璃或镜面上，其亲水性，能使落在表面的水迅速形成膜状，从而可保持玻璃和镜面的清晰度

③ 使用方法。光催化剂使用时的方法见表 13-18。

光催化剂使用方法   表 13-18

使用方法	说明
选用专用喷枪	专用低压力高流量的喷枪能满足超薄涂层的需要；喷滴直径小、雾化率高；喷涂后涂层的厚度可达到纳米级；喷涂率达到 70%～80%；喷涂面积达到 100m²/L
清洁与干燥	对被喷涂的物体表面进行清洁与干燥
喷涂表面均匀	喷涂时，喷枪口距离被涂物品表面约 250～300mm，控制喷涂的光催化剂喷到被涂物品表面上不要向外飞溅；喷涂表面要求从左到右、从上到下，形成均匀涂层；喷涂后，光催化剂膜在 3h 后可逐步硬化，3 天后可达到一定的硬度。一般的摩擦或擦拭对光催化剂膜不会产生破坏作用
光照	光催化剂施工后，采用紫外线灯能使室内空气质量快速达标。采用普通白炽灯光照明或日光照射也能加强光催化剂的光催化净化效果
通风	采用风扇加速室内空气的流动，可以增加室内空气污染物与光催化剂涂膜的接触概率，也能提高光催化剂的光催化净化效果

（3）酸性离子消毒水

① 理化性质。通过特殊的合金电极，在有半渗膜的电解槽中将含有适量氯化钠的自来水进行电解，生成酸性离子消毒水。其氧化还原电位（ORP）≥1050mV，pH 值≤2.7。这种消毒水的杀菌机理是多重离子与强氧化剂的共同作用结果。在离子水中存在 Cl_2、OH^-、O_3、$HClO$、ClO^- 等强氧化剂和有效氧，同时低 pH 值与高 ORP 超出了微生物的生存范围，并使微生物细胞的膜电位发生改变，导致细胞膜通透性增强与细胞代谢酶的破坏，达到杀灭的结果。

此消毒水对人体无毒害、无刺激，对细菌等病原微生物具有广谱、高效的杀灭作用，其消毒效果达到医院消毒卫生标准。使用后的消毒水经光照或接触空气后成为普通自来水，对环境无污染。大量的测试、使用报告证明，该消毒水是一种理想的消毒剂（表 13-19）。

酸性离子消毒水与化学消毒剂的特性比较表   表 13-19

性质	酸化离子消毒水	化学清毒剂
广谱性	好	差
毒副作用	无	有
腐蚀性	无	有

性质	酸化离子消毒水	化学清毒剂
刺激性	无	强
致癌、致畸因素	无	有
污染环境	无	严重
成本	低	高
疾病防治性能	有	无

② 用途。酸性离子水的主要用途见表 13-20。

酸性离子消毒水的用途   表 13-20

应用领域	用途
医疗卫生	皮肤、牙科、皮肤病、烧伤患者外用、口腔溃疡、坏疽疹、褥疮、泌尿外科、妇产科、胃溃疡、被褥、各种内窥镜及物体表面消毒
农业	代替农药，对土壤无毒副作用
旅游业	宾馆、饭店、餐厅的器具器皿杀菌消毒，蔬菜、水果、鱼、肉、海鲜以及洁具、桌面、地面的消毒
美容院	肌肤表面清洁消毒，具有护肤作用以及器具、桌面、洗池等消毒
食品加工业	食品保鲜、饮料灌装机和管道等消毒
家庭	蔬菜、水果清洗消毒、生鲜冷食浸泡、传染病人、重症易感病人用具消毒

2）常用设备

（1）换气机

换气机是通风系统中的一个重要组成部分。除尘、排出有害气体、引入新风等送、排风系统，都要用换气机输送气体，也都要依靠换气机克服系统本身及空气在系统中流动所产生的阻力，使室内环境的换气量达到设计的要求。

① 基本性质。换气机的种类很多，最常用的是离心风机和轴流风机。用作换气的离心风机风压不大于 1000Pa，而轴流风机的风压一般小于 100Pa。每小时输送同样体积的风量离心风机的风压、噪声、效率均优于轴流风机。但一般离心风机的成本高于轴流风机。用于通风换气系统中的风机一般选用离心风机，而岗位送风常使用轴流风机。

② 新风效应。发挥新风效应，既要注重新风的量，更要注重新风的质。引入低污染新风的同时，还要减少或者消除新风处理、传递和扩散过程中的污染。为此要做到以下几点：

a. 合理选择新风取风口的位置。

b. 加强新风过滤，改变通常只做粗效过滤的观念。

c. 提倡新风直接入室，减少途径污染。入室新风途径污染越少，新风质量越好，对人的有益作用越大。

合理的气流组织即是合理布置送、排风口，充分将新鲜空气送入工作区，减少送风死角，以提高室内的换气效果，充分稀释室内污染物浓度，从而提高空气质量。对于集中式全空气系统，应当设计独立的新风系统；对大空间而言，可以设置岗位送新风系统；在高大型公共建筑中可以采用置换通风，将清洁新鲜的空气直接送入人体活动区，避免污浊空气的再利用，保证工作区的空气质量；对半集中式的风机盘管系统，除新风直接送入房间外，应增设集中排风，这样才能发挥新风效应；对分散式的分体式空调房间采用双向新风换气机，有利于改善室内空气质量，同时有利于节能。

（2）空气净化器

① 过滤式净化设备。基本原理。过滤式空气净化器是最常用的空气净化设备。过滤式空气净化器主要包括外壳及面板控制器、风机及电动机、预过滤器、中效或高效过滤器。主要用于去除空气中的颗粒污染物。有些有卫生要求的场合也常用过滤式空气净化方式去除空气中的细菌。其除菌的作用是基于绝大多数细菌的直径在过滤器可以有效滤除的范围内。常用的过滤式空气净化器能够去除颗粒物的最小直径约 $0.1\,\mu m$，因此，其对直径小于细菌的病毒类微生物控制能力相对较差。过滤式空气净化器对气载分子态污染物，例如，甲醛、苯系物、氨等是无效的。过滤式空气净化器的过滤机理主要包括筛分、惯性碰撞、拦截、扩散、静电及重力作用等。筛分是空气过滤器的主要滤尘机理（图 13-2）。

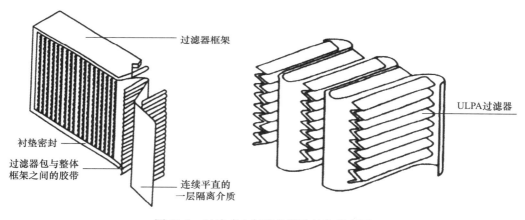

图 13-2　过滤式空气净化器的结构示意图

② 基本性质分类。根据我国颁布的《空气过滤器》GB/T 14295-2019 和《高效空气过滤器》GB/T 13554-2020 两个标准，过滤器按性能可分为粗效过滤器、中效过滤器、高中效过滤器、亚高效过滤器、高效空气过滤器和超高效过滤器（表 13-21）。

过滤器的分类　　　　　　　　　　　　　　　　　　表 13-21

过滤器名称	说明
粗效过滤器	用于过滤直径大于 PM5 的颗粒物与各种纤维、毛发等异物。其主要作用是空气净化系统的前置预过滤，截留大的颗粒物，以提高后置过滤器或净化设备的净化效率。一般粗效过滤器的成本比较低，阻力比较小，而且比较容易清洗更换，但后级具有较高净化效率的设备价格比较贵，阻力比较大，清洗与更换均比较困难。因此，合适的前置初效过滤器可以降低整个净化设备的运行费用。对于后级使用静电除尘类的空气净化设备，初效过滤器去除纤维、毛发等异物，可以防止这些异物进入电场后，引起局部放电现象
中效过滤器	用于过滤直径大于 $1\,\mu m$ 的颗粒物。它可以作为高效过滤器的预过滤器，也可以作为没有洁净度要求的洁净系统的末级过滤器。其阻力损失大于初效过滤器

过滤器名称	说明
高中效过滤器	与中效过滤器一样，也主要用于过滤直径大于 $1\mu m$ 的颗粒物。也可以作为高效过滤器的前置预过滤器。高中效过滤器的阻力损失大于中效过滤器。中效过滤器与高中效过滤器都可以作为中间过滤器，以保护后级的高效过滤器
亚高效过滤器	主要作用为过滤直径大于 0.5 小于 $1\mu m$ 的亚微米级的微细颗粒物。它可以作为洁净系统的末端过滤器，能够达到一定的空气洁净度级别，也可以作为有更高洁净度要求的洁净系统的末端高效过滤器的前置预过滤器，还可以作为新风的末级过滤器，提高新风的洁净度。亚高效过滤器的阻力损失比高中效过滤器大得多
高效过滤器（HEPA）	主要过滤直径大于 0.3 小于 $1\mu m$ 的弧微米级的微粒，它可以作为由各种有洁净度级别要求的洁净系统的最主要的末级过滤器。其阻力损失往往会达到亚高效过滤器的数倍
超高效过滤器（ULPA）	主要过滤直径大于 0.1 小于 $1\mu m$ 的超细微粒。超高效过滤器的阻力损失是所有过滤器中最高的。超高效过滤器曾被称为绝对过滤器，它对低浓度的亚微米级的微粒具有很高的捕捉效率，一般可达 99.999％以上。对于需要达到 1000 级洁净度以上的洁净室或有更高要求的超净室，高效过滤器与超高效过滤器是最为经济和可靠的过滤设备

（3）静电除尘式净化设备

① 基本原理。在静电除尘器中，收尘极与放电极形成工作电场。放电极为正极，接直流高压输出的正端；收尘极为负极，接直流高压输出的负端，并可靠接地。供电装置由整流器、高压变压器与调压器三部分组成。整流器输出的直流高压通过高压引线与放电极接通。绝缘子起到对放电极进行高压绝缘、支撑与定位的作用。静电除尘大致分为四个过程，即电晕放电、尘粒荷电、电场迁移、极板收尘（表 13-22）。

静电除尘的过程 表 13-22

静电除尘的过程	说明
电晕放电	当放电极加上正高压后，周围空气被电离并形成电晕区，靠近高压电极的正离子被强电场有力地加速，通过碰撞电离而形成电子雪崩。电子雪崩后产生了大量的高能离子。负离子趋向邻近的正极，正离子则将沿着电场电力线的方向通过电场区趋向负极（接地极）
尘粒荷电	正离子在电场的作用下，向负极（接地极）移动。一部分遇到气流中的尘粒，使尘粒带电，另一部分则直接移向正极
电场迁移	强迫带正电的尘粒会在电场力的作用下产生一个指向接地负极的速度，这个速度称为粒子驱进速度。带正电的尘粒会改变原来的运动方向，而沿着气流速度与驱进速度的合速度方向运动，直至到达接地极板
极板收尘	在接地极（收尘极）极板上，强迫带上正电的尘粒将变成中性而停留在上，从而完成了从空气中除去尘粒的过程。附着在收尘机板上粉尘沉积层达到一定的厚度时，会影响电场工作的效率，此时，可以将电场部件取出清洗或者更换新的

工业静电除尘器的电场风速一般为 $0.6\sim1.5m/s$；气体在电场中有效滞留时，约为 $4\sim6s$；同极距一般为 $200\sim600mm$。用于室内的小型化的静电除尘器采用窄间距电场结构，同极距一般为 $20\sim60mm$。此时，电场风速约为 $2.8\sim4m/s$；气体在电场中有效滞留时间约为 $0.05\sim0.08s$。无论是工业静电除尘器还是发展历史不长的静电型空气净化器，其电场风速、同极距及气体在电场中有效滞留时间均为实验与经验数据。静电除尘器的小型化是空气净化技术发展的重点。静电除尘器的小型化技术包括采用窄间距的电极形式、开发小型的高频高压开关电源、采用细线或尖齿放电和抑制臭氧等（表 13-23）。

要点	说明
窄间距	窄间距电场使带电的尘粒到达极板的时间大大缩短，从而也使电场长度得到相应的缩短
高频高压开关电源	小型化的静电除尘器采用高频高压开关电源供电。高频高压开关电源采用脉宽调节控制高压输出。平均场强可以达到，$4\sim6kV/cm$
细线或尖齿放电	工业废气的温湿度、黏度、腐蚀度一般远比室内环境恶劣得多。工业粉尘的密度、粗糙度也远大于室内的空气悬浮粒子，因此用于室内的静电净化器的放电极可以选用刚性、耐蚀性相对较差的极细的或尖齿的金属材料。细线或尖齿放电具有优良的电晕特性而且能大大抑制伴随电晕放电而产生的臭氧
抑制臭氧技术	电晕放电必然会产生臭氧。超量的臭氧对人体极其有害。目前专家建议的空气中的臭氧浓度应小于 0.08ppm。不加控制的电晕放电产生的臭氧会大大地超过这个数值。室内静电净化器抵制臭氧超量排放的关键主要依靠正高压产生正电晕，极细的放电极尽量降低起始电晕电压，精确的高压放电极定位技术以及恒定的高频高压输出技术等

② 主要部件

a. 外壳及面板控制器。

b. 风机及电动机。

c. 静电场装置及高压供电装置。

d. 预过滤器。

（4）吸附类净化设备

静电与过滤除尘除菌技术对有害气体没有净化作用。去除空气中有害气体，例如，甲醛、氨、一氧化碳、苯、TVOC 等，应采用吸附的方法。目前，最成熟的吸附材料是活性炭与分子筛。

① 基本原理。吸附是一种固体表面现象，固体表面由于存在着一种未平衡的分子间引力或称为化学键，而使通过的气体被吸引并保持在固体表面上的现象，称为吸附。具有吸附作用的固体称为吸附剂。吸附剂大多采用比表面积较大的多孔性固体。活性炭、硅胶、天然沸石、活性白土等是常用的吸附剂。

活性炭与分子筛均为多孔材料，具有巨大的比表面，而且具有较大的吸附容量。每克活性炭的总表面积可达 $800\sim1000m^2$。活性炭适宜吸附有机溶剂蒸汽，对苯类吸附的效果最为明显。活性炭一般是将椰壳、果壳或焦炭等原料经过碳化、活化而制成。商业化的活性炭分为粒状活性炭和活性炭纤维两种，它们的吸附原理和工艺流程完全相同。

分子筛是一种人工合成的沸石，其结构为多孔硅酸盐骨架，Si、Al_2O_3 为主要成分。其内部孔径整齐划一，就像筛子一样，能选择性地吸附小于某个尺寸的分子。分子筛是离子型的吸附剂，对极性分子、不饱和有机物具有一定的吸附能力。

吸附剂所具有的较大的比表面对废气中所含的 TVOC 等有机气体发生吸附，此吸附多为物理吸附，过程可逆；吸附达饱和后，可以用水蒸气脱附，再生的活性炭循环使用。

② 主要部件：

a. 外壳及面板控制器。

b. 风机及电动机。

c. 预过滤器。

d. 吸附介质过滤器。

e. 有的吸附介质空气净化机装有负离子发生器。

③ 吸附剂的选择。吸附剂的选择非常关键，具体要求为：

a. 吸附容量大。

b. 吸附速度快。

c. 吸附临界层要很薄。

d. 选择性好；除对非极性材料吸附外，还要能吸附极性物质。

e. 受相对湿度变化影响小。

f. 气体阻力小。

g. 解吸容易。

h. 机械强度高，化学稳定性和热稳定性好。

i. 价格低廉。

其中最重要的条件是吸附量大。

活性炭吸附法最适于处理 TVOC，包括苯、甲苯、乙烷、庚烷、甲基乙基酮、丙酮、四氯化碳、醋酸乙酯、脂肪和芳香族碳氢化合物、大部分含氯溶剂、醇类、部分酮类和酯类等。活性炭纤维吸附法可用于回收苯乙烯和丙烯等，费用较活性炭吸附法高得多。该法已广泛用于吸附回收喷漆行业的苯、乙醇和醋酸乙酯，制鞋行业的三苯（苯、甲苯、二甲苯）和丙酮，印刷行业的异丙醇，醋酸乙酯和甲苯以及电子行业的二氯甲烷和三氯乙烷。

活性炭对浓度在 $100mg/m^3$ 左右的 TVOC 有较好的净化效果。其使用寿命约在 1000h 以下，但净化效果随使用时间的延长会有所减少。目前，商业化的活性炭空气净化器的净化层厚度在 $1.25 \sim 7.5cm$ 之间，停留时间在 $0.025 \sim 0.1s$。

④ 气体吸附的分类。气体的吸附分为物理吸附和化学吸附，两者的性质是完全不同的（表 13-24）。

物理吸附和化学吸附的性质比较　　　　　　　　　　　　　　　　　表 13-24

吸附类型	原理	特点	缺点
物理吸附	靠吸附剂与气体间的分子间引力引起的吸附，也称范德华吸附	（1）吸附过程是可逆的； （2）利用活性炭此类的高比表面积，高孔隙率吸附材料对有害气体进行吸附。例如，活性炭是一种广谱吸附剂，可吸附大多数气态污染物	（1）当系统的湿度升高或被吸附气体的压力降低时，被吸附的气体将从固体表面逸出； （2）吸附一旦达到饱和，稳定性很差，容易脱附，故要求经常更换滤芯
化学吸附	吸附剂表面与气体分子的化学键力导致的吸附。在吸附过程中，产生了化学键破坏或更新结合的化学反应过程	吸附过程一般是不可逆的，在吸附过程中，发生相应的化学反应以催化分解、中和有害气体。吸附稳定不易脱附和传播	具有选择性，不能再生

采用浸渍处理或预处理的方法可以提高吸附介质的化学吸附能力。如经过预处理的活性炭可以针对性地对某些有害气体进行化学吸附（表 13-25）。

化学吸附器的介质种类及其应用　　　　　　　　　　　　　　　　　表 13-25

介质种类	氧化剂浸渍	含 Mn、Cu 离子催化剂浸渍	酸化处理、离子交换剂浸渍	碱化处理、卤素金属离子催化剂浸渍	卤素金属离子催化剂浸渍
甲醛	√				
氨			√		

介质种类	氧化剂浸渍	含 Mn、Cu 离子催化剂浸渍	酸化处理、离子交换剂浸渍	碱化处理、卤素金属离子催化剂浸渍	卤素金属离子催化剂浸渍
氯气					√
二氧化硫				√	
氟氧化物				√	
硫化氢				√	
臭氧	√				
汞蒸汽					√
三甲胺			√		
甲基硫醇				√	
甲硫醚					√

化学吸附式空气净化器通常以活性炭、硅胶、分子筛和氧化铝等作为载体，浸渍一些活性化学物质，或者与这些活性化学物质混合，经过适当的处理制备成复合净化材料。化学吸附式空气净化器的优点是：能够同时对多种空气污染物起到催化氧化、中和及吸附作用；污染物浓度低时，去除污染物的效果也很好；环境温度变化不会引起已经吸附的污染物脱附；使用寿命长等。浸渍技术是对活性炭或分子筛进行化学处理，使其化学吸附能力与选择性大幅提高的先进的后处理技术。

例如，一种采用强氧化剂浸渍的分子筛，能在 1h 内使室内的甲醛浓度从 $0.2mg/m^3$。降到 $0.02mg/m^3$（室内甲醛浓度标准为 $0.08mg/m^3$）（表 13-26）。

某吸附式空气净化器去除甲醛的测试报告　　　　　　　　　　表 13-26

时间/h	甲醛浓度/(mg/m^3)
0	0.94
0.5	0.04
1.0	0.03
1.5	0.04
2.0	0.02
2.5	0.01
3.0	0.01

（5）负离子净化设备

① 基本原理。大气中的气体分子在受到外力的作用时，会因为产生电离而失去或者得到电子，失去电子的为正离子，得到电子的为负离子。宇宙射线、紫外线辐射、瀑布、喷泉或者海浪的冲击，都可能产生空气离子。

在大气中，一般情况下由于外力产生的正负离子互相吸引，形成中性分子。产生的正负离子的比例大致相当。但在某些场合，由于环境条件的不同，空气中会出现正负离子浓度不平衡的状态。

在海边、森林，空气中负离子的浓度明显较高。在繁华的城市中，空气中的尘埃粒子大量吸附空气离子，使空气中的负离子数量急剧减少。在装有空调设备的室内，由于室内空气在空调机的作用下反复多次循环，负离子消失殆尽，相反，室内空气中的正离子会明显增多。

空气的离子化是空气净化技术研究的一个重要方面。许多研究人员采用各种人工的方法来产生空气离子。采用高压电晕放电的方法产生空气离子是最常用的方法。人工产生的负离子浓度可以达到 106 个/cm^3，空气的离子化浓度目前被公认为是衡量空气品质的一个指标。

负离子被称为"空气维生素"。人们最早认识负离子是从负离子对人体有某些保健功能开始。医学上临床已经证明，负离子对人的神经系统、心血管系统、呼吸系统都有一定的辅助疗效。试验证明，负离子对人的血压、脉搏、呼吸、血液 pH 值、血糖、血小板等生理指标都有良好的促进作用。而正离子对人体的上述生理指标则会起到相反的作用。

② 作用。空气中的离子很容易与尘埃粒子结合。带电的尘埃粒子又能吸附其他中性的尘埃粒子，这就是粒子的凝并作用。空气中细小直径的悬浮粒子经过凝并后成为较大颗粒的粒子，然后依靠重力缓慢地沉降下来。所以，从某种角度来讲，空气中悬浮的尘埃粒子确实是减少了。

但是事实上，这些尘埃粒子会留在墙上、家具上、天花板上、地毯上、电视机和计算机的显示屏上，也就是说，负离子只完成了尘埃的沉降而没有完成尘埃的迁移。就如扫地，只是把灰尘集中起来，而没有扫走一样。使用过负离子发生器的用户都会有这样的体验，觉得室内表面的灰尘特别多。这些已经沉降的灰尘，当有人活动或物品被移动时，会再次飞扬到空气中。更为严重的是，带电的尘埃粒子在沉降的过程中，会经过人的呼吸带，被人吸入后，对人体造成侵害。

空气离子，无论是负离子还是正离子都有上述降尘的作用。因为空气负离子对人体有健康效应，而正离子则相反，因此，在室内环境中一般采用负离子发生器来产生空气负离子，但在起到保健作用的同时，也会起到降尘的作用。负离子与正离子相比，其质量更小，活性更大，运动速度更快，因此降尘效果更为明显。

③ 注意事项。空气离子按体积大小可分成轻离子、中离子、重离子三种。在负离子净化设备的使用中应警惕重离子污染。

a. 轻离子。它是带有一个电荷，由 10～15 个中性气体分子组成的集合物。带负电荷的轻离子称负离子；带正电荷的轻离子称正离子。轻离子的直径约为 9～10nm。轻离子在电场中运动速度极快。

b. 中离子。它是一个很小的带电微粒，包含有 100 个左右气体分子，只能用显微镜观察到。

c. 重离子。它是带电的颗粒，比轻离子约大 1000 倍。重离子在电场中运动速度较慢。

由于空气中重离子的带电颗粒容易收集和排除，同时在空气净化后，数目也很小，因此在生物学方面无重大意义。重离子大多是由于灰尘、烟雾等颗粒失去或获得电子而产生，直径都在亚微米以下（$\leqslant 10^{-7}$m）。重离子已失去了轻离子对人的健康效应，相反有可能被人体吸入后而造成侵害。在污染的室内环境里，中离子、重离子浓度明显增高。如果再利用人工产生负离子，就会造成重离子污染。

轻离子和中离子对于改善室内空气质量有重要的意义。但是，轻离子的寿命很短，只有几分钟，在空气加热、冷却、过滤或通过管道、风机传输时，轻离子与金属表面接触后就会立即消失。因此，需要靠人工方法产生负离子。

为了避免重离子污染，在受污染的房间内开启负离子发生器时，人应当离去。使用负离子发生器的房间的物品表面、地面应当经常用湿布清洁。有的空气净化设备装有负离子选择开关。在室内空气污染时，关闭负离子开关，开启空气净化设备；当室内空气中尘埃粒子降到一定水平后，再开启负离子发生器，以获得轻离子，并使轻离子起到"空气维生素"的作用。

3. 项目施工方案的编制实例

以某办公楼环境治理施工方案为例，说明治理项目施工方案的编制方法。操作步骤：

1）了解工程概况表（表13-27、表13-28）

某办公楼环境治理施工方案的工程概况 表13-27

序号	项目	内容	
1	治理工程名称	××市××××公司综合业务楼室内环境治理工程	
2	计划工期	计划××××年××月××日开工，工期××日历天	
3	质量目标	合格	
4	工程规模	建筑面积	2800m²
		楼层高度	3.9m
5	工程地址	××市××××区××××路××××号	

某办公楼建筑概况与治理施工项目内容 表13-28

序号	项目	内容
1	建筑功能	高档办公楼与配套设施
2	建筑等级	I类民用建筑，人防等级：六级
3	功能划分	1层：接待厅、智能中心、办公室、机房 2层：报告厅、办公室、休息室、资料中心、阅览室、音响控制中心 3层：高层办公室、会议室 4层：办公室、餐厅、多功能厅
4	吊顶高度	2.8m
5	保温节能	框架式铝合金玻璃外窗、幕墙，屋面保温材料为聚苯板
6	地坪	1层：建筑概况：磨光花岗石 测试与治理项目：甲醛、TVOC、氡 2层：建筑概况：复合地板 测试与治理项目：甲醛、甲苯、TVOC 3层：建筑概况：自流平地面、铺地毯 测试与治理项目：甲醛、甲苯、TVOC 4层：建筑概况：铺地砖 测试与治理项目：甲醛、甲苯、TVOC
7	内墙面	1层：建筑概况：刮耐水腻子、刷耐擦洗涂料 测试与治理项目：甲醛、甲苯、TVOC 2层：建筑概况：釉面砖墙面 测试与治理项目：甲醛、TVOC 3层：建筑概况：轻钢龙骨铝扣板吸音墙断 测试与治理项目：甲醛、二甲苯、TVOC 4层：建筑概况：乳胶漆墙面 测试治理项目：甲醛、甲苯、TVOC
8	顶棚、吊顶	1层：建筑概况：轻钢龙骨铝扣板吸音顶棚 测试与治理项目：甲醛、甲苯、TVOC 2层：建筑概况：环保吸声板吊顶 测试与治理项目：甲醛、甲苯、TVOC 3层：建筑概况：环保吸声板吊顶 测试与治理项目：甲醛、甲苯、TVOC 4层：建筑概况：铝合金、硅钙板吊顶 测试与治理项目：TVOC

序号	项目	内容
9	门窗	建筑概况：铝合金窗、钢质防火门、木质防火门、卷帘门、防盗门、木门、钢板夹芯门 测试与治理项目：甲醛、甲苯、TVOC
10	家具	1层：人造板办公家具 2层：人造板办公家具、复印机、打印机 3层：真皮沙发、人造板办公家具 4层：防火板橱柜、人造板桌、椅 测试项目：甲醛

2）制定管理目标（表13-29）

管 理 目 标　　　　　　　　　　　　　　　表13-29

序号	名称	内容
1	质量目标	一次通过验收，达到合同验收标准
2	安全文明施工目标	确保不发生重大伤亡事故
3	环保目标	实行绿色无污染施工，施工过程不对周围环境造成污染
4	成本控制目标	充分考虑施工组织设计和方案技术可行性和经济合理性，追求技术经济综合指标的最优化选择。站在业主和公司共同利益的角度，在保证工程质量、进度和安全文明施工的前提下降低工程成本

3）施工部署及施工准备

（1）确认项目管理组织机构。

（2）计划开、竣工日期和施工进度（表13-30）。

计划开、竣工日期和施工进度表　　　　　　　　　表13-30

序号	名称	开工日期	竣工日期
1	一层		
2	二层		
3	三层		
4	四层		

（3）确定治理需要的主要材料（表13-31）。

治理需要的主要材料表　　　　　　　　　　表13-31

序号	材料名称	单位	数量	备注
1	一层（施工平面面积600m²） 表面活性剂 甲醛清除剂 植物清洗液	mL		
2	二层（施工平面面积600m²） 表面活性剂 甲醛清除剂 植物清洗液	mL		

序号	材料名称	单位	数量	备注
3	三层（施工平面面积 600m²） 表面活性剂 甲醛清除剂 植物清洗液	mL		
4	四层（施工平面面积 600m²） 表面活性剂 甲醛清除剂 植物清洗液	mL		

（4）合理选择主要设备治理需要的主要设备（表 13-32）。

治理需要的主要设备表　　　　表 13-32

序号	设备名称	单位	数量	备注
1	空压机	台	2	
2	喷枪	只	2	
3	甲醛测试仪	台	1	
4	甲苯测试仪	台	1	
5	氡测试仪	台	1	
6	通风风机	台	2	
7	臭氧机	台	2	
8	电加热器	台	2	

（5）劳动力安排现场治理需要的劳动力安排（表 13-33）。

现场治理需要的劳动力安排表　　　　表 13-33

序号	工种名称	人数	备注
1	室内环境治理员（包括施工、检测、质检、资料）	12	
2	电工	2	
3	材料员	1	
4	仓库保管员	1	
5	后勤人员	2	

（6）技术准备与专业协调

① 完成施工组织设计和主要分项工程技术交底的编写。组织好工程所用材料的计划编制、进场检验、测试工作。

② 充分考虑到设备进场、施工等工序需要的空间尺寸，提前设计好进场设备电气线路和安装时间，设计好通风的气流通道。

③ 各专业应分别编排总进度计划和网络计划，然后进行汇总，安排工序和穿插作业面、时间，使整个现场按照网络计划有序地开展施工。

④ 各专业编制分项工程施工方案，技术交底。

⑤ 每日召开工程例会，由项目部组织有关人员参加，对当日工作进行总结，并安排

明后两天的工作。

⑥ 在施工过程中，各专业严格执行自检、互检、交接检的"三检"制度，工序完毕后及时报请项目质检员进行验收。

⑦ 执行质量与事故可追溯性调查制度，对所施工部位进行挂牌施工，做好质量过程控制。

4）确定施工工艺（表13-34）

主要施工工艺表 表13-34

施工对象	主要材料	主要设备	施工工艺
地坪	甲醛清除剂、植物去味液、表面活性剂	通风机、空压机、臭氧机、加热器	清洁—通风—加热—通风—臭氧氰化—通风—喷涂—通风
墙面	甲醛清除剂、植物去味液、表面活性剂	通风机、空压机	清洁—通风—喷涂—通风
吊顶	甲醛清除剂、植物去味液	通风机、空压机	清洁—通风—喷涂—通风
门窗	甲醛清除剂、植物去味液、表面活性剂	通风机、空压机	清洁—通风—喷涂—通风
家具	甲醛清除剂、植物去味液、表面活性剂	通风机、空压机、加热器	清洁—通风—加热—通风—喷涂—通风

5）质量保证措施

施工准备阶段中：

（1）认真审核图纸，优化施工组织设计。

（2）所有原材料、半成品必须有合格证或出厂检验报告，需复试的材料，送检合格后方可使用。

（3）强化全面质量意识，采取灵活多样的形式对全员进行质量教育。

施工过程中：

（1）技术系统及时做好各分项工程施工方案和技术交底，加强检查、指导，把质量隐患消灭在萌芽状态，尽量避免返工损失。

（2）施工过程中执行自检、互检、交接检制度，每道工序由施工队自检，检查人填写分项工程验收记录，由专职质检员检验合格后，方可进行下道工序。

（3）实行质量分级负责制，责任到人，哪个环节出了问题就由该环节负责人承担；工资与其质量挂钩，奖优惩劣。

（4）工程与技术人员及相关人员做好每日施工记录，在工程例会中强调各工种间的交接，并对施工作业面上的质量情况定期进行通报。

（5）各部门对进场的材料及有关设备做好标记，机械使用应做好台账。

6）安全和环保措施

安全技术措施有：

（1）根据工程特点，把安全生产管理贯穿到整个生产活动中，采取有针对性、重复性的安全措施，在安全的前提下，全面完成生产任务。

（2）建立安全生产责任制，对上岗的员工进行安全交底。

（3）进入现场要严格遵守现场各项规章制度，必须戴好安全帽，不准吸烟。

（4）安全使用脚手架、梯子，要先认真检查是否牢固结实，确定无问题后再攀登操作。

（5）不得随意移动安全防护设施。

（6）操作施工机械要集中精力，办法正确，按规程操作。

（7）进行电气调试时，严格按照电气技术操作规程进行。

环境保护措施有：

（1）严格遵照有关规定执行，在未取得夜间施工许可证时，晚上 10 时以后不进行有噪声的工作。

（2）各种机械要尽量选择低污染型，同时做到合理操作、妥善保养，避免因非正常使用带来噪声或不良影响。对噪声大的机械，要进行封闭围挡隔声。

（3）现场生活区实行封闭管理。

（4）施工队进场后，组织所有施工人员学习环境保护、环境卫生的有关规定，提高环境保护意识，明确工程环境保护要点，提高施工人员的环保自觉性。同时明确各项管理规定，对违规行为及时纠正。

13.3　治理技术

室内空气污染控制主要可以通过 3 种途径实现，即污染源控制、通风和室内空气净化。污染源头控制是消除室内污染的关键，消除室内污染源、减少室内污染源散发强度、污染源局部排放是控制室内污染的主要方法。污染源控制包括室外污染源控制和室内污染源控制两个方面。消除或减少室内污染物，从源头控制的策略，是改善室内空气品质最经济、最有效的途径。

13.3.1　污染源控制

污染源控制是指从源头着手避免或减少污染物的产生，或利用屏障措施隔离污染物，不让其进入室内环境。通风则是借助自然作用力和机械作用力将不符合卫生标准的污浊空气排至室外或排至空气净化系统，同时，将新鲜空气或经过净化的空气送入室内。室内空气净化则是指借助特定的净化设备收集室内空气污染物，将其净化后循环回到室内或排出室外。消除或减少室内污染源是改善室内空气质量、提高舒适性的最经济有效的途径，在可能的情况下应优先考虑。

室内空气污染源控制作为减轻室内空气污染的主要措施具有普遍意义，室内环境污染，既受大气环境的影响，又兼有室内来源污染的特点。由于受建筑结构和建筑材料、通风换气状况、居住者的生活起居方式以及是否吸烟等因素的影响，室内空气污染状况有很大差异。当室内与室外无相同污染源时，大气污染物进入室内后浓度则大幅衰减；而室内外有相同污染源时，室内污染物浓度一般高于室外；居住环境长期受到各种化学和生物因子的污染，在大多数情况下室内比室外的污染严重。

1. 室外污染源控制

1）室外空气污染物对室内空气品质的影响

室外环境与室内空气紧密相连，室外的污染必定影响室内空气。室外空气中存在着许多污染物，主要的污染物是二氧化硫、氮氧化物、烟雾和硫化氢等。这些污染物主要来源于工业企业以及建筑周围的各种小锅炉烟囱、垃圾堆等。包括地震引发核泄漏造成的放射性污染物的扩散沉降、火山喷发等不可抗拒自然灾害引起的颗粒污染物污染。近年来，交通运输工具特别是汽车尾气已对城市空气造成较大的影响。当前城市雾霾天气较多，雾霾的颗粒会从缝隙和打开的门窗进入室内，对室内的空气造成污染。

室外空气中的某些空气质量指标已超过室内空气质量的控制指标，例如，悬浮颗粒浓度，室内控制标准为 $0.15mg/m^3$，而室外空气的悬浮颗粒浓度已达到 $0.30\sim15mg/m^3$。通风可能不会稀释室内空气污染，尤其是处于交通要道附近环境的住宅，如果通风不当，将会影响室内空气质量。

人们经常出入居室或办公室，很容易将室外的污染物随身带入室内。最常见的是在上下班、市场购物以及乘车、穿越马路过程中，将室外的污染物带入办公室，或进入居家室内，从而将室外的污染物或工作场所的污染，被人为地转移到办公室或家中室内，污染了室内的空气。

2）集中对周边环境污染进行治理

建筑污染，对人体也是有影响的，加大对周边环境的整治力度，很大程度上提高了居民的生活质量。地方政府应该投入专项资金对城市环境集中治理，加快城市绿色化的进程。

对于污水，生活垃圾进行合理的处理，同时对工业园区的工厂进行严格的监控，对于工厂排污治污没有达标的企业进行停业整改，积极创建省文明城市，空气质量达标，为人民谋福利。

3）污染防治措施

在室外空气质量基本满足室内空气质量要求的情况下，在无空调设施的建筑物内，加强自然通风；在有空调设施的建筑物内，加大室内通风量，这是改善室内环境有效的措施。经常开门窗或安装使用通风换气机是清除室内空气污染最简单、经济、有效的方法。

室内每天开窗通气是改善室内环境的首要之举，是创造少生病环境的必要条件，也是营造"健康住宅"的重要条件。首先每天至少要开 $2\sim3$ 次窗户，调换新鲜空气，排出有害气体；其次要堵住污染源头，装修时要用环保材料，装修后要经过较长时间通风排毒后才能入住；最后就是室内不要养有毒气的花草等。为了家人，为了自己，为了健康，应着力净化室内空气。

（1）选择合适的时间通风

冬夏室内温度高有害物质挥发快，更需要开窗通风，夏天最好每天开窗三次。①清晨室外空气清新凉爽，此时不用开空调，可将所有窗户全部打开，尽量使户外新鲜空气进入室内。$9\sim10$ 时，户外气温逐渐升高，这时可将有阳光照射朝南的窗户关闭，拉上窗帘避免热辐射，而朝北的窗户可以开启到中午 12 时再关闭。②中午 12 时～下午 5 时多是最炎热的时候，应适当开空调，开启前先通风 10min；在开启 $1\sim3h$ 后关闭空调，开窗通风。必要时可用电风扇朝外送风，使室内外空气对流，让废气、有害气体排出室外，至少通风 $20\sim30min$，再关闭门窗，重新启动空调。③晚上 10 时左右，在入睡前应关闭空调，打开所有窗户以便室内外空气对流。如果闷热，也可以用电风扇降温，但不要直接吹人体某一固定部位，同时设定定时关闭电扇。千万不可持续 $8\sim9h$ 开空调而不通风，免得患空调病。

（2）雾霾天气室内也需要通风

雾霾天气，室内也需要适当的通风换气。如果窗子关得太严，不通风换气，家里会有厨房油烟污染、家具添加剂污染等污浊的室内空气同样会危害健康。雾霾天气通风时间尽量避开雾霾高峰时段，可以选择中午阳光较充足、污染物较少的时候，短时间开窗换气。可以将窗户打开一条缝，不让风直接吹进来，通风时间每次以半小时至1小时为宜。

（3）防止人为带入室内引起室内空气污染

主要指从室外回来，随身携带的衣物和鞋对室内空气的污染。所以，从室外进入室内需要及时换下衣物，并且换下的衣物不要随便放在室内，也不能直接放进衣橱内，需要及时清洗的，就及时清洗，更不能带进卧室，鞋也要放在门厅指定的位置，换上室内的鞋，以免引起卧室内空气污染。同时及时清洗手和面部，有条件的最好洗澡，然后换上室内的家居服。

2. 室内污染源控制

室内空气质量是一个很复杂的问题，它与环境科学、建筑技术、卫生学以及暖通空调技术等密切相关。

（1）避免或减少室内污染源

从理论上讲，用无污染或低污染的材料取代高污染材料，避免或减少室内空气污染产生的设计和维护方案，是最理想的室内空气污染控制方法。例如，新建或改建楼房时，应尽可能停止使用产生石棉粉尘的石棉板和产生甲醛的脲醛泡沫塑料。使用原木木材、软木胶合板和装饰板，而不用刨花板、硬木胶合板、中密度纤维板等，可减少室内甲醛散发量。集中供热，用电取暖和做饭，或配备性能可靠的通风系统，可避免燃烧烟气进入室内空气环境。良好的建筑设计可以减少来自室外的汽车尾气污染。正确选址或使用透气性差的建筑材料，可避免或减少氡进入室内。正确选择涂料及家具，例如，用水基漆替代油基漆，可以避免或减少挥发性有机化合物进入室内。

（2）室内污染源的处理

对于已经存在的室内空气污染源，应在摸清污染源特性及其对室内环境的影响方式的基础上，采用撤出室内、封闭或隔离等措施，防止散发的污染物进入室内环境。例如，对于暴露于环境的碎石棉，可通过喷涂密封胶的方法将其严密封闭，其成本远低于彻底清除。在有霉类污染的建筑物中应清除霉变的建筑材料和家具陈设。对于新的刨花板和硬木胶合板之类散发大量甲醛的木制品，可在其表面覆盖甲醛吸收剂。这些材料老化后可涂覆虫胶漆，阻止水分进入树脂，从而抑制甲醛释放。

（3）绿色建材

建筑材料（包括装饰材料和家具材料等）是造成室内空气污染的主要原因之一。众多挥发性有机化合物普遍存在于各类建筑材料中。另一方面，由于空气调节设备的大量使用，导致室内与室外的空气交换量大大减少，建筑材料释放的污染物不能及时排至室外，而被积聚在室内，于是造成更严重的室内空气污染。

所谓绿色建材是指对人体和周边环境无害的健康型、环保型、安全型建筑材料。绿色装修产业的发展是一种利用现代科学技术来改善人与居住环境关系、建材与居住环境关系的持续过程。

（4）自然通风

空气质量的好坏反映了满足人们对环境要求的程度。通常影响空气质量的因素包括空气流动、空气的洁净程度等。如果空气流动不够，人会感到不舒服；流动过快则会影响温度以及洁净度。因此应根据不同的环境调节适当的新风量，控制空气的洁净度、流速，使得空气质量达到较优状态。同时对室内空气污染物的有效控制也是室内环境改善的主要途径之一。

自然通风即利用自然能源或者不依靠传统空调设备系统而仍然能维持适宜的室内环境的方式。

13.3.2　常用治理方法技术要点

1. 通风法治理方法与工艺要求

1）通风换气次数

1987 年，美国国家职业安全与卫生研究所对被投诉存在室内空气质量问题的 529 个场所进行了一项调查，结果显示，通风不足是导致不良室内空气质量的主要原因，占总投诉总数的 53%。由此可见，通风与室内空气质量密切相关。实际上，通风稀释作为控制室内空气污染的最直接方法早已得到了广泛的应用。同时，随着对于通风控制室内空气污染作用和效果的认识的不断提高，人们更加重视研究通风与室内空气污染的关系，并将这些研究成果应用于通风系统的设计和完善。

各种民用房屋的换气次数见表 13-35。

民用房屋的换气次数　　　　　　　　　　表 13-35

房间名称	换气次数/(次/h)	房间名称	换气次数/(次/h)
住宅居室	1.0	食堂贮粮间	0.5
住宅浴室	1.0~3.0	托幼所	5.0
住宅厨房	3.0	托幼浴室	1.5
食堂厨房	1.0	学生礼堂	1.5
学生宿舍	2.5	教室	1.0~1.5

对于设置全面机械通风系统时，整个房间的进气量最好略大于排气量（约 10%），以便防止冷风或未经处理的室外空气渗入室内。一些产生有气味或有毒气体的房间，排气量应大于进气量。

2）通风换气方式

按照工作动力的差异，通风方法可分为两类：自然通风和机械通风。前者是利用室外风力造成的风压或室内外温度差产生的热压进行通风换气；而后者则依靠机械动力（如风机风压）进行通风换气。按照通风换气涉及范围的不同，又可将通风方法分为局部通风和全面通风，局部通风只作用于室内局部地点，而全面通风则是对整个控制空间进行通风换气，通常情况下，前者所需通风量远小于后者。

（1）自然通风

自然通风是指风压和热压作用下的空气运动，具体表现为通过墙体缝隙的空气渗透和通过门窗的空气流动。这种通风方式特别适合于气候温和地区，目的是降低室内温度或引起空气流动，改善热舒适性。充分合理地利用自然通风是一种经济、有效的措施。因此，对于室内空气温度、湿度、清洁度和气流速度均无严格要求的场合，在条件许可时，应优先考虑自然通风。

（2）机械通风

机械通风是依靠风机产生的抽力或压力，通过通风管道进行室内外空气交换的通风方式。由于风机能提供足够的风量和风压，就能把对空气进行过滤、加热、冷却、净化等各种处理的设备联成一个较大的系统，工作可靠，效果较稳定，但系统初投资和运行费用较高。机械通风可分为局部机械送风、排风系统和全面机械送风、排风系统。

① 局部机械送风。局部机械送风是将符合卫生要求的空气送到人的有限活动范围，在局部地区造成一定保护性的空气环境，气流应该从人体前侧上方倾斜地吹到头、颈和胸部，称为空气淋浴，通常用来改善高温操作人员的工作环境。

② 局部排风。局部排风是在室内局部工作地点安装的排除某一空间范围内污浊空气的通风系统。这种系统由局部排气罩、风管、空气净化设备、风机等主要设备组成。图 13-3 所示为厨房灶台的局部排风系统，排气罩把污染源灶台产生的油烟等吸入罩内，经罩内设置的金属过滤网过滤后，污染气体中大部分油雾被分离、净化，再用管道风机排入室外大气。局部送风和局部排风也可结合使用。

③ 事故排风。对室内可能突然放散大量有害气体或有爆炸危险气体的生产厂房，应设置事故排风装置。高层建筑内发生火灾时，自动启动的机械排烟系统即为事故排风。

④ 全面通风。在整个房间内，全面地进行空气交换的通风方式称为全面通风。全面通风向房间内送入大量新鲜空气，将空气中所含有害气体的浓度冲淡到允许浓度以内。设计全面通风时，要正确地选择送、回风口形式和数量、合理布置进、排风口的位置，将洁净空气直接送到工作位置，再将有害空气排至室外，避免有害物向工作区弥漫和二次扩散。

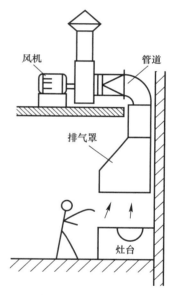

图 13-3　厨房灶台的局部排风系统

（3）空调系统

① 空调系统的分类

a. 按空调处理设备设置情况分为：集中式、半集中式、分散空调系统。

b. 按承担室内空调负荷的介质分为：全空气系统、空气—水系统、全水系统、制冷剂系统。

② 集中空调系统的气流组织

a. 侧向送风。这是最常用的一种空调送风方式。送风射程（房间长度）通常在 3～8m，送风口每隔 2～5m 设置一个，房间高度一般在 3m 以上，送风口应尽量靠近顶棚，宜采用可调双层百叶风口。

b. 散流器送风。有散流器下送和平送两种送风方式，需设置技术夹层或吊顶。散流器下送，主要用于有较高净化要求的房间，房间高度以 3.5～4.0m 为宜，散流器间距一般不超过 3m。散流器平送，适合于对温度恒定有一定要求的房间、当房间面积较大时，可采用多个散流器，宜对称布置，散流器的间距一般为 3～6m，散流器中心轴线距侧墙一般不小于 1m。

c. 孔板送风。利用顶棚上面的整个空间作为稳压层（净高不低于 0.2m），通过在顶棚上设置大量小孔将风均匀地送进房间。有全面孔板送风和局部孔板送风两种，孔板可用铝板、木丝板、五夹板、硬纤维板、石膏板等材料制作，孔径一般为 4～10mm。孔距为40～100mm。适合于对空调精度要求较高的空调房间。

d. 喷口送风。将送、排风口布置在房间的同侧，采用较高风速和较大的风量集中在少数的送风口射出。适合大型体育馆、礼堂、影剧院、公用大厅以及高大空间的一些厂房和公共建筑。喷口直径一般为 0.2～0.8m，高大公共建筑的送风高度一般为 6～10m（大致为房高的 0.5～0.7 倍）。

e. 选择合适的换气次数

增加换气次数有利于提高室内空气品质，但是，加大新风量会使系统的能耗增加，因此选择换气次数时就要在二者之间取得一个平衡。丹麦的 P. O. Fanger 教授领导的研究小组的研究表明，在商用建筑中由于增加换气次数提高室内空气品质导致的生产率上升带来的经济效益为 5%，而由此消耗的能源所付出的经济代价为 0.5%，因此总体来说增加换气次数还是有利于提高经济效益。

对于我国的情况来说，由于城市的室外空气质量恶劣，可以考虑在较高的位置采集质量较好的新风；对于换气次数的选择，目前还没有相关的研究成果进行指导，通常取暖通空调规范所定义的值，但这样不考虑各地的地方差异，千篇一律，难免会产生很大的偏差。应具体考虑建筑所处位置空气质量的好坏，而选择合适的换气次数，以保证室内空气品质和能耗的平衡。

2. 静电除尘法治理方法与工艺要求

静电除尘的基本原理是荷电粒子或颗粒物在电场中依据同性相斥、异性相吸原理吸附在集尘极上。根据粒子荷电和捕集是否在同一电场进行，可分为单区和双区两种形式。在室内空气净化中，通常采用双区式结构，先在电离段将粒子荷电，然后在集尘段将粒子捕集。粒子的荷电通过电晕放电实现。电晕放电分为正电晕和负电晕，由于正电晕采用比较低的电压，产生的臭氧比较少，通常用于室内空气中。

1）静电除尘的优点

静电除尘具有安全、可靠、可维护性好、运行费用低等特点，与传统滤纸过滤相比有如下优点。

（1）无需更换滤料

静电除尘只需定期清洗集尘板上的灰尘就可以恢复性能。

（2）风阻低

虽然气流穿过静电除尘器电极的深度比较大，但是电极之间的距离比较大，因此风阻比较小，通常只有 20Pa 左右。

（3）具有杀菌功能

在除尘的同时利用正离子浸润作用，杀死细菌和病毒，在去除室内空气中病菌的同时又防止集尘板病菌的滋生。

（4）能耗比较低

静电净化器功率小，耗能比较低。

2）静电除尘的缺点

与传统滤纸过滤相比静电除尘技术也有以下缺点。

（1）产生有害副产物由于采用高压电技术，不可避免会产生低浓度臭氧、氮氧化物等有害副产物。

（2）净化效率较低净化效率相对较低，同时净化效率受湿度、悬浮物种类等影响。

（3）价格贵，初期投入大，市场上的静电除尘设备比较昂贵，一次投资较大，卧式的电除尘器占地面积大。

（4）降低了室内中负离子浓度，由于在室内空气净化中使用的是正电晕电离，降低了室内空气中负离子浓度，甚至为正离子状态。

3. 装置及其应用

1）装置

图 13-4　静电式室内空气净化器

静电式室内空气净化器（图 13-4），利用阳极电晕放电原理，使空气中的粉尘带上正电荷，然后借助库仑力作用，将带电粒子捕集在集尘装置上，达到除尘净化空气的目的。其特点为集尘效率高，有些净化器的收尘效率高达 80% 以上，另外还能捕集微小粒子（0.01～0.10μm），同时集尘装置的压力损失小。它由离子化装置、集尘装置、送风机和电源等部件构成。这种净化器实际上是一种小型静电式空气过滤器，对粒径较大的颗粒污染物的净化效果较好，但是无法净化气态污染物，同时，还会产生臭氧等二次污染物。现在室内静电空气净化器主要有三种类型：电离极板型、带电介质非电离型和带电介质电离型，且均采用正电晕放电，因为正电晕放电比负电晕放电产生的臭氧浓度低。但在相同电压情况下，正电晕放电电晕电流低，净化效率低，致使分布在空气中的正离子浓度提高。为了进一步减小臭氧浓度、降低净化器的工作电压，目前采用两级负离子空气净化器，前级为常规空气净化器，后级为臭氧消除器，这样的静电吸附技术用在空气净化器的生产中，和滤清式空气净化器比较成本相对要高。

2）应用

静电除尘器是含尘气体在通过高压电场进行电离的过程中，使尘粒荷电，并在电场力的作用下使尘粒沉积在集尘极上，将尘粒从含尘气体中分离出来的一种除尘设备。静电除尘过程与其他除尘过程的根本区别在于分离力（主要是静电力）直接作用在粒子上，而不是作用在整个气流上，这就决定了它具有分离粒子、耗能小、气流阻力也小的特点。由于作用在粒子上的静电力相对较大，所以即使对亚微米级的粒子也能有效地捕集。静电除尘器主要由放电极、集尘极、气流分布装置、清灰装置、供电设备等组成。影响静电除尘器捕集效率的因素，主要有气体的性质和状态、粉尘特性、电极形状和尺寸及供电参数等。

3) 优点

力损失小，一般为 200～500Pa；能耗低，大约 0.2kWh/1000m³；对细粉尘有很高的捕集效率，可高于 99%；可在高温或强腐蚀性气体下操作。在收集细粉尘的场合，静电除尘器已是主要的除尘装置。静电技术可在有人的条件下对小环境空气净化进行持续动态的净化消毒，并具有高效的除尘作用（除尘效率在 90% 以上）以及能同时除菌等特点。但该法不能有效去除室内空气中的有害气体如 VOC 等，静电除尘法还存在吸附不彻底的问题。根据电吸尘器的伏安特性曲线，在相同电压下负电晕的电流大，起晕电压低，击穿电压高，利于电吸尘器的工作，提高其吸尘效率。但净化后的气体中含有较多的臭氧和氮氧化物，当浓度超过一定界限时，对人体的健康不利。因此，室内空气净化的电吸尘器多采用正电晕放电，即放电电极为高压正极，而负电压接地为收尘极。

4. 过滤技术治理方法与工艺要求

应用不同类型的过滤材料可滤去空气中不同粒径的微粒。合成纤维过滤材料不耐油雾和潮湿，性能不稳定；纤维素过滤材料易燃烧，使用受限。用玻璃纤维制成的 HEPA（high efficiency particulate air filter）过滤材料是 20 世纪 80 年代发展起来的新型过滤材料，可有效地捕集 0.3m 以上的可吸入颗粒物、烟雾、灰尘、细菌等。在过滤效率、气流阻力及强度等性能指标上有很大改善，且耐高温、耐腐蚀和防水、防霉。在设备上最重要的发展是采用整体结构的无隔板式过滤器，不仅避免了分隔板损坏过滤材料，且有效增加了过滤面积，提高了过滤效率，过滤效率达 99.97%，在空气净化领域得到了较广泛的应用。

1) 原理

纤维过滤除尘是表面过滤和深层过滤的组合，其基本机理无论是拦截效应、惯性效应还是扩散效应、重力效应、静电效应等。都是以单根的圆柱状纤维过滤材质为基础，并假设颗粒物碰上纤维就被纤维以范德华力捕获。在一个滤器中，纤维对微粒的捕捉是多种机理作用的结果，不同的纤维、不同的微粒，其主导机理有所不同。当微粒的直径较大时，拦截效应及惯性效应占主导作用，同时重力效应也起较大的作用；当微粒的直径 < 0.1μm 时，扩散效应占主导作用；如果纤维采用驻极体材料，则静电效应占主导作用。过滤效率还与微粒种类、滤速、纤维直径、温度、湿度、气流压力、容尘量、纤维种类等有关。

2) 装置及其应用

（1）装置

空气过滤器是通过多孔过滤材料（如金属网、泡沫塑料、无纺布、纤维等）的作用从气固两相流中捕集粉尘，并使气体得以净化的设备。它把含尘量低（每立方米空气中含零点几至几毫克）的空气净化处理后送入室内，以保证洁净房间的工艺要求和一般空调房间内的空气品质良好。

空气过滤器滤层的捕集机理可能是由于惯性碰撞、接触阻留、扩散、静电等除尘机理的综合作用。也可能是由于其中一种或某几种除尘机理的作用，这主要是由尘粒的尘径、密度、纤维的直径、纤维层的填充率以及气流速度等条件决定的。

（2）应用

与静电除尘相比，过滤除尘具有过滤效率高、价格便宜、使用方便的优点。由于过滤效率高，过滤除尘通常用在洁净室的末端，它在室内空气净化行业也有广泛应用。过滤除尘的缺点是滤器需要定期更换、易被水滴阻塞、风阻比较大、细菌容易在滤器表面繁殖等。针对风阻比较大的缺点，室内空气净化采用的过滤器通常为无分隔板的折叠结构，因而使滤纸总面积为滤器迎风面积的几十倍，从而大大降低风阻，但仍然达不到静电除尘器的低阻力。而为了解决滤器表面细菌繁殖的问题，目前市场上出现了具有抗菌作用的滤器，使穿过滤器的细菌失活。需要定期更换是纤维过滤器的一个缺陷。纤维过滤器除了初效滤器能进行水洗外，中效和高效滤器不能进行水洗。为此，美国科学家发明了一种FTFE滤膜与传统过滤材料的复合材料，不仅过滤效率高，阻力小，还能水洗恢复过滤性能。

过滤用的纤维种类比较多，早期使用植物纤维和石棉纤维比较多，但石棉纤维有致癌作用，已经很少使用。随着玻璃纤维的广泛应用，使空气过滤器得到普及推广。玻璃纤维滤纸由于具有容尘量大、抗冲击、耐火、过滤效率高等优点一度占据大部分市场份额。随着合成纤维滤纸的发展，合成纤维滤纸价格便宜、可焚烧、加工方便的优点使其市场份额日益扩大。合成纤维滤纸按是否带静电可分为两种，一种是不带电的，另一种是采用驻极体技术将静电固定在纤维上，使纤维利用静电作用吸附灰尘，从而大大提高净化效率，降低风阻，而目前需要解决的问题是提高驻极体寿命。

3）影响净化效果的因素

影响净化效果的因素主要是空气过滤器的过滤效率问题。过滤效率是表征空气过滤器性能的重要指标之一。

当被过滤气体中的含尘浓度用不同方式表示时，空气过滤器就会有不同的过滤效率。

（1）计重效率

当被过滤气体中的含尘浓度以质量浓度（g/m^3）来表示，则效率为计重效率。此法只可适用于初效、中效和亚高效过滤器，而高效过滤器的穿透率小，就无法采用计重效率。

（2）计数效率

当被过滤气体中的含尘浓度以计数浓度（粒/L）来表示，则效率为计数效率。计数效率的尘源可以是大气尘，也可以是DOP（邻苯二甲酸二辛酯）雾。采用大气尘粒子计数测量粒子浓度时称为大气尘计数效率，采用DOP粒子计数测量粒子浓度时称为DOP计数效率。

（3）钠焰效率

以氯化钠固体粒子作尘源。氯化钠固体粒子在氢焰中燃烧。通过光电火焰光度计测得氯化钠粒子浓度，根据过滤器前后采样浓度求得效率。它适用中高效过滤器。

5. 吸附净化技术治理方法与工艺要求

1）原理

吸附净化是利用多孔固体表面的微孔捕集废气中的气态污染物，可用于分离水分、有机蒸汽（如甲苯蒸汽、氯乙烯、含汞蒸汽等）、恶臭、HF、SO_2、NO_x等，尤其能有效地捕集浓度很低的气态污染物。这是因为固体表面上的分子力处于不平衡状态，表面具有过剩的力，根据热力学第二定律，凡是能够降低界面能的过程都可以自发进行，因此固体表面这种过剩的力可以捕捉、滞留周围的物质，在其表面富集。

吸附现象也分为物理吸附和化学吸附两种。物理吸附是由固体吸附剂分子与气体分子间的静电力或范德华力引起的，两者之间不发生化学作用，是一种可逆过程。化学吸附是由于固体表面与被吸附分子间的化学键力所引起，两者之间结合牢固，不易脱附。该吸附需要一定的活化能，故又称活化吸附。

2）装置及其应用

（1）装置

主要用多孔性、表面积大的活性炭、硅胶、氧化铝和分子筛等作为有害气体吸附剂的一种净化器。气体与固体吸附剂依靠范德华力的吸引作用而被吸附住。其主要性能是能够除去空气中的二氧化硫、硫化氢、氨气、氮氧化物及部分挥发性有机物，如苯、甲苯、甲醛等。其对除去二氧化碳、一氧化碳效果不大，除臭也比较困难，容易吸附饱和，已吸附的有害气体和臭气，在一定条件下会释放出来；吸附剂如不及时更换又会造成室内二次污染。优点是在污染物的浓度较高或较低时均可使用，吸附剂容易脱附再生。

（2）应用

该法是将污染空气通过吸附剂层，使污染物被吸附而达到净化空气的目的。优点是选择性好，对低浓度物质清除效率高，且设备简单，操作方便，适合挥发性有机化合物、放射性气体氡、尼古丁、焦油等的净化。对于甲醛、氨气、二氧化硫、一氧化碳、氮氧化物、氢氰酸等宜采用化学吸附。吸附剂一般有活性炭、沸石、分子筛、硅胶等，目前使用较广的是活性炭，它吸附能力强、化学稳定性好、机械强度高。

3）影响净化效果的因素

活性炭吸附作用主要是物理吸附，对各种气态污染物的吸附能力可用"亲和系数"描述。活性炭对有机气体的吸附性能较好，而对无机气体较差。用适当的化合物浸渍活性炭后，可使它具有相当大的化学吸附和催化效应。但活性炭对湿度敏感。某些化合物（酮、醛和酯）会阻塞气孔而降低效率。对空气中污染物种类多、污染程度重的室内场所。为实现最佳的净化效果，可采用高效空气过滤技术和浸渍活性炭吸附技术相结合的空气净化方法，空气净化器由过滤层和吸附层两部分组成，有害气体先通过粗滤层除去较大的灰尘杂物，再由风机送入其中的 HEPA 过滤层，滤除较小的颗粒物，细菌等；最后进入浸渍活性炭吸附层，有害气体在此被吸附净化，净化后的空气进入室内环境。

物理吸附只能暂时吸附少量污染物颗粒，当温度、湿度、风速升高到一定程度时，所吸附的污染物颗粒有可能游离出来，重新进入空气中。此外，吸附达到饱和就不再有吸附能力。如不进行及时更换吸附材料，吸附的有害物质、细菌、病毒等随时有释放出来的危险。

6. 负离子净化法治理方法与工艺要求

1）原理

空气负离子能降低空气污染物浓度，净化空气的作用原理是借助凝结和吸附作用，负离子附着在固相或液相污染物微粒上，从而形成大离子并沉降下来。利用放电的方法，产生负离子，在风力驱动下，将其扩散到室内空间。负离子一方面调节了空气中的离子平衡；另一方面，它还能有效地清除空气中的污染物。高浓度的负离子同空气中的有毒化学物质和病菌悬浮颗粒物相碰撞使其带负电。则这些带负电的颗粒物就会吸引其周围带正电的颗粒物（通常空气中的细菌、病毒、孢子等带正电）。这种积聚过程一直持续到颗粒物的重量足以使它降落在地面为止。除了积聚过程外，在有限的空间里空气中带负电的颗粒物还被吸附到带正电的表面上，而通常情况下，房间里面大多数物体的表面（包括墙壁、地面、家具、电器等）都是带正电的。调节空气中的离子平衡，使负离子浓度保持在适当的水平，有利于改善空气品质。

2）装置及其应用

（1）装置

负离子空气净化器是一种利用自身产生的负离子对空气进行净化、除尘、除味、灭菌的环境优化电器，其核心功能是生成负离子，利用负离子本身具有的除尘降尘、灭菌解毒的特性来对室内空气进行优化，家用高浓度负离子带加湿空气净化器，具有杀菌、除甲醛和PM2.5的功效。其与传统的空气净化器的不同之处是以负离子作为作用因子，主动出击捕捉空气中的有害物质，而传统的空气净化器是风机抽风，利用滤网过滤粉尘来净化空气，称为被动吸附过滤式的净化原理，需要定期更换滤网，而负离子空气净化器则无需耗材。

（2）应用

负离子空气净化器根据其采用的负离子生成技术不同而分为两种，一种是传统的负离子空气净化器，采用传统的负离子生成技术，生成负离子的同时有臭氧、正离子等衍生物的产生，开机时间久后无负离子产生。另一种则是人工负离子生成技术达到生态级，应用负离子转换器和纳子富勒烯负离子释放器技术的负离子空气净化器，可以生成等同于大自然的生态负离子，即小粒径负离子。采用这两项专利技术的负离子空气净化器，不需要风扇，所以没有任何噪声，夜间也可以使用。负离子空气净化器产生的负离子能使空气中微米级肉眼看不见的PM2.5等微尘，通过正负离子吸引、碰撞形成分子团下沉落地。且负离子能使细菌蛋白质两极性颠倒，而使细菌生存能力下降或致死。负离子净化空气的特点为灭活速度快，灭活率高，对空气、物品表面的微生物、细菌、病毒均有灭活作用。配合高效的HEPA过滤网，可过滤空气中98％的灰尘，过敏源及病毒，保护人体呼吸道健康，而且滤网内置沸石及高效活性炭过滤层，强力驱除各种有机挥发气体，如甲醛、苯等以及各种异味。

3）影响净化效果的因素

根据居室状态选择负离子空气净化器，室内烟尘污染较重，可选择除尘效果较佳的空气净化器。像是HEPA高密度过滤材料也是当前空气净化领域最先进的空气过滤材料之一，能很好地过滤和吸附 $0.3\mu m$ 以上污染物，它对烟尘、可吸入颗粒物、细菌病毒都有很强的净化能力，而附加催化活性炭对异味有害气体净化效果较佳。室内烟尘较少则可考虑采用等离子空气净化器。它对空气中的细菌病毒有较强的杀灭作用，能很快分解空气中多种有异味和污染性的高分子物质。

研究表明，在实验条件下，负离子的除菌效果超过浓度为3％过氧乙酸。据报道，在室内用人工负离子作用2h，空气中的悬浮颗粒、细菌总数和甲醛等的浓度都有明显的降低。空气中负离子极易与尘埃结合形成具有一定极性的污染粒子，即所谓的"重离子"，悬浮的重离子在降落过程中，会附着在室内物体上，人的活动又会使其飞扬到空气中。所以空气负离子只是附着灰尘，不能清除污染物。同时由于通常使用的负离子发生器往往伴有臭氧的产生，并且其寿命很短，污浊空气会进一步降低其浓度。因此，负离子在空气中转瞬即逝，其净化功效有限。

7. 光催化技术治理方法与工艺要求

1）原理

光催化净化技术是近几年来发展较快的一项技术，主要是利用光催化剂，吸收外界辐射的光能，使其直接转变为化学能。选择光催化剂要考虑成本、化学稳定性、抗光腐蚀能力、光匹配性等多种因素。二氧化钛（TiO_2）在近紫外线区吸光系数大、催化活性高、氧化能力强、光催化作用持久、化学性质稳定、耐磨、硬度高、造价低而且对人体和环境不会造成任何伤害，是应用最广泛的光催化剂。目前最好的光催化剂是含70％锐钛矿型和30％金红石型的晶体粒子的 TiO_2。TiO_2 是公认的有效光催化剂，它的显著优点是：能有效吸收太阳光谱中的弱紫外辐射部分；氧化还原性较强；在较大 pH 范围内的稳定性强，无毒。但由于 TiO_2 的禁带宽度为 3.2eV，只能吸收波长小于 387nm 的紫外辐射部分，不能充分利用太阳能。另外，TiO_2 的光量子效率也有待进一步提高。有鉴于此，国内外已从多种途径对 TiO_2 材料进行改性，包括 TiO_2 表面贵金属淀积、金属离子掺杂、半导体光敏化和复合半导体的研制等。近年来研究发现纳米级 TiO_2 材料的催化效率高于一般的半导体材料。纳米半导体粒子存在显著的量子尺寸效应，它们的光物理和光化学性质已成为目前最活跃的研究领域之一，其中纳米半导体粒子优异的光电催化活性备受世人瞩目。与体相材料相比，纳米半导体量子阱中的热载流子冷却速度下降，量子效率提高；光生电子和空穴的氧化还原能力增强；振子强度反比于粒子体积；室温下激子效应明显；纳米粒子比表面积大，具有强大的吸附有机物的能力，有利于催化反应。纳米 TiO_2 具有良好的半导体光催化氧化特性，是一种优良的降解 VOC（可挥发性有机合物）的光催化剂。它的本质是在光电转换中进行氧化还原反应。

2）装置及其应用

（1）装置

华东理工大学国家超细粉末工程研究中心研制的具有自主知识产权的多功能纳米光催化空气净化器（图 13-5）。该光催化空气净化器采用纳米材质，核心模块不需更新；有光催化、紫外线和除尘系统三重杀菌功能，采用纳米光催化的机理和大比表面积、高吸附性能的载体来负载纳米二氧化钛制备光催化网，可发挥高效物理吸附和光催化分解的协同效应，实现对甲醛、苯等有机污染物的持久分解和对甲型 H1N1 流感等病菌的及时杀灭，并把有机污染物快速分解成二氧化碳和水，消除了物理吸附饱和及二次污染的缺陷。该净化器对室内空气中病菌杀菌效果可达 99.9％，双重光催化对甲醛、苯等去除率达 90％，除尘率达 95％以上，并可有效控制甲型 H1N1 流感病菌在空气中的传播。

图 13-5　光催化空气净化器

（2）应用

近年来，光催化净化空气技术越来越受到重视，成为各国研究和开发的热点，其原因是该方法具有以下优点：

① 广谱性：迄今为止的研究表明光催化对几乎所有的污染物都具有治理能力。

② 经济性：光催化在常温下进行，直接利用空气中的 O_2 作氧化剂，气相光催化可利用低能量的紫外灯，甚至直接利用太阳光。

③ 灭菌消毒：利用紫外光控制微生物的繁殖已在生活中广泛使用，光催化灭菌消毒不仅仅是单独的紫外光作用，而是紫外光和催化的共同作用，无论从降低微生物数目的效率，还是从杀灭微生物的彻底性，从而使其失去繁殖能力的角度考虑，其效果都是单独采用紫外光技术或过滤技术所无法比拟的，光催化空气技术在发达国家已有各种应用产品。这些产品大致可分为以下 3 类。

a. 结构材料。直接将光催化剂复合到各种结构材料上，得到具有光催化功能的新型材料。如在墙砖、墙纸、天花板、家具贴面材料中复合光催化剂材料就可制成具有光催化净化功能的新型材料。

b. 洁净灯。将光催化剂直接复合到灯的外壁制成各种灯具。洁净灯具有两层含义。一是能使空气净化，使环境洁净；二是灯的表面自洁。

c. 绿色健康产品。在传统的器件上（如空调器、加湿器、暖风机、空气净化器等）。
附加光催化净化功能开发而成的新一代高效绿色健康产品。

总之，由于光催化空气净化技术具有反应条件温和、经济和对污染物全面治理的特点，因而有望广泛应用于家庭居室、宾馆客房、医院病房、学校、办公室、地下商场、购物大楼、饭店、室内娱乐场所、交通工具、隧道等场所空气净化。

8. 植物净化法治理方法与工艺要求

绿色植物可以有效地净化生态大气，植物的光合作用吸收二氧化碳、呼出氧气，所以白天在森林中人们会感到空气新鲜；有的植物还可以吸收有害气体，如菊花、夹竹桃等；植物的茎、叶上的绒毛能吸收大量的灰尘，经雨水将灰尘冲刷到地面上以后，又具备吸附灰尘的功能，因此植物能起到空气过滤器的作用。美国科学家威廉发现绿色植物对居室和办公室的空气污染有很好的净化作用。在 24h 照明条件下，芦荟吸收了 $1m^2$ 空气中 90% 的醛；90% 的苯在常青藤中消失；龙舌兰则可消除 70% 的苯、50% 的甲醛和 24% 的三氯乙烯；吊兰能净化 96% 的一氧化碳，86% 的甲醛。

绿色植物吸入化学物质的能力来自于盆栽土壤中的微生物，而不是叶子。与植物同时生长在土壤中的微生物在经历代代遗传后，其吸收化学物质的能力还会加强。有些植物，由于其特殊的构造和生物习性，光合作用中形成的氧气在夜间才能释放出来，故而夜间放于室内更有益于健康。

在这里需要特别提到的是君子兰，它不仅具有极高的观赏价值，更具有独特的空气净化作用。君子兰叶片宽厚，叶面气孔大，光合作用释放出来的氧气是一般植物的 35 倍。一株成龄的君子兰，一昼夜能吸收 1L 空气，呼出 80% 的氧气，在极微弱的光线下也能发生光合作用。并且君子兰在夜间也不释放二氧化碳。在十几平方米的室内，摆放 2~3 盆君子兰，可以把室内的烟雾吸收掉。

净化空气的植物很多，适宜家庭栽培的木本和草本植物主要有如下的品种。

1）木本

（1）月季。能较多地吸收硫化氢、苯、苯酚、氯化氢、乙醚等有害气体。对二氧化硫、二氧化氮也具有相当的抵抗能力。

（2）杜鹃。是抗二氧化硫等污染较理想的花木。如石岩杜鹃在距二氧化硫污染源300m的地方也能正常萌芽抽枝。

（3）木槿。能吸收二氧化硫、氯气、氯化氢、氧化锌等有害气体。在距氟污染源150m的地方亦能正常生长。

（4）紫薇。对二氧化硫、氯化氢、氯气、氟化氢等有毒气体抵抗性较强，每千克紫薇干叶能吸收硫10g左右。

（5）山茶花。能抗御二氧化硫、氯化氢、铬酸和硝酸烟雾等有害物质的侵害，对大气有净化作用。

（6）米兰。能吸收大气中的二氧化硫和氯气。在含0.001％氯气的空气中熏4h，1kg米兰叶吸氯量为0.0048g。

（7）桂花。对化学烟雾有特殊的抵抗能力，对氯化氢、硫化氢、苯酚等污染物有不同程度的抵抗性，在氯污染区种植48d后，1kg叶片可吸收氯4.8g。它还能吸收汞蒸汽。

（8）梅。对环境中二氧化硫、氟化氢、硫化氢、乙烯、苯、醛等的污染，都有监测能力。一旦环境中出现硫化物，它的叶片上就会出现斑纹，甚至枯黄脱落。

（9）桃树。对污染环境的硫化物、氯化物等特别敏感。因此，可用来监测上述有害物质。

（10）石榴树。抗污染面较广，它能吸收二氧化硫，对氯气、氯化氢、臭氧、水杨酸二氧化氮、硫化氢等都有吸收和抵御作用。

（11）夹竹桃。有抗烟雾、抗灰尘、抗毒物和净化空气、保护环境的作用。夹竹桃的叶片，对二氧化硫、二氧化碳、氟化氢、氯气等对人体有毒、有害气体有较强的抵抗作用。

（12）蔷薇、芦荟和万年青。可有效清除室内的三氯乙烯、硫化氢、苯、苯酚、氟化氢和乙醚等。

（13）桉树、天门冬、大戟、仙人掌。能杀死病菌；天门冬还可清除重金属微粒。

（14）无花果和蓬莱蕉。不仅能清除从室外带回来的细菌和其他有害物质，甚至可以吸纳连吸尘器都难以吸到的灰尘。

（15）柑橘、迷迭香和吊兰。可使室内空气中的细菌和微生物大大减少。

（16）紫藤。对二氧化硫、氯气和氟化氢的抗性较强，对铬也有一定的抵抗性。

（17）贴梗海棠。在0.5ppm的臭氧中暴露半小时就会有受害反应，从而起到监测作用。

（18）柳树、杉树、法国梧桐等。具有吸收二氧化硫的功能。

（19）刺槐、丁香、桧柏、臭椿、女贞等。吸氟能力很强；银杏、樟树、青冈栎等，净化臭氧作用很大。

（20）虎尾兰和一叶兰。可吸收室内80％以上的有害气体。芭蕉、虎尾兰、洋常春藤、夏威夷椰子、心形喜林芋、羽叶莓绿绒、黄金葛、银线龙血树、三色铁、白鹤芋、裂叶喜林芋、广东万年青、库拉索芦荟、明香石竹和袖珍椰子去除甲醛的综合净化能力较好。

2）草本

（1）龟背竹。可以清除空气中 80% 的有害气体，非常适合刚装修完的家中。除此之外，龟背竹还有夜间吸收二氧化碳的奇特本领，龟背竹内含有许多有机酸，这些有机酸能与夜间吸收的二氧化碳产生化学反应，变成另一种有机酸保留下来。到了白天，这种变化的有机酸又还原成原来的有机酸，而把二氧化碳分解出来，进行光合作用。龟背竹不会在夜间争夺氧气的，还会吸收人体呼吸释放的二氧化碳，使室内空气保持清新，帮助睡眠。

（2）吊兰。可吸收室内 80% 以上的有害气体，吸收甲醛的能力强。一般房间放置 $1\sim 2$ 盆吊兰，空气中有毒气体即可吸收殆尽，一盆吊兰在 $8\sim 10m^2$ 的房间内，就相当于一个空气净化器，它可在 24h 内，吸收 86% 的甲醛；能将火炉、电器、塑料制品散发的一氧化碳、过氧化氮吸收殆尽。故吊兰又有"绿色净化器"之美称。

（3）紫菀属、黄耆、含烟草和鸡冠花。能吸收大量的铀等放射性核素。

（4）紫花苜蓿在 SO_2 浓度超过 0.3ppm 时，接触一段时间，就会出现受害症状，因此可监测 SO_2 污染。

植物净化法具有成本低、无二次污染及净化作用持久等优点，观赏植物在净化空气的同时还能够美化室内环境，是一条绿色净化途径。但植物净化处理速度较慢，且植物的净化能力受环境因素（温度、湿度、光照和土壤等）和植物生命体征（植株大小、生长阶段和生长状态等）的影响较大，甲醛浓度过高时，还会造成植物中毒甚至死亡。因此，植物净化法需要与吸附法、光催化法或催化氧化法等净化技术联合使用。

14　室内环境检测场景模拟及治理案例

14.1　职业场景模拟的学习目标

通过职业场景模拟的专业技能训练，使治理人员了解室内装饰装修材料、家具等可能释放的有害物质及其限量标准，了解可能引发人体健康损害的室内环境污染物的基本知识，了解各种治理方法的工艺要求和施工注意事项以及各种治理药剂、材料的特性。使治理人员熟悉通风法、净化设备法等治理方法的原理，掌握室内环境污染物的测试规范以及治理工具设备的基本原理，能够回答室内环境污染与人体健康关系的常识性问题及有关室内装饰装修材料可能引起的污染问题。使治理人员能够根据治理对象具体情况编写检测方案，根据现场状况和测试报告分析污染的主要来源，制定治理方案、施工方案并组织施工；能够对工具设备的使用情况进行定期检查并排除常见故障，能根据药剂、材料的使用说明核验其有效性等，使治理人员能够熟练运用基本技能和专门技能完成较为复杂的室内环境治理，包括部分非常规工作；能够独立处理工作中的问题。

14.2　职业场景模拟项目

14.2.1　职业场景模拟1：新装修房的室内环境检测

居室环境的空气质量与人们的健康息息相关，新装修居室环境的检测与治理有着实际的需求。新装修居室环境检测一般按以下流程进行：居民咨询—委托检测—检测机构受理—实验室（采样室、计量室、仪器室）准备—专业人员到现场采样—专业人员在实验室将采回的样品进行检测—数据处理—编制检测报告—报出结果并根据相关标准作出评价。新装修居室环境治理一般流程如下：居民提出室内环境问题—污染源分析—治理方案调整—施工准备—治理施工—竣工验收。

1. 实训目的

（1）通过对新装修居室环境的检测与治理，让治理人员将学到的居室污染物检测与治理的知识和技能综合运用于实际工作中，掌握制定新装修居室环境检测与治理方案的方法。

（2）掌握新装修居室主要污染物的布点、采样和检测，以及数据处理等方法和技能。

（3）通过对新装修居室环境的检测，了解其空气质量状况，并判断居室空气质量是否符合国家有关环境标准的要求，并为居室内空气污染的治理提供依据。

（4）掌握新装修居室污染源分析、治理方案调整、治理施工及验收等方法和技能。

（5）培养治理人员分工合作、互相配合、团结协作的精神，锻炼实际操作技能，提高综合分析和处理实际问题的能力。

2. 检测项目及检测方法

（1）检测项目包括甲醛、TVOC、苯、氨、氡、可吸入颗粒物等，目前民用建筑工程验收时必测的项目有甲醛、TVOC、苯、氨、氡，可根据客厅、卧室、书房、厨房、餐厅、卫生间等的具体情况和条件，选择其中的部分指标进行检测分析。

（2）检测方法。检测方法使用国家标准《室内空气质量标准》规定的方法，同时使用便携式甲醛检测仪、TVOC 检测仪、氨检测仪等进行现场检测，并对检测方法进行比较。现场使用便携式仪器检测的优点是方便、快速、操作简单，可以用于判断居室环境污染物浓度的范围（表 14-1）。

居室检测项目及检测方法有关的国家标准与规范 表 14-1

序号	检测项目	检测方法	标准号
1	甲醛	AHMT 分光光度法 乙酰丙酮分光光度法 酚试剂比色法	GB/T 16129-1995 GB/T 15516-1995 GB/T 18204.26-2000
2	氨	纳氏试剂比色法 离子选择电极法 靛酚蓝光分光光度法	GB/T 16129-1995 GB/T 15516-1995 GB/T 18204.26-2000
3	苯系物	气相色谱法	GB/T 18204.26-2000
4	氡	活性炭盒测量方法	GB/T 18204.26-2000
5	TVOC	气相色谱法	GB/T 18204.26-2000

3. 检测步骤

（1）编制新装修居室检测方案

① 现场勘查，了解居室环境基本情况（表 14-2）。

居室环境基本情况 表 14-2

序号	项目	需要了解的情况
1	建筑结构	房屋平面布置图；各房间的性质与面积；层高
2	建筑物周围情况	
3	装修情况	墙、天花板、地面、门窗、家具
4	装修材料	人造板、涂料、油漆、胶粘剂、木制品、壁纸、地毯、混凝土外加剂、天然石材
5	装修时间	
6	人员情况	有无老、弱、病、残、孕、婴、幼等弱势人群；成员中有无哮喘等过敏性疾病病史
7	人员感官情况	有无感觉有异味、灰尘烟雾特别大
8	人员健康情况	呼吸道有无不适，有无喉咙痛、痒、咳嗽等症状，有无皮肤丘疹、哮喘等过敏症状，有无人员健康状况
9	燃料	使用煤气、煤还是液化气

② 确定检测项目（表 14-3）。

确定检测项目 表 14-3

检测位置及编号	检测位置 01	检测位置 02	检测位置 03	……
检测位置名称	客厅	厨房	卧室	……
面积/m²				

检测项目	甲醛、TVOC、苯	甲醛、TVOC、苯	甲醛、TVOC、苯、氡	
检测点数				
预计测试费用				

（2）现场检测

① 准备仪器和人员（表14-4）。

准备仪器和人员　　　　　　　　　　　　　　　表 14-4

检测项目	测试依据	材料与工具	检测人
甲醛	《空气质量　甲醛的测定　乙酰丙酮分光光度法》GB/T 15516-1995	吸收液、气泡吸收管（5mL/10mL）、空气采样器（流量 0～2L/min）、温度计、气压测定仪、支架	
苯系物	气相色谱法 GB/T 18883-2022	活性炭采样管（已填充）、空气采样器（流量 0～1L/min）、支架	
TVOC	《室内空气质量标准》GB/T 18883-2022	吸附管（已填充）、采样器（流量 0.02～0.5L/min）、硅橡胶连接管、支架	
氡	《环境空气中氡的标准测量方法》GB/T 14582-1993	闪烁瓶（已抽真空）、分析仪器、稳压电源、低通滤波器、黑布、支架	
氨	靛酚蓝比色法 GB/T 18204.2		

② 采样测试（表14-5、表14-6）。

采样注意事项　　　　　　　　　　　　　　　　表 14-5

项目	实施要求
选点	小于 50m² 的房间应设 1～3 个点；50～100m² 设 3～5 个点；100m² 以上至少设 5 个点，在对角线上或梅花式均匀分布
	离墙壁距离大于 0.5m，离门窗距离应大于 1m，避开通风口
	采样点高度与人的呼吸带一致，一般为 0.5～1.5m
采样时间	测试 1h 平均浓度，至少测试 45min，涵盖通风最差的时间段。采样前，应通知用户关闭房间门窗 12h。采样时关闭门窗
气密性检查	对所有的动力采样系统进行气密性检查，不得漏气
流量校准	采样前、后要校准流量，误差不超过 5%
空白检验	每一个房间的采样中，要留两个采样管不采样，作为该次采样过程中的空白检验。若空白检验超过控制范围，则这批样品作废
数据记录	含测试地点、房间名称、污染物名称、采样日期、时间、样品编号、数量、布点方式、大气压力、气温、相对湿度等
测试报告	把采样样品送回实验室完成分析后，将原始测试数据、采样人、测试人、校核人等填入测试报告

采样记录 　　　　　　　　　　　　　　　　　表 14-6

采样地点	检测项目	样品编号	采样仪器编号	采样流速及时间	采样体积/L	温度及湿度	气压/kPa
客厅	甲醛	甲醛-1					
		甲醛-2					
	苯	苯-1					
		苯-2					
	TVOC	TVOC-1					
		TVOC-2					
……	……						

（3）结果分析

根据检测结果，对照相关标准及规范，对新装修居室环境的空气质量进行评价，推断污染物的来源，并提出改进的建议（表 14-7、表 14-8）。

检验结果汇总报告 　　　　　　　　　　　　　　　表 14-7

序号	检验项目	标准号	标准要求	实测结果		本项结论	备注
				测点号	实测值		
1							

采样人：　　　　　　　测试人：　　　　　　　　　　　　校核人：

居室环境污染源的来源分析 　　　　　　　　　　　　表 14-8

室内常见污染物	主要来源
甲醛	人造板（如家具、壁橱、天花板、地板、护墙板等）
	装修材料（如油漆、涂料、胶粘剂、保温、隔热和吸声材料等）
	装饰物（如墙纸、墙布、化纤地毯、挂毯、人造革等）
苯系物	装修材料（如油漆、涂料、稀释剂、胶粘剂等）
TVOC	装修材料（如油漆、涂料、胶粘剂、人造板、家具、壁橱、天花板、地板、护墙板、隔热材料、防水材料等）
	装饰物（如墙纸、墙布、化纤地毯、挂毯、人造革等）
	家用电器
氨	阻燃剂、增白剂、混凝土外加防冻剂
	卫生间
氡	宅基地和土壤
	建筑材料、瓷砖、天然石材

（4）治理

经过检测及污染源分析，判断出新装修居室环境主要污染物及造成污染的主要原因，就可以有针对性地采取治理技术，常见的治理方法见第 13 章。

以新装修居室环境常见的污染物甲醛治理为例，掌握治理施工的过程。

① 施工前准备工作。治理人员穿着工作服，佩戴工作证，带齐所需工作用具（施工工具及清洁用品，包括空压机、喷枪、梯子、盖布、胶带、毛巾等）。

② 场地清洁。对居室环境的表面进行清洁，清洁的次序为：天花板→墙面→柜子→窗台→桌子→椅子→地面。

③ 遮盖和保护。与客户沟通，对不需要治理和不适合喷涂治理的部位与物品进行遮盖和保护。施工工具及产品须放在固定位置，并进行铺垫，以免沾污地面。治理人员进出施工现场时，须穿戴鞋套，进入有地毯或木制地板的房间时，须更换鞋套后方可进入，以免弄脏地板。

④ 天花板、墙壁的治理。采样中气压低流量喷雾法对天花板、墙壁等进行喷涂处理，使用药剂为光催化剂，使用量为 $150\sim200m^2/L$。

⑤ 家具与地板的治理：

a. 打开所有家具柜门，将放置的物品进行清理，能拆卸的部件尽量拆卸下来。

b. 采用涂敷法对柜子内表面进行喷涂处理，涂敷药剂使用量约为 $40mL/m^2$。对于未经过油漆或贴纸处理的板材，包括接口的裸露面及木制家具未处理的背面等，应加大使用剂量。对于木制柜子的靠墙部位，能移动的最好移动加以重点处理。对端面及断面进行喷涂或刷涂时，不可一次涂刷过量，若污染严重可待一次涂刷干后，再进行二次涂刷。

c. 采用家具专用净化剂对木制地板加以涂敷处理。

d. 使用家具专用净化剂对木制的床进行处理，处理过程中，应将床垫取下，对包括床板在内的所有部位进行喷涂处理。

e. 治理 72h 后，用温水擦拭干净。

⑥ 通风。施工结束后，打开门窗，加强通风。

⑦ 二次治理。次日或隔日，对家居内部及木地板采用涂敷法进行二次处理，并于 4h 后擦干，使用除醛护理蜡进行表面处理。同时，可在每个房间放置一套紫外线灯管，以加强光催化，加快室内污染物的分解速度。照射时间以 3~5h 为宜。采用紫外线灯管进行加强处理时，应注意将花木等进行转移，对可能会因紫外线照射而受到影响的物体加以转移或遮盖。

⑧ 地毯与窗帘等织物的表面处理。待各种施工结束后，使用织物专用净化剂对地毯与窗帘等织物表面进行处理。

⑨ 检测验收。治理完 3~7d 后进行居室空气质量检测验收。

（5）技能考核

技能考核见表 14-9。

新装修居室环境检测与治理技能考核　　　　表 14-9

序号	内容	操作	考核记录	评分	
				分值	得分
1	采样	（1）布点		3	
2		（2）大气采样器的使用和操作		3	
3		（3）采样流量控制		2	
4		（4）采样环境记录		2	

序号	内容	操作	考核记录	评分	
				分值	得分
5	甲醛的测定	（1）酚试剂分光光度法测定甲醛		10	
6		（2）便携式甲醛检测仪的使用和操作		10	
7	氨的测定	靛酚蓝分光光度法测定氨		10	
8	苯的测定	二硫化碳提取气相色谱法测定苯		10	
9	TVOC 的测定	（1）热解吸气相色谱法测定		10	
10		（2）便携式 TVOC 检测仪的使用和操作		10	
11	氡的测定	（1）活性炭盒法测定氡		10	
12		（2）便携式氡检测仪的使用和操作		10	
13	结果讨论	（1）化学法和仪器法测定的比较		2	
14		（2）家居环境质量评价		5	
15		（3）分析判断污染物来源，提出治理建议		3	
总得分				100	

检测项目	甲醛	氨	苯	TVOC	氡/(Bg/m³)
浓度/(mg/m³)					
超标倍数					

评分人：

核分人：

14.2.2 职业场景模拟 2：学校教学楼室内环境检测

1. 实训目的

（1）通过对学校教学楼室内环境的检测，让治理人员将学到的室内污染物检测知识和技能综合地运用到实际工作中，掌握制定室内空气检测方案的方法。

（2）掌握室内空气主要污染物的布点、采样和检测，以及误差分析和数据处理等的方法的技能。

（3）通过对学校教学楼室内环境的检测，了解学校教学楼室内空气质量现状，并判断室内空气质量是否符合国家有关环境标准的要求，并为学校教学楼室内空气污染的治理提供依据。

（4）培养治理人员分工合作、互相配合、团结协作的精神，锻炼实际操作技能、提高综合分析和处理实际问题的能力。

2. 检测项目和检测方法

1）检测项目

检测项目包括氨、甲醛、苯、TVOC 和氡等，可根据教学楼教室、办公室、实验室的具体情况和条件，选择其中的一项或几项指标进行检测分析。

2）检测方法

检测方法使用国家标准《室内空气质量标准》GB/T 18883-2022 规定的方法，同时使用便携式甲醛检测仪、TVOC 检测仪和氡检测仪进行现场检测，并对这两种检测方法进行比较。现场使用的便携式仪器检测的优点是方便、快操作简单，但是准确定量有一定的难度，可以用于判断环境空气中污染物浓度的范围。必要时要用实验室的检测方法准确定量，作为仲裁与鉴定的依据。

3. 实训步骤

1）采样点布设

（1）根据教室的设施和装修不同，分别选择1～2间具有代表性的教室、实验室、电脑室、多媒体教室、一般教室和教师办公室等进行检测。

（2）采样点的数量根据教室、实验室或者办公室面积的大小确定，以期能正确反映室内空气污染物的水平。原则上小于$50m^2$的房间应设1～3个点；50～$100m^2$以上的设3～5个点，$100m^2$以上至少设5个点。在对角线上可梅花式均匀分布。

（3）采样点应避开通风口，离墙壁距离应大于0.5m。

（4）采样点的高度原则上与人的呼吸带高度相一致。

2）采样时间

采样前至少关闭门窗和空调24小时。

3）采样和检测

根据国家标准《室内空气质量标准》GB/T 18883-2022规定，确定合适的采样仪器、采样方法和测定方法。

4）数据处理

（1）记录和报告：检测时要对现场情况、各种污染源、采样日期、时间、地点、数量、布点方式、大气压力、气温、相对湿度以及检测者签字等做出详细记录。

（2）分析结果的表示：对分析结果进行统计。

4. 结果讨论

根据检测结果，对照国家标准《室内空气质量标准》GB/T 18883-2022，对教学楼各类教室、实验室和办公室的空气质量进行评价，推断污染物的来源，并提出改进的建议。

5. 要求治理人员完成的工作

（1）制定教学楼教室、实验室或办公室室内空气检测方案（包括采样布点、采样时间、样品保存和分析方法等）。

（2）选择空气采样设备，选择样品分析中使用的仪器、试剂及其纯度、试剂的配制方法、浓度。

（3）完成空气样品的采集、预处理和分析测试。

（4）对教学楼教室、实验室或办公室的室内空气质量进行简单的评价（表14-10～表14-12）。

学校教学楼室内环境检测项目及分析方法　　　　　　　　表 14-10

检测项目	采样方法	流量/(L/min)	采气量/L	分析方法	检测下限/(mg/m²)
氨					
甲醛					
苯					

228

检测项目	采样方法	流量/(L/min)	采气量/L	分析方法	检测下限/(mg/m²)
TVOC					
氡（Bg/m³）					

填表人：　　　　　　校核人：　　　　　　审核人：

学校教学楼室内环境检测记录表　　　　　表 14-11

检测地点：　　　　　　　　　　　　　　检测日期：

检测点浓度 检测项目	C1/(mg/m³)	C2/(mg/m³)	C3/(mg/m³)	C4/(mg/m³)	C5/(mg/m³)	平均浓度/ (mg/m³)
氨						
甲醛						
苯						
TVOC						
氡（Bg/m³）						

填表人：　　　　　　校核人：　　　　　　审核人：

学校教学楼室内环境检测技能考核标准　　　　　表 14-12

序号	内容	操作	考核记录	评分	
				分值	得分
1	采样	（1）布点		3	
2		（2）大气采样器的使用和操作		3	
3		（3）采样流量控制		2	
4		（4）采样环境记录		2	
5	甲醛的测定	（1）酚试剂分光光度法测定甲醛		10	
6		（2）便携式甲醛检测仪的使用和操作		10	
7	氨的测定	靛酚蓝分光光度法测定氨		10	
8	苯的测定	二硫化碳提取气相色谱法测定苯		10	
9	TVOC 的测定	（1）热解吸气相色谱法测定		10	
10		（2）便携式 TVOC 检测仪的使用和操作		10	
11	氡的测定	（1）活性炭盒法测定氡		10	
12		（2）便携式氡检测仪的使用和操作		10	
13	结果讨论	（1）化学法和仪器法测定的比较		2	
14		（2）教学楼室内环境质量评价		5	
15		（3）分析判断污染物来源，提出治理建议		3	
总得分				100	

检测项目	甲醛	氨	苯	TVOC	氡/(Bg/m³)
浓度/(mg/m³)					
超标倍数					

某酒店室内环境空气质量检测与治理方案

（执行标准《民用建筑工程室内环境污染控制标准》GB 50325-2020）

编制：

审核：

批准：

南京某假日酒店，位于南京市雨花台区，总建筑面积约 2 万 m^2，其中，3—12 楼有各类客房 266 间，1 楼有大堂、中西餐厅、会客区、多功能厅等，2 楼分布有健身房、游泳池、各类会议室等功能区。酒店客房新装修在空气污染方面的特点：在较小的客房空间内，集中分布了地毯、壁纸或墙布、布艺沙发、席梦思与床、橱柜、窗帘等较多污染源、污染密集度高；而多功能厅、会议室等场所由于吸声板、地毯、家具油漆等，污染程度更高一些。

1. 检测目的

根据专业检测，甲醛与 TVOC 等超标较多，甲方单位为了使得该宾馆在建成后能立即交付使用，决定进行项目室内环境治理。

2. 检测依据

《室内空气质量标准》GB/T 18883-2022

《民用建筑工程室内环境污染控制标准》GB 50325-2020

《室内装饰装修材料 人造板及其制品中甲醛释放限量》GB 18580-2017

《室内装饰装修材料 木家具中有害物质限量》GB 18584-2001

《公共场所集中空调通风系统卫生规范》WS 394-2012

《公共场所集中空调通风系统清洗消毒规范》WS/T 396-2012

3. 检测与治理设备与试剂（表 14-13～表 14-15）

选用检测设备一览表　　　　　　　　　　　　　　　　　表 14-13

序号	设备	适用环节
1	Interscan4169 系列现场空气检测仪	甲醛、氨、苯、TVOC 现场检测
2	采样仪跟检设备	甲醛、TVOC 现场分析
3	环境测氡仪 RAD7	氡现场分析
4	GC26 型气相色谱仪	实验室苯的分析
5	7230G 可见分光光度计	实验室氨的分析

选用治理设备一览表　　　　　　　　　　　　　　　　　表 14-14

序号	设备	适用环节
1	专业治理喷枪	家具、橱柜等治理
2	空压机	试剂喷涂
3	高温熏蒸机	表面熏蒸
4	超声波雾化设备	试剂喷涂
5	超低雾量喷雾机	试剂喷涂

选用检测试剂一览表　　　　　　　　　　　　　　　　　表 14-15

序号	试剂名称
1	甲醛特效溶解酶
2	装修除味剂
3	纺织品甲醛清除剂
4	家具除味剂

4. 项目目标

（1）工期目标

计划工期 10 天。工期内完成全部检测与治理工作，随后安排第三方 CMA 检测机构采样。

（2）质量目标

经室内空气污染治理后，室内空气中"甲醛、苯、甲苯、二甲苯、TVOC"等污染物数值满足国家《室内空气质量标准》GB/T 18883-2022 中的指标限值，同时满足《民用建筑工程室内污染控制标准》GB 50325-2020（本项目属于Ⅱ类民用建筑工程）（表 14-16），对应的限值指标如下：

民用建筑工程室内污染控制标准　　　　　　　　　　　　　　表 14-16

污染物	GB/T 18883-2022	GB 50325-2020 Ⅱ类民用建筑工程
甲醛（mg/m³）	≤0.08	≤0.08
苯（mg/m³）	≤0.03	≤0.09
甲苯（mg/m³）	≤0.20	≤0.20
二甲苯（mg/m³）	≤0.20	≤0.20
TVOC（mg/m³）	≤0.60	≤0.50

（3）室内环境检测要求

① 民用建筑工程及室内装修工程的室内环境质量验收，应在工程完工至少 7d 以后、工程交付使用前进行。

② 民用建筑工程验收时，采用集中中央空调的工程，应进行室内新风量的检测，检测结果应符合设计要求和现行国家标准《公共建筑节能设计标准》GB 50189-2015 的有关规定。

③ 民用建筑工程室内空气中氡的检测，所选用方法的测量结果不确定度不应大于 25%，方法的探测下限不应大于 $10Bq/m^2$。

④ 民用建筑工程室内空气中甲醛检测，可采用简便取样仪器检测方法，甲醛简便取样仪器应定期进行校准，测量结果在 $0.01\sim0.60mg/m^2$ 测定范围内的不确定度应小于 20%。当发生争议时，应以现行国家标准《公共场所卫生检验方法 第 2 部分：化学污染物》GB/T 18204.2-2014 中酚试剂分光光度法的测定结果为准。

⑤ 民用建筑工程室内空气中氨的检测方法，应符合现行国家标准《公共场所卫生检验方法 第 2 部分：化学污染物》GB/T 18204.2-2014 中靛酚蓝分光光度计的规定。

⑥ 民用建筑工程验收时，应抽检有代表性的房间室内环境污染物浓度，抽检数量不得少于 5%，每个建筑单体不得少于 3 间；房间总数少于 3 间时，应全数检测（表 14-17）。

⑦ 民用建筑工程验收时，室内环境污染物浓度检测点应按房间面积设置：

检测点设置　　　　　　　　　　　　　　表 14-17

房间使用面积/m²	检测点数/个
<50	1
≥50，<100	2

房间使用面积/m²	检测点数/个
≥100，<500	不少于3个
≥500，<1000	不少于5个
≥1000，<3000	不少于7个

⑧ 当房间内有2个及以上检测点时，应采用对角线、斜线、梅花状的均衡布点。并取各点检测结果的平均值作为该房间的检测值。

⑨ 民用建筑工程验收时，环境污染物浓度现场检测点应距墙面不小于0.5m、距楼地面高度0.8～1.5m。检测点应均匀分布，避开通风道和通风口。

⑩ 民用建筑工程室内环境中甲醛、苯、氨、总挥发性有机物（TVOC）浓度检测时，对采用集中空调的民用建筑工程，应在空调正常运转的条件下进行；对采用自然通风的民用工程，检测应在对外门窗关闭1h后进行。对甲醛、氨、苯、TVOC取样检测时，装饰装修工程中完成的固定式家具，应保持正常使用状态。

5. 现场采样

（1）甲醛和TVOC的现场采样与分析

采用便携式空气采样仪现场进行采样，在采样地点打开仪器，连接设备，调节流量在5mL/min，采样约1L空气，采样时间20min，并记录采样时间、温度和大气压。采样结束取下吸附管。采样后用便携空气分析仪进行分析，判断室内甲醛和TVOC的污染情况。

（2）氨的现场采样

采用大型气泡吸收管，溶液10mL，采样流量500mL/min，采气5L，采样时间为10min，并记录采样点的温度和大气压，样品在室温下于24h内分析。经采样后，采用靛酚蓝分光光度法测定氨。

（3）苯的现场采样

在采样地点打开吸附管，与空气采样器入口垂直连接，调节流量500mL/min的范围内，采气10L，采样时间20min，应记录采样时间，采样流量，温度和大气压，取下吸附管，应密闭吸附管的两端，做好标识，放入可密封的金属或玻璃容器中，样品可保存5d。经采样后，采用气相色谱法测定氨。

（4）氡的现场采样与分析

民用建筑工程室内环境中氡浓度检测时，对采用自然通风的民用建筑工程，应在房间的对外门窗关闭24h以后进行。本工程采用RAD7环境测氡仪，现场直接可以分析数据。

6. 各项检测项目结果的判定

根据《民用建筑工程室内环境污染控制标准》GB 50325-2020中对浓度的要求，具体限值见表14-16。

当室内环境污染物浓度的全部检测结果符合本规范的规定时，可判定该工程室内环境质量合格。

当室内环境污染物浓度检测结果不符合本规范的规定时，应查找原因并采取措施进行处理。采取措施进行处理后的工程，可对不合格项进行再次检测。再次检测时，抽检数量应增加1倍，并应包含同类型房间及原不合格房间。室内环境污染浓度再次检测结果全部符合规范规定时，可判定为室内环境质量合格。

7. 污染源分析与治理方法选择

造成室内空气污染是由多方面的因素综合而成，而非单一的室内某种污染物就造成室内空气质量的超标，就本次工程的室内空气污染治理的污染情况而言，污染源包括：地毯、窗帘布艺沙发、橱柜、墙纸与涂料等，将采取不同的治理方法对上述污染物进行综合治理。

1）橱柜

（1）污染源分析

苯类的污染主要存在于油漆中，在施工的过程中，有些施工师傅为了增加家具表面的光亮度，进行多次的刷漆工序，同时在刷漆的过程中又加入大量的稀释剂，严重加大了室内空气的污染程度。再者，就是单位空间内苯的"叠加效应"造成整体室内空气的苯超标。一个房间内放置一个家具不会造成整体房间的苯超标，但是多个的家具同时放置在房间内，在不通风的条件下，苯越聚越多就会造成超标，也就是常说的污染物的叠加效应。同时也是有些办公室在早上上班一开门感觉异味特别重的原因。此外办公家具还含有甲醛，因为家具的主要生产原料为人造板，人造板的生产工艺决定了必然存在甲醛超标的隐患。TVOC 的污染也同等存在于家具当中。

（2）治理方法

为保证治理施工的安全性，不对油漆表面造成划痕，施工前先确定油漆表面的清洁度，如果有灰尘应及时去除。首先，使用专用高温熏蒸机对于木制门的内外面层进行熏蒸净化，近 120 度出口高温可快速降解面层的苯系物与 TVOC 污染；其次，用"甲醛特效溶解酶"，对油漆的表面进行第一次喷涂。再用"装修除味剂"，用高压喷涂的施工方式进行第二次的治理。待油漆表面的药水干了之后，再用干净的布将家具油漆表面清理干净，这四道工序主要是用于治理苯的污染。用具有除甲醛、除苯成分"家具除味剂"对家具表面进行打蜡保护治理。

2）墙面涂料

（1）污染源分析

室内墙面多为涂料，主要以腻子粉配合使用。腻子粉在生产过程中为增加黏度，必须要加入胶水和多种的化学助剂，特别是工业胶水中含较多的甲醛和苯类污染物。如果比例调制不科学很可能造成甲醛和苯的超标。涂料也相同，为了增加黏度，在生产过程中也不可避免地加入胶水等化学助剂，有些墙体会有奥松板做硬包的内层，表面再配以各种的布质等装饰层，治理的隐蔽工程较多。

（2）治理方案

墙纸及墙顶涂料用"甲醛特效溶解酶"用高压喷涂的方式进行喷涂治理，首次进行甲醛、苯类污染的治理；半个小时后用 TVOC 清除剂进行高压喷涂作业。对于墙布硬包的面层则使用"纺织品甲醛清除剂"高压喷涂进行治理。在上道工序结束半个小时后，再使用 TVOC 清除剂向墙面涂料进行喷涂，让其附于墙面表面持续发挥治理作用。

3）门窗

（1）污染源分析

办公楼所使用的门结构大多数是中间层采用人造板，两面再用复合板胶合而成。使用人造板和胶水必然存在甲醛和苯超标的隐患，大部分都是人造板胶合的碎木屑。此外，玻璃胶在大楼的窗户玻璃的固定中大量使用，玻璃胶含有大量的甲醛和苯，也是重要的污染源。

（2）治理方案

为保证治理施工的安全性，不造成门表面划痕，施工前先确定门表面的清洁度，如果有灰尘应及时去除。使用专用高温熏蒸机净化，用近120度高温对于油漆面层的苯系物污染进行快速降解，高温蒸汽出口用白色专业毛巾保护，防止油漆面层的损伤。

① 用"装修除味剂"对门的正反面以及四个端面进行喷涂治理。

② 在接缝处用"专用的小孔径喷枪"分别进行喷涂"甲醛特效溶解酶"和进行治理。

③ 用专用毛巾进行治理后的清洁。

4）装饰与家具中的人造板材

（1）污染源分析

人造板主要有大芯板、刨花板、三聚氰胺板、细木工板等，人造板在生产过程中，最主要的胶粘剂为脲醛胶，因其具有很强的粘合性，还具有加强板材硬度及防虫、防腐等功能，所以被大量地使用。但是脲醛胶主要成分为甲醛。在生产的高温压制中因部分的甲醛没完全反应，这类没有参加反应的甲醛会缓慢地向周围的环境释放，工程师在工程现场采集的照片中显示，办公大楼大量使用人造板，部分房间的墙壁和吊顶也使用到人造板。在密闭的空间中，加上有害气体的叠加效应，必然造成单位空间内室内空气污染物的超标。

（2）治理方案

利用板材型"甲醛特效溶解酶"高压喷涂的方式对板材的正面、反面、四个端面进行至少两次的治理，端面为甲醛的汇集区，应加大药量；开放的端面（如办公桌面电脑接口处）在喷涂甲醛清除剂并晾干后，用高分子聚合物予以涂刷，再晾干即可。

5）地毯

（1）污染源分析

地毯在加工过程中会不同程度添加多种的化学助剂以达到美观鲜艳耐用的效果，所使用的化学助剂会带来甲醛、TVOC等有机污染；同时在地毯铺装施工中，会在底层使用橡胶溶剂型胶粘剂（装饰胶），后续会不断释放甲醛、苯系物、TVOC等有机污染。

（2）治理方案

对地毯的天然或化学纤维部分用甲醛特效溶解酶高压喷涂的施工方式进行首遍的治理，特别是铺装地毯块的接口沿线的喷涂，以便净化剂渗透进入底层，净化装饰胶引起的甲醛等污染，喷涂次数根据现场污染情况处理，喷涂30分钟后用纺织品专用清除剂对地毯进行第二轮的高压喷涂治理。再间隔30分钟后针对地毯的TVOC释放，在上一轮次的净化剂喷涂结束后，用TVOC清除剂进行高压喷涂治理。

6）酒店特殊场所治理：

（1）顶棚到墙顶空间的治理

把需要治理区域的顶棚移开1~2块顶板，用宁而净特制超声波雾化机（宁而净专利设备）定向朝顶棚深处与内部熏蒸1~2个小时，可以高效净化顶棚以上空间内的甲醛等气态有机污染物、同时对细菌与病毒起到高效杀灭作用。

（2）中央空调风管系统内部治理

把需要治理的区域或空间的中央空调循环按钮打开，用宁而净特制超声波雾化机（有定向喷口）定向朝顶棚深处与内部熏蒸，用高效、安全、绿色的净化消毒剂溶液，倒入超声波雾化机的箱体，然后开启设备，可以高效净化顶棚以上空间内的甲醛等气态有机污染物、同时对细菌与病毒起到高效杀灭作用。

8. 环境治理施工组织

治理工程在污染详细的现场勘查基础上，对现场的污染程度进行评估，并调配相关的治理产品。按实际的污染源现场分布进行全面治理施工（图 14-1）。

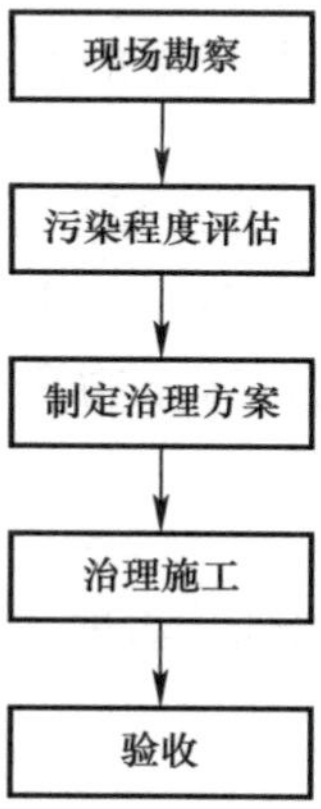

1）治理工程工序安排

根据本治理工程的室内污染治理的实际要求，除合理安排好各治理小组、各工种的工序流程以外，针对每一个治理分组工序，分别对治理技术要求、施工工艺操作控制、质量全过程控制、家具防护等各道环节制定相应的技术要求和措施，确保本治理工程达到预期的质量标准和目标。

（1）治理工艺流程

各种污染源头或空间治理→表面清洁→密闭环境 20～30 分钟→打开门窗通风，没有窗户的打开中央空调"通风"按钮。

（2）治理工程施工配套安排

本次室内空气污染治理工程中，治理施工所使用的工具设备和治理药剂，随治理工程的开展而逐步跟进。

（3）治理施工先后工序安排依照：从上到下，从内到外的治理施工原则。针对不同污染源：甲醛、苯系物、TVOC 等进行治理，在确保治理工程质量的前提下，对该酒店场所的整体进行全方位的治理施工。

① 在治理开始前，治理人员认真分析污染检测报告，掌握污染数据。

② 对橱柜桌椅等客房家具、地毯、室内墙板墙体及窗帘布艺等，进行专业净化治理。

③ 治理结束后，公司先对工程质量进行复测，确保数据达标。

④ 第三方权威机构进行治理结果验收，并出具相应检测报告。

⑤ 进入公司的售后服务流程（后期跟进的复测与咨询等保障服务）。

2）施工工艺流程

（1）施工前准备工作

工作人员着公司统一工装，提前准备好治理专业设备与系列净化剂（施工工具及清洁用品，包括检测仪器、空压机、专业治理喷枪、超声波雾化设备、专用熏蒸设备、盖布、毛巾等）。

① 场地清洁

保洁是净化前的基础前提工作。

② 遮盖和保护

对不需要治理与不适合喷涂治理的部位与物品进行遮盖和保护。（注：保护用干净的盖布）

现场勘察
↓
污染程度评估
↓
制定治理方案
↓
治理施工
↓
验收

图 14-1 施工组织流程

（2）木制家具的治理

① 橱柜。选用设备与试剂。橱柜的治理方法首先使用专用高温熏蒸机对橱柜的内外面层进行熏蒸净化，近 120 度出口高温可快速降解面层的苯系物与 TVOC 污染；其次使用甲醛特效溶解酶（宁而净专利）、家具除味剂等；操作方法：将甲醛特效溶解酶均匀喷洒于柜子的表面、接缝处、边缘封端裸露部分。喷洒后将空间密闭 10～15 分钟后打开，用干净的抹布将水滴擦拭干净。擦拭后用家具除味剂均匀喷涂在家具内壁表面，用干净海绵抹匀，随后通风即可。10～15 分钟后，用干净的抹布将水滴擦拭干净。擦拭后用家具除味剂均匀喷涂在抽屉表面、桌子底部，用干净海绵抹匀，随后通风即可。

② 木制门的治理方法。使用设备与产品：装修除味剂；高温熏蒸机。操作方法：使用专用高温熏蒸机对于木制门的内外面层进行熏蒸净化，近 120 度出口高温可快速降解面层的苯系物与 TVOC 污染；使用装修除味剂均匀地喷涂在门的正反两面，随后通风即可。

（3）纺织品类家具与皮质类家具治理。主要包括：地毯、布艺沙发、布质窗帘、尼龙海绵类的办公椅，皮质类的沙发等。

① 窗帘、床垫等布艺纺织品类的治理方法。使用设备与产品：纺织品甲醛清除剂；TVOC 清除剂。

操作方法：用纺织品甲醛清除剂均匀地喷在窗帘、地毯、布艺沙发和尼龙沙发上，使用量大约用摸上去有点潮感即可，根据需要，喷涂 2 遍左右；间隔 30 分钟后再用 TVOC 清除剂喷涂一遍。

② 皮质类家具治理。皮质类家具主要包含了皮质类沙发与椅子、皮质的桌面等。

使用设备与产品：高温熏蒸机；家具除味剂；高温熏蒸机。

操作方法：首先使用专用高温熏蒸机对于办公桌的内外面层进行熏蒸净化，出口温度可以适当降低，出口高温可快速降解面层的苯系物与 TVOC 污染；其次使用 TVOC 清除剂均匀喷涂 1～2 遍后晾干后即可。

（4）墙壁、墙纸的治理

乳胶漆墙壁：使用甲醛特效溶解酶喷涂 1～2 遍。

对于墙板硬包的装饰墙面：分别使用甲醛特效溶解酶、装修除味剂间隔半小时喷涂治理。

（5）木地板治理（复合地板、实木地板）

使用产品：装修除味剂、TVOC 清除剂。

操作方法：用装修除味剂、TVOC 清除剂喷涂于木地板缝隙之间，再用海绵涂抹均匀即可。

（6）公共走廊治理

木饰面或烤漆装饰面板的公共走廊治理

首先，使用专用高温熏蒸机对于各木饰面与金属饰面的面层进行熏蒸净化，近 120 度出口高温可快速降解面层的苯系物与 TVOC 污染；其次，使用产品：装修除味剂、TVOC 清除剂。

操作方法：用装修除味剂均匀地喷涂在门的正反两面，随后通风即可。

乳胶漆墙体：使用甲醛特效溶解酶喷涂 1～2 遍即可。

墙纸墙体：分别用甲醛特效溶解酶与 TVOC 清除剂分别喷涂，中间间隔约半个小时。

9. 甲方需提供的现场配合

① 提供相应信息资料。

② 保证抽检数量。

③ 清理被检房间内一切杂物。

④ 检测前按要求关闭所有门窗。

10. 服务承诺

① 为保证室内环境空气质量检测和工期，将以最强技术力量、高精度仪器设备和甲方要求的测试设备数量投入该项检测工作。

② 按照甲方要求按时进场测试；测试工作结束后严格按合同所规定的时限提交室内环境检测与治理报告。

参 考 文 献

［1］ 王宏新，赵庆祥. 房屋查验（验房）实务指南［M］. 北京：中国建筑工业出版社，2011.

［2］ 宋广生，丁渤. 验房师手册［M］. 北京：中国建筑工业出版社，2008.

［3］ 李新. 室内环境与检测［M］. 北京：化学工业出版社，2017.

［4］ 张嵩，赵雪君. 室内环境与检测［M］. 北京：中国建材工业出版社，2015.

［5］ 贺小凤. 室内环境检测实训指导［M］. 北京：中国环境科学出版社，2010.

［6］ 中国就业培训技术指导中心. 室内环境治理员（中级）［M］. 北京：中国劳动社会保障出版社，2008.

［7］ 中国就业培训技术指导中心. 室内环境治理员（基础知识）［M］. 北京：中国劳动社会保障出版社，2008.

［8］ 中国就业培训技术指导中心. 室内环境治理员（高级）［M］. 北京：中国劳动社会保障出版社，2011.

［9］ 中国就业培训技术指导中心. 室内环境治理员（技师）［M］. 北京：中国劳动社会保障出版社，2012.